空天科学与工程系列教材·空天推进

电火箭推进基础

程谋森　李小康　王墨戈　编著

科学出版社
北京

内 容 简 介

本书侧重介绍电火箭推进原理。在电火箭推进中，推力的产生是依靠电加热、电场电离、电磁力加速、激光电离等装置和技术实现的，与化学推进中的推力产生方式完全不同，也与电动力学、等离子体物理专业中探索基本现象与基础理论的装置和技术不同。随着电火箭推进技术的逐渐成熟和应用任务范围的拓展，电火箭推进已日渐成为航天器推进技术研究的重要分支。关于电火箭推进的原理、发展状态和应用方面的知识，也成为更好地开展空间任务分析与设计的重要基础。

全书共13章。主要内容包括概论、太空小推力加速任务分析、小推力轨道机动与位置保持、单组元肼推力器、气体放电导论、电弧推力器简化分析、离子推力器、电子轰击式放电室零维模型、霍尔推力器、霍尔推力器稳态一维模型、磁等离子体推力器、磁等离子体推力器简化模型、激光加热推力器。

本书主要为宇航推进理论与工程学科研究生使用，也可供宇航工程专业本科生及相关工程技术人员参考。

图书在版编目(CIP)数据

电火箭推进基础 / 程谋森，李小康，王墨戈编著. —北京：科学出版社，2017.11
空天科学与工程系列教材 • 空天推进
ISBN 978-7-03-051834-7

Ⅰ. ①电… Ⅱ. ①程… ②李… ③王… Ⅲ. ①火箭推进－高等学校－教材 Ⅳ. ①V43

中国版本图书馆CIP数据核字(2017)第032650号

责任编辑：潘斯斯 张丽花 / 责任校对：郭瑞芝
责任印制：吴兆东 / 封面设计：迷底书装

科学出版社出版
北京东黄城根北街16号
邮政编码：100717
http://www.sciencep.com
北京凌奇印刷有限责任公司印刷
科学出版社发行 各地新华书店经销

*

2017年11月第 一 版 开本：787×1092 1/16
2025年 3 月第三次印刷 印张：11
字数：300 000

定价：59.00 元

(如有印装质量问题，我社负责调换)

序

自古以来，人类就一直梦想能够象鸟儿一样自由飞行。无论是嫦娥奔月还是敦煌飞天，都代表了人们对于天空的这种向往。人类也从来没有停止过对飞行的追求和探索。莱特兄弟在1903年实现了人类大气层内的第一次有动力飞行，开启了航空时代新纪元。也就在这一年，齐奥尔科夫斯基建立了火箭和航天飞行理论。1911年他说出了这样一段名言："地球是人类的摇篮，但是人类决不会永远停留在摇篮里。为了追求光明和探索空间，开始会小心翼翼地飞出大气层，然后再征服太阳周围的整个空间……"。1926年戈达德成功进行了第一枚液体火箭发射试验。他有一句名言："过去的梦想,今日的希望，明天的现实"。人类从此进入航天时代。第一架螺旋桨飞机，第一个民用航班，第一架超声速飞机，第一颗人造卫星，第一艘载人飞船，第一次踏上月球表面……短短一百年来，人类飞行史超越了一个又一个里程碑。时至今日，航空航天技术对人类社会的影响已经拓展到交通、通信、气象、军事乃至日常生活等各个方面，其作用无疑是巨大而且广泛的。

空天发展，动力先行。作为空天飞行器的"心脏"，航空航天发动机技术的突破一直是推动空天活动不断超越发展的重要驱动力。活塞式发动机直接催生了飞机，喷气式发动机推进飞机突破声障，火箭发动机技术的成熟使得人类的宇宙航行和空间探索成为现实，目前已经成为国际热点的超燃冲压发动机，可以实现两小时全球到达，有望把人类带入高超声速时代……。社会不断进步，文明不断发展，人类的飞行梦想不断延伸，为空天推进技术的发展提供了源源不断的牵引力，也寄托了更热切的期盼。

我国的航空航天事业，伴随着共和国的成长，从无到有，从弱到强，见证了中华民族伟大复兴的历史进程。航空航天事业的发展过程，也正是空天推进技术不断取得突破的过程。一代又一代空天推进领域的专家和技术人员，殚精竭虑，栉风沐雨，付出了辛勤的劳动，做出了巨大的贡献，也收获了沉甸甸的希望。从WP系列涡喷发动机、WS系列涡扇发动机，到YF系列液体火箭发动机、FG系列固体火箭发动机等各类航空航天发动机，累累硕果无不凝结着空天推进人的执著追求和艰苦奋斗。

国防科技大学空天科学学院源自哈尔滨军事工程学院的导弹工程系，成立以来一直专注航空航天领域的人才培养和科学研究工作，六十余年来为我国航空航天领域管理部门、科研院所、工厂企业等单位培养了大批优秀的科技、管理等各类人才，发挥了重要作用，形成了被传为美谈的"人才森林"现象。空天科学学院的校友们也一直是我国空天推进事业的骨干力量。

最近，教育部公布了"双一流"建设高校及建设学科名单，国防科技大学进入了"一流大学"名单，空天科学学院主建的航空宇航科学与技术学科进入"一流学科"名单。

习近平总书记在党的十九大报告明确提出"加快一流大学和一流学科建设，实现高等教育内涵式发展"，指明了高等学校的办学方向。建设世界一流学科，涉及多个方面的内容，最重要的是两个方面：高质量的人才培养和高水平的科学研究。人才培养可以说是高等学校的立身之本，是最重要的使命。高水平的教学活动是培养高质量人才的基础性工作，包括课堂教学、实践教学、创新活动指导等多个方面，因此应是建设一流学科重点关注的工作之一。高质量的人才培养，不但对学科声誉具有长期的支撑作用，而且为科学研究提供宝贵的创新人才支持。同时，高水平的科学研究对于人才培养也有着非常重要的支撑作用。十九大报告指出，建设创新型国家，“要瞄准世界科技前沿，强化基础研究，实现前瞻性基础研究、引领性原创成果重大突破。”可见，新时代高等学校的科学研究要更注重提升品质，提高层次，不但要为我国原始创新、引领性成果做出更大贡献，而且要为建设世界一流学科奠定坚实基础。

国防科技大学有一个很好的办学传统，就是依照“中国航天之父”钱学森同志提出的“按学科设系”“理工结合，落实到工”的传统。这实际上就是以学科建设为主线，将人才培养与科学研究紧密结合，教研相长，相得益彰，形成良性循环。实践证明，这是一条成功之路。

空天科学学院按照这个思路开展学科建设，其中，编著出版高水平教材和专著是他们采用的行之有效的好方法之一。这样，既能及时总结升华科学研究的成果，又能形成高水平的知识载体，为高质量人才培养提供坚实支撑。早在20世纪90年代，学院老师们便出版了《液体火箭发动机控制与动态特性理论》《变推力液体火箭发动机及其控制技术》《液体火箭发动机喷雾燃烧的理论、模型及应用》《高超声速空气动力学》等十几部教材，至今仍被本领域高等学校和研究院所作为常用参考书。

现在，在总结凝炼长期人才培养心得和前沿科研成果基础上，他们又规划组织编著“空天推进”系列教材。这不但延续了学院的优良传统，也是建设世界一流学科的前瞻性举措，恰逢其时，承前启后，非常必要。这套新规划的“空天推进”系列教材，有几个鲜明的特点。一是层次衔接紧密，二是学科优势突出，三是内容系统丰富。整个系列按照热工基础理论、推进技术基础、发动机应用技术和学科前沿等几个层次规划，既突出火箭推进方向的传统优势，又拓展到冲压推进新优势方向，既注重理论基础，又强调分析设计应用，覆盖面宽，匹配合理，并统筹考虑了本科生和研究生的培养需要。总体来说，涵盖了空天推进领域较为系统的知识，体现了优势学科专业特色，反映了空天推进领域的发展趋势。这不但对于有志于在空天推进领域深造的青年学子大有帮助，而且对于从事空天推进领域研究与应用的科技人员，也大有裨益。这个系列教材的出版，对我国空天推进人才的培养和先进空天推进技术的发展，必将起到积极的促进作用。

习近平主席在我国首个“中国航天日”之际指出：“探索浩瀚宇宙，发展航天事业，建设航天强国，是我们不懈追求的航天梦”，强调要坚持创新驱动发展，勇攀科技高峰，谱写中国航天事业新篇章。前辈们的不懈努力已经推动我国航空航天事业取得了世人瞩目的巨大进步，空天事业的持续发展还需要后来人继续加油。空天推进是推动航空航天事业飞跃的核心技术所在，需要大批掌握坚实基础理论和富于创新精神的优秀人才持续拼搏、长期奋斗。我坚信，只要空天推进工作者矢志争先图强，坚持追求卓越，我们就一定能够不断实现新的跨越，不辜负新时代对空天推进人的殷切期待！

中国科学院院士　庄逢辰

二〇一七年十月

前 言

本书是作为研究生课程教材编写的。

1. 编写背景

2008 年秋季，学院组织编制新的研究生培养方案，编者承担了为研究生开设一门非化学火箭推进课程的任务。按照向国际一流标准看齐的指导思想，学院要求参照美国麻省理工学院在互联网(http://www.MITOpenCourseWare.net/)的“Space Propulsion”课程，该课程的责任教授是 Manuel Martinez-Sanchez。由于历史传承关系，编者的教学对象在本科阶段已经学习“火箭推进原理”课程，采用 G. P. Sutton 与 O. Biblarz 合著的 *Rocket Propulsion Elements* 作为教材，具备了较全面的化学火箭推进基础知识。根据上述情况，编者节选了“Space Propulsion”课程第 1～4 讲、第 6 讲、第 10～22 讲的内容，另外结合近年从事的激光推进研究提炼出部分内容，编写了课程大纲。

课程内容确定后即着手编写讲义。除了美国麻省理工学院的“Space Propulsion”课程讲义，美国普林斯顿大学 Robert G. Jahn 的经典著作 *Physics of Electric Propulsion* 及美国国家航空航天局喷气推进实验室 Dan M. Goebel 与 Ira Katz 的 *Fundamentals of Electric Propulsion: Ion and Hall Thrusters* 一书，都是编写的参考书。比较之下，编者更赞同和推崇 Manuel Martinez-Sanchez 对于“Space Propulsion”课程的内容编排及讲义的编写风格，遂决定以其讲义为蓝本编写自己的课程讲义。

从 2009 年开始，首先翻译和整理“Space Propulsion”课程相关讲义文字，再检索原始文献和参考其他书籍推校公式，调整论述逻辑，补充部分内容和参考文献，修补插图，编制思考与练习题。经过几届研究生课程讲授试用并不断完善，逶迤逾六载，编者认为达到了作为正式教材的状态。

2. 内容介绍

本书侧重介绍电火箭推进原理。在电火箭推进中，推力的产生是依靠电加热、电场电离、电磁力加速、激光电离等装置和技术实现的，与化学推进中的推力产生方式完全不同，也与电动力学、等离子体物理专业中探索基本现象与基础理论的装置和技术不同。随着电火箭推进技术的逐渐成熟和应用任务范围的拓展，电火箭推进日渐成为航天器推进技术研究的重要分支。关于电火箭推进的原理、发展状态和应用方面的知识，也成为更好地开展空间任务分析与设计的重要基础。

本书设定读者已经掌握高等工科学校本科阶段的高等数学方面的多元多重微积分、常微分方程、偏微分方程初步、级数、矢量场分析初步、概率论与随机过程初步、大学物理方面的真空与电介质中电磁场，以及工程热力学、传热学、空气动力学等基础知识。

本书主要内容是小推力火箭加速、轨道机动和修正任务的飞行力学分析理论，电热增强化学推力器、电弧热推力器、离子和霍尔推力器、磁等离子体推力器、激光热推力器的物理力学原理、简化解析模型理论。全书共 13 章。第 1 章是概论，回顾火箭推进的力学原理，介绍化学与电火箭推进装置的性能与应用概况，以及化学与电火箭的差别。第 2、3 章给出小推力火箭加速、轨道机动和修正任务的飞行力学分析方法及一般结论。第 4 章介绍单组元肼分解推力器的热化学性能分析、电热增强性能的计算方法。第 5 章是后续各章涉及气体等离子体产生和流动现象的物理力学基础，介绍气体等离子体的基本概念，以及导电气体电导率随温度、成分变化规律。第 6 章给出电弧热推力器性能的简化分析模型。第 7、8 章介绍离子推力器的离子生成、提取、加速的原理，装置结构特征，电气和性能参数，离子加速通道一维模型，放电室零维模型。第 9、10 章介绍霍尔推力器结构、气体电离和加速通道物理学原理以及一维分析模型。第 11、12 章介绍利用磁力加速等离子体的推力器原理和同轴放电磁等离子体推力器简化模型。第 13 章介绍两种激光加热推力器的概念，给出脉冲激光烧蚀固体推力器工作过程现象和简化分析模型，以及连续激光加热流体推力器的稳定性分析模型。

本书全部内容可按照 36 学时课程讲授。

3. 致谢与文责声明

既为编书，囿于编者学识水平，对所采名家著作的转述可能出现疏漏和不足，自创的文词也可能有不当之处。编者除向所参考、引用的原著者致谢外，自负出现在本书中的全部文责，并敬请读者批评指正。意见反馈：mscheng@nudt.edu.cn。

程谋森

2016 年 11 月于湖南长沙

目 录

第 1 章　概　　论

本书中“太空推进”，是指航天器获得环绕地球飞行的速度以后，用于轨道维持、轨道转移或者星际飞行的推进。通常这类推进装置仅产生比航天器重量小的推力。而“航天推进”，包含太空推进和发射航天器进入太空的推进，后者目前限于化学火箭推进。

目前实用的太空推进装置包括小推力化学火箭发动机、高比冲的太阳能电热推力器、静电推力器。其他处在技术验证阶段的太空火箭推进包括太阳光热推进、核热/核电推进等。

化学火箭推力的增大导致可发射到地球卫星轨道的载荷质量增大，而太空推进系统比冲的提高可以降低要求运载火箭发射入轨的载荷质量。化学火箭发动机特点是推重比大而比冲低，目前技术接近成熟水平，留下可供改进的领域是：从发动机系统角度提高可靠性、降低费用；从燃烧过程角度发展不稳定燃烧的主动控制技术；采用绿色环保和更经济的推进剂，或者采用更高能的推进剂；发展微型化学火箭。电推力器的特点是推重比小而比冲高，已经提出初步概念但尚需验证的技术较多[1]，在性能提高方面产生量变甚至是革命性质变的机会都存在。

1.1　航天推进任务需求

可以按照对推进系统性能的限定或者优选，将航天推进任务分为三类。

第一类是需要大推力的任务，目前只能采用化学火箭发动机，包括：①从行星表面起飞，如运载火箭从地面发射人造地球卫星；②行星着陆，如火星着陆、月球着陆。

第二类是需要高比冲的任务，必须采用远大于化学火箭比冲的电推进系统或者核热推进系统，包括：①深空探测，典型任务的速度增量下限为 2～3km/s；②长时间的阻力补偿任务，如距离地球表面 200～300km 高度上人造卫星的大气阻力补偿；③长时间的编队飞行，要求消除不同轨道的差异；④远离中心引力场作用规律的轨道飞行推进，如与土星光环平行的轨道。

第三类是采用高比冲更有利的任务，主要是具有大功率电源的卫星采用电推进，包括：①从低地球轨道进入地球静止轨道的轨道提升；②卫星寿命结束时的离轨；③不具有时间敏感性的改变轨道面；④轨道修正，如地球静止轨道卫星的南北漂移修正。

1.2　太空推力器的典型性能与应用

1.2.1　化学推力器

1) 单组元肼 (N_2H_4) 推力器

- 比冲 $I_{sp} \approx 230s$

- 推力从 222mN(美国喷气推进实验室研制，用于地外行星探测器姿态控制[2]) 到 2.8kN(应用于美国“海盗号”火星探测器的着陆反冲推进系统[3])
- 可靠性高，使用经验丰富
- 系统构成简单
- 能够脉冲工作(每脉冲时间≥10ms)，脉冲次数可达 100 万次
- 推进剂有毒，操作要求严格，需要加热系统
- 仅限于速度增量较小的任务
- 中等价格

2) 双组元推力器，当前典型推进剂是甲基肼(CH_3NHNH_2，缩写为 MMH) 与四氧化二氮(N_2O_4，缩写为 NTO) 组合

- 比冲为 305～325s
- 推力为 10N～27kN(如美国航天飞机轨道器的轨道机动推力器[3])
- 使用经验丰富
- 系统相对较为复杂
- 短脉冲工作比较困难，但可以多次启动
- 推进剂有毒
- 比冲比单组元的高
- 价格高

3) 固体推力器，典型推进剂为含铝的端羟基聚丁二烯/高氯酸铵(Aluminized HTPB/AP)

- 比冲为 280～300s
- 推力从 44N 到美国航天飞机固体助推器的 14700kN
- 系统构成简单——相对于液体推进系统需要包含增压装置、阀门等而言
- 壳体很轻并且不参与反应(占推进剂的 15%～20%)
- 比冲与双组元推进剂相当
- 不能重复启动
- 在冲量大小和推力方向上有 1%～5%的散布，对于精确机动需要另外的修正发动机
- 中等或较高的价格

1.2.2 电推力器

从能量转化角度来看，电推力器是使电能转化为工质的动能而产生喷气反作用力的推力器。一种是用电加热方式使工质变成高温气体，然后通过拉瓦尔喷管高速喷射；另外一种是用静电力或电磁力使工质高速喷射。为了能使静电或者电磁力发挥作用，必须先使工质粒子带电。在使用气体推进剂的场合，一般先使气体电离。气体电离的方法包括阴极电子直接轰击，微波、射频以及线圈脉冲电流感应放电等。

不同种类电推进系统的电源功率和比冲可以差别很大。通常用如下定义的总效率：

$$\eta = \frac{\frac{1}{2}\dot{m}c^2}{IU} \tag{1-1}$$

式中，η 为总效率，定义为喷气动能流率与消耗电功率的比值；c 为排气速度；$\dot{m}$ 为推进剂喷射的质量流率(kg/s)；IU 为电流和电压的乘积，等于电功率。

1) 电阻加热(resistojet)推力器(用肼、氢或者宇航员生保系统废气作为推进剂)

- 效率高($\eta > 0.9$)，比冲低
- 简单，只受限于材料工作温度
- 能够提高单组元推进剂的比冲(如可将肼推力器比冲提高到 304s[4])
- 采用氢气作为推进剂，比冲可达 700s(但是氢的空间存储是个问题)
- 为空间站上废气利用提供了备选手段

2) 电弧(arcjet)推力器(典型推进剂包括肼、氨、氢)

- 效率 $\eta \approx 0.4$，比冲 $I_{sp} \approx 600$s(肼)(对于氨，约 700s；对于氢，约 1000s)
- 电源功率为 0.5～30kW(可以在更大功率水平上运行)
- 中等大小的推重比(如果任务时间受限，这可能是优选方案)
- 工作温度高(热防护难度大)
- 效率不是很高
- 已在某些地球静止轨道通信卫星平台上得到应用
- 电能处理单元(Power Processing Unit，PPU)相对简单

3) 霍尔推力器(用氙作为推进剂)

- η 为 0.4～0.6，I_{sp} 为 1500～2000s，可提高到 3000s
- 电源功率为 0.5～10kW(可更大，如同心多通道推力器功率达到 67kW)
- 比冲范围对于很多任务都很合适(合理的推力/功率比，较高的推进剂利用效率)
- 合理的总效率
- 有实际应用(首先在俄罗斯，目前扩展到美欧国家)，应用任务范围还在扩展
- 寿命足够长(>9000h)
- 有一定污染和电磁干扰(ElectroMagnetic Interference，EMI)
- 电能处理单元复杂

4) 离子推力器(用氙作为推进剂)

- η 为 0.6～0.75，I_{sp} 为 2500～4000s，更高可达 7000s
- 电源功率为 0.3～5kW(还可以提高)
- 总效率很高
- 比冲高，适合于大速度增量任务
- 有实际应用[如 1997 年休斯公司推出的氙离子推进系统(XIPS)]
- 寿命足够长(地面验证达到 30000h)
- 非常复杂的 PPU
- 推力面密度比霍尔推力器小，推力器本体面积较大并且相对较重

5) 脉冲等离子体推力器[聚四氟乙烯(teflon)作为推进剂]

- η 为 0.05～0.1，I_{sp} 为 600～2000s
- 电源功率为 0.1～1kW
- 很短的脉冲(脉宽为几到十几微秒)，脉冲频率可控
- 适合需要精确微冲量的机动控制

- 采用固体推进剂，供应系统非常简单
- 效率很低
- 难于操纵大质量的推进剂
- 有一定的实际应用(最早应用于苏联 1964 年发射的火星探测器)

6) 胶体(colloid)推力器，场发射静电推进(Field Emission Electrostatic Propulsion，FEEP)

- 电源功率及推力都很小(推力大约 0.1μN，电源功率约 0.5mW)
- 对于高精度的任务很理想
- 比冲范围：500～1500s　(胶体推力器)
　　　　>6000s　(FEEP，采用液态金属铟作为推进剂)
- 多个推力器组合起来能提供 mN 级推力
- 相对较重的辅助组件

1.3　火箭推进原理回顾

在没有其他场存在的空间中，加速物体的唯一途径是利用喷气反冲作用，其原理与飞机的吸气式喷气推进(将吸入的空气燃烧后向后排出)一样。但是对于火箭，这种“被排放的物质”只能全部是自身携带的。

下面给出真空中火箭推力方程的启发性推导(图 1-1)。

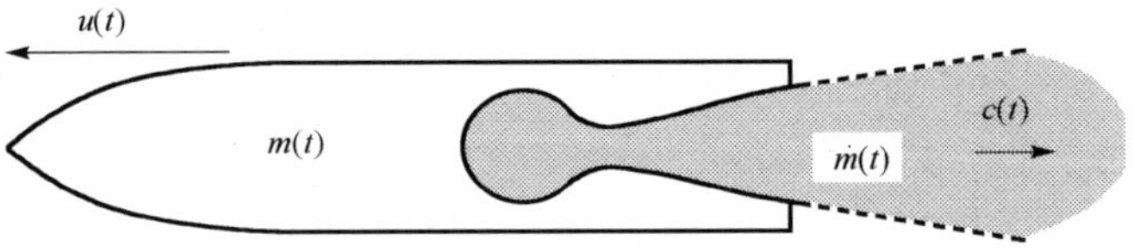

图 1-1　火箭推力产生的启发性推导用图

没有阻力以及排气分子与外界空气的相互作用时，火箭和它排出的气体组成的集合体的总动量 $M_k(t)$ 是恒定不变的，表示为

$$M_k(t) = m(t)u(t) + \int_0^t \dot{m}(\tau)[u(\tau) - c(\tau)]\mathrm{d}\tau = \text{const} \tag{1-2}$$

$$\frac{\mathrm{d}M_k(t)}{\mathrm{d}t} = 0 \tag{1-3}$$

$$m\frac{\mathrm{d}u}{\mathrm{d}t} + u\frac{\mathrm{d}m}{\mathrm{d}t} + \dot{m}(u - c) = 0 \tag{1-4}$$

式中，m 是火箭瞬时质量；u 是火箭在惯性参考系中的飞行速度；c 是气体相对火箭的排出速度；约定 $\dot{m} = -\mathrm{d}m/\mathrm{d}t \geqslant 0$ 是气体排出的质量流率。利用此定义及式(1-4)给出

$$F \triangleq m\frac{\mathrm{d}u}{\mathrm{d}t} = \dot{m}c \tag{1-5}$$

将使火箭产生加速度的作用力称为“推力”。

注意到火箭本体的动量变化率是可正可负的，因为

$$\frac{\mathrm{d}(mu)}{\mathrm{d}t}=F-\dot{m}u=\dot{m}(c-u) \tag{1-6}$$

应用同样的方法，火箭与它排出的气体组成的集合体的动能$E_{\mathrm{k}}(t)$表示为

$$E_{\mathrm{k}}(t)=\frac{1}{2}m(t)u(t)^2+\int_0^t\frac{1}{2}\dot{m}(\tau)[u(\tau)-c(\tau)]^2\mathrm{d}\tau \tag{1-7}$$

所以集合体的动能变化率为

$$\frac{\mathrm{d}E_{\mathrm{k}}}{\mathrm{d}t}=mu\frac{\mathrm{d}u}{\mathrm{d}t}+\frac{1}{2}u^2\frac{\mathrm{d}m}{\mathrm{d}t}+\frac{1}{2}\dot{m}(u^2+c^2-2uc)=\frac{1}{2}\dot{m}c^2 \tag{1-8}$$

因此，如果推力器消耗的热能(或电能)功率是P，并且转化为总动能的效率是η_{th}，则

$$\frac{\mathrm{d}E_{\mathrm{k}}}{\mathrm{d}t}=\eta_{\mathrm{th}}P \tag{1-9}$$

从而可得通过推力器转化给集合体的动能功率等于喷气动能流率

$$\eta_{\mathrm{th}}P=\frac{1}{2}\dot{m}c^2 \tag{1-10}$$

注意到有用的推进功率仅是飞行的火箭获得的功率，表示为$Fu=\dot{m}c\cdot u$，它有两部分来源：一是输入的电能(或推进剂释放的化学能)转化的动能，二是离开火箭的气体具有的动能。故推进效率表示为

$$\eta_{\mathrm{prop}}=\frac{Fu}{\eta_{\mathrm{th}}P+\frac{1}{2}\dot{m}u^2}\quad\Rightarrow\eta_{\mathrm{prop}}=\frac{2u/c}{1+(u/c)^2} \tag{1-11}$$

如果考虑火箭喷管出口的气体压强(记为p_{e}，有限值)以及环境气体的阻滞作用，约定火箭在大气层内飞行时推力为

$$F=\dot{m}u_{\mathrm{e}}+A_{\mathrm{e}}(p_{\mathrm{e}}-p_{\mathrm{a}}) \tag{1-12}$$

式中，下标“e”“a”分别表示喷管出口和环境气体的参数，如u_{e}是工质离开喷管的喷射速度；p_{a}是环境气体压强。在热火箭中，对于有限的环境压强，增大出口面积A_{e}可使出口速度u_{e}增大(极限情况为$u_{\mathrm{e\,max}}\approx\sqrt{2c_{\mathrm{p}}T_0}$)，但是最终使$(p_{\mathrm{e}}-p_{\mathrm{a}})A_{\mathrm{e}}$变为负值；最佳的$A_{\mathrm{e}}$是使$p_{\mathrm{e}}=p_{\mathrm{a}}$。

对于热气体通过拉瓦尔喷管的膨胀加速流动，用推力系数C_{F}评价喷管效率，定义为

$$C_{\mathrm{F}}=\frac{F}{p_0A_{\mathrm{t}}} \tag{1-13}$$

式中，下标“0”“t”分别表示被喷射气体的滞止状态和在喷管喉部的状态。通常$C_{\mathrm{F}}=1.5\sim2$。视喷管流动等熵、喉部达到声速，利用等熵过程的压强-密度关联方程

$$p\propto\rho^r \tag{1-14}$$

以及理想气体的状态方程$p_0=\rho_0R_0T_0$，可得

$$\dot{m}=\rho_{\mathrm{t}}u_{\mathrm{t}}A_{\mathrm{t}}=A_{\mathrm{t}}\rho_0\left(\frac{2}{\gamma+1}\right)^{\frac{1}{\gamma-1}}\sqrt{\gamma RT_0\left(\frac{2}{\gamma+1}\right)}\Rightarrow\dot{m}=\frac{p_0A_{\mathrm{t}}}{c^*} \tag{1-15}$$

式中，c^* 为“特征速度”，表征气体比内能(俗称热能)大小

$$c^* = \frac{\sqrt{RT_0}}{\Gamma(\gamma)}, \quad \Gamma = \sqrt{\gamma}\left(\frac{2}{\gamma+1}\right)^{\frac{\gamma+1}{2(\gamma-1)}} \Rightarrow C_F = \frac{u_e}{c^*} + \frac{A_e}{A_t}\left(\frac{p_e}{p_0} - \frac{p_a}{p_0}\right) \tag{1-16}$$

比冲定义为

$$I_{sp} = \frac{F}{\dot{m}} = c^* C_F \tag{1-17}$$

在航天任务中希望比冲高，即喷射工质(推进剂)的利用效率高，因为根据火箭方程得

$$m\frac{\mathrm{d}u}{\mathrm{d}t} = -\frac{\mathrm{d}m}{\mathrm{d}t}c \to \Delta u = c\ln\frac{m_0}{m_f} \tag{1-18}$$

式中，$m_0 = m_p + m_s + m_L$ 是初始时刻的火箭总质量；m_f 是加速结束时刻的火箭总质量。m_p 是推进剂的质量，m_s 是火箭结构质量，m_L 是有效载荷质量。据此导出确定有效载荷质量的表达式

$$m_L = \frac{m_p}{e^{\frac{\Delta u}{c}} - 1} - m_s \tag{1-19}$$

所以，对于给定的 m_p、m_s，比冲越高则有效载荷越大。对于小的 $\Delta u / c$，$m_L \approx m_p \cdot c / \Delta u - m_s$，这种依变关系近似是线性的；对于需要巨大速度增量（$\Delta u / c \gg 1$）的任务，有效载荷的质量随比冲呈指数关系快速变化。

对于化学火箭，c 的上限受到单位质量推进剂释放的化学能(即比能 e)的限制。由于

$$\frac{1}{2}\dot{m}u_e^2 = \eta_{th}P = \eta_{th}\dot{m}e \Rightarrow u_e = \sqrt{2\eta_{th}e} \tag{1-20}$$

若考虑膨胀功，则需用比焓 h 代替比能 e。对于理想气体等熵膨胀，$h = c_p T_0$，得

$$u_e = \sqrt{2c_p T_0\left[1 - \left(\frac{p_e}{p_0}\right)^{\frac{\gamma-1}{\gamma}}\right]} \tag{1-21}$$

因此其效率为

$$\eta_{th} = 1 - \left(\frac{p_e}{p_0}\right)^{\frac{\gamma-1}{\gamma}} \tag{1-22}$$

这表明期望更大的 p_0 / p_e 值，意味着只是需要大的面积比 A_e / A_t，而不必是高的 p_0。实际上，对于在真空中推进，高 p_0 仅仅意味着高 p_e，对增大 u_e 或比冲没有帮助；但是并不能就此否定高 p_0 的价值，更进一步分析可以看出，高 p_0 能够通过抑制分子离解而增大 T_0，从而获得高比冲。

实际上采用高 p_0 的设计，主要是因为对于给定推力的发动机，p_0 大则发动机的质量反而小；而对于助推发动机(在大气层内工作)，p_e 不能比 p_a 低得多，所以高 p_0 / p_e 必然导致高 p_0。

对于给定推力发动机的燃烧室，用球壳近似，其质量(表示为 M)与推力比值为

$$\frac{M}{F} \approx \frac{4\pi R^2 t \rho_w}{C_F p_0 A_t} \tag{1-23}$$

式中，t、R、ρ_w、σ 分别是球壳厚度、半径、材料密度及许用应力。写出球壳大圆截面的应力平衡式为

$$2\pi R t \sigma = \pi R^2 p_0 \Rightarrow t = \frac{p_0}{2\sigma} R \tag{1-24}$$

$$M \approx 2\pi \frac{\rho_w}{\sigma} p_0 R^3 \tag{1-25}$$

喉部面积与燃烧室的截面积关联为

$$A_t = KR^2 \tag{1-26}$$

根据推力系数定义式得

$$F = C_F p_0 K R^2 \Rightarrow R = \sqrt{\frac{F}{C_F p_0 K}} \tag{1-27}$$

代入式(1-25)整理得

$$M \approx 2\pi \frac{\rho_w}{\sigma} \left(\frac{F}{KC_F} \right)^{3/2} \sqrt{\frac{1}{p_0}} \tag{1-28}$$

因此，对于给定推力的发动机，其质量大致与 $1/\sqrt{p_0}$ 成比例(图 1-2)。

对于太空用发动机，一般是给定总冲量而不是推力，趋向于在较低的 p_0 下进行优化，通常导致小推力、长工作时间的实现方式。对于助推器，存在复杂的权衡，包括重力损失、阻力损失、提高 p_0 可获得高比冲等。一般而言，对于助推器，提高 p_0 是有利的；对于液体火箭发动机，p_0 的增大主要受到涡轮增压性能的限制。

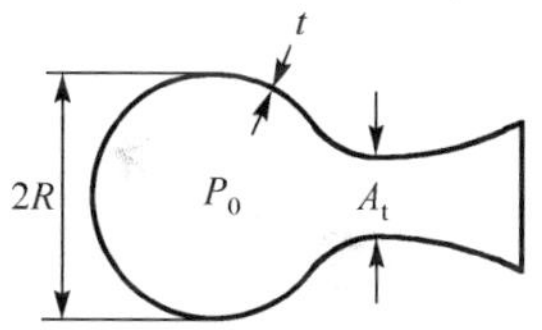

图 1-2　估算发动机质量与燃烧室压强关系的推力室示意图

火箭推进系统的功率可以非常高。例如，美国航天飞机从地面起飞时，喷气动能流率为

$$\frac{1}{2}\dot{m}c^2 = \frac{1}{2}Fc = \frac{1}{2} \times 3 \times 10^7\,\mathrm{N} \times 3.3 \times 10^3\,\mathrm{m/s} = 5 \times 10^{10}\,\mathrm{W} = 50\mathrm{GW}$$

从而，如果功率链中的某一步由电能替代，发动机将非常重。那么，为什么还要研究电推进呢？因为它打破了对 u_e 的限制，可以获得更高的比冲。换言之，它使发动机的推进剂更有效率。利用电磁力，几乎可以任意地增大 u_e。然而，必须考虑对电能源系统的需求

$$P = \frac{1}{\eta_{th}} \frac{1}{2} \dot{m} c^2 = \frac{Fc}{2\eta_{th}} \Rightarrow \frac{P}{m} = \frac{F}{m} \frac{c}{2\eta_{th}} = \frac{ac}{2\eta_{th}} \tag{1-29}$$

当前太空太阳能光伏电池板技术能达到 10kg/kW 的水平，但是整个电能源系统还包括蓄电池、电能处理单元等。例如，考虑电能源系统总的质量比功率为 $m/P \approx 20\mathrm{kg/kW}$，再给定其他参数，$c = 1\times10^4 \sim 5\times10^4\,\mathrm{m/s}$，$\eta_{th} \approx 0.5$，得到对应加速度为 $a = 1\times10^{-3} \sim 5\times10^{-3}\,\mathrm{m/s^2}$。

所以，在合理可行的电能源系统技术状态下，电推进只能提供很小的加速度(如图 1-3 给出参数范围，CP 与 EP 分别代表化学火箭推进和电火箭推进)。对于电推力器，如果提高比冲，对于给定的速度增量 Δu ，m_p 会减小，但是 m_s 会随着功率 P 的增加而增大，除非加速度很小；由于任务持续时间的限制，加速度不可能太小。从而，存在一个最优比冲，这个值大约是 2000s，根据具体任务条件而上下变化。

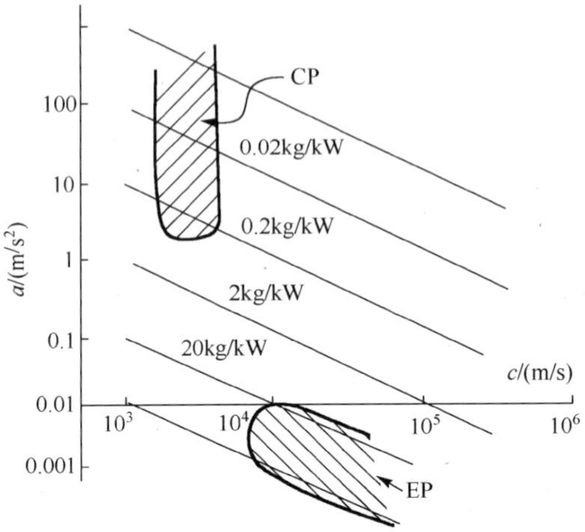

图 1-3　质量比功率限制的飞行加速度随比冲变化关系

参 考 文 献

[1] Martinez-Sanchez M, Pollard J E. Spacecraft electric propulsion - an overview[J]. Journal of Propulsion and Power, 1998, 14(5): 688-699.

[2] Nunz G J. Experimental evaluation of a miniature catalytic hydrazine thruster[C]// AIAA71-706. AIAA/SAE 7th Propulsion Joint Specialist Conference. 1971.

[3] Sutton G P, Biblarz O. Rocket propulsion elements[M]. 8th ed. Hoboken: John Wiley & Sons, Inc, 2010.

思考与练习题

1-1　将火箭推力表达式(1-12)应用于真空环境，所得形式仍然与从另一个角度推导的表达式(1-5)不同。试从物理概念上分析两者的差别。

1-2　压强的国际标准单位量纲是 N/m^2，结合推力系数定义式(1-13)阐述化学火箭推力器的推力与燃烧室压强及截面尺寸的联系。

第 2 章　太空小推力加速任务分析

2.1　固定时间的恒定电功率与推力任务

本节考虑喷气速度 c 取多大的数值，能使电火箭的有效载荷比 m_L / m_0 最大，约束条件是电功率、任务总时间和速度增量都固定。加速过程中喷气速度保持为某个数值，$c(t) = \text{const}$ 。求解这个问题需要写出有效载荷比作为喷气速度的函数的表达式。

一个火箭仅受推力作用，记开始工作时质量为 m_0 ，以喷气速度 c 工作一段时间 t_f 后，获得速度增量 ΔV ，最终质量为 m_f 。加速过程中的质量、速度关联为

$$m\frac{\mathrm{d}V}{\mathrm{d}t} = -\frac{\mathrm{d}m}{\mathrm{d}t}c \tag{2-1}$$

$$\mathrm{d}V = -c\frac{\mathrm{d}m}{m} \tag{2-2}$$

当喷气速度 c 保持为常值时，对式(2-2)积分可得

$$\Delta V = c\ln\frac{m_0}{m_f} \tag{2-3}$$

在加速中消耗的推进剂总质量为

$$m_p = m_0 - m_f = m_0\left(1 - \mathrm{e}^{\frac{-\Delta V}{c}}\right) \tag{2-4}$$

电火箭的有效载荷质量为 m_L ， $m_L = m_f - m_s$ ； m_s 是结构质量， $m_s = m_{s0} + \alpha P$ ，其中 m_{s0} 是与推进系统的电功率无关的质量，αP 是与电功率成比例的质量(包括电源与推进系统)。注意，比例系数 α 的单位由所采用的电功率、结构质量的单位决定，如可以是 kg/W。

对于电火箭，电能向喷气动能转化的效率记为 η ，则有

$$P = \frac{1}{2\eta}\dot{m}c^2 \tag{2-5}$$

考虑电功率固定的情况，已经设喷气速度保持为常值，故在当前任务模式中 $\dot{m}$ 也是常数，$\dot{m} = m_p / t_f$ 。由上面的推导可得

$$m_s = m_{s0} + \alpha P = m_{s0} + \frac{\alpha}{2\eta}\frac{m_p}{t_f}c^2 \tag{2-6}$$

综合上述各式得到加速结束时火箭的有效载荷为

$$m_L = m_f - m_{s0} - P\alpha = m_0\mathrm{e}^{-\frac{\Delta V}{c}} - m_{s0} - m_0\frac{\alpha c^2}{2\eta \cdot t_f}\left(1 - \mathrm{e}^{-\frac{\Delta V}{c}}\right) \tag{2-7}$$

由于任务总时间固定，引入一个称为“特征速度”的量：

$$V_{ch} = \sqrt{\frac{2\eta \cdot t_f}{\alpha}} \tag{2-8}$$

根据对 α 的定义，上式的意义是：如果在 t_f 时间内产生的电能只用来加速与电功率成比例的结构质量(不考虑如何实现这种加速作用)，它将获得的速度就是 V_{ch}。由于还存在其他功能系统的质量，显然 V_{ch} 是所能达到的任务速度增量的上限。

图 2-1 显示以 $\Delta V / V_{ch}$ 为参数的 $(m_L + m_{s0}) / m_0$ 随着 c / V_{ch} 变化的曲线(取 $m_{s0} = 0$)。由图可见，在每一种工况下都存在一个最优的速度 c；当 ΔV 较小时，最优的 c 与 V_{ch} 很接近。

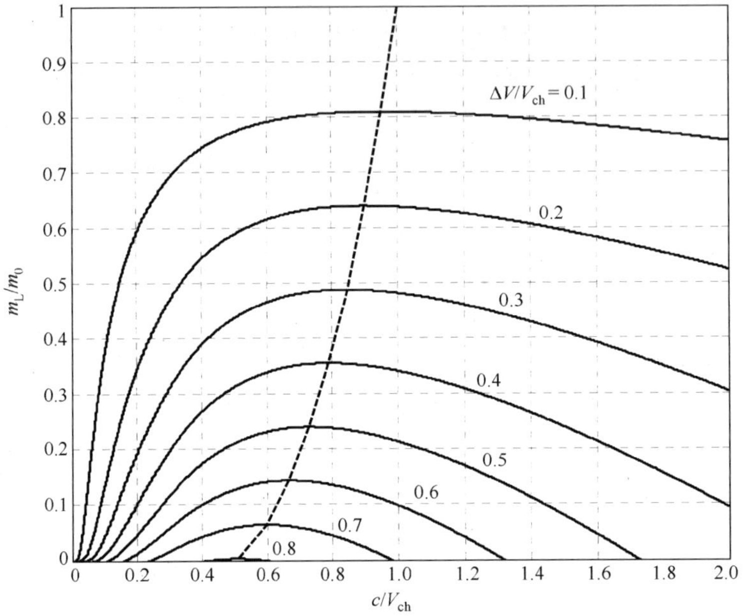

图 2-1　有效载荷份额随比冲与特征速度比值的变化

图 2-1 也表明：当系统携带一定质量的有效载荷(忽略 m_{s0})时，所能达到的最大速度增量 ΔV 约为 $0.8V_{ch}$。在同样的近似条件下，图 2-2 显示在最优 c 时的质量份额构成。

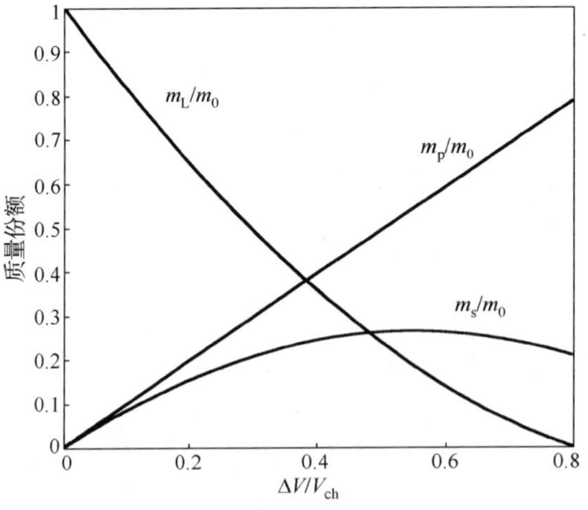

图 2-2　最优比冲状态的火箭各部分质量份额

以目前的技术状态和任务时间量级估算，$\alpha = 0.02\mathrm{kg/W}$，$\eta = 0.64$，$t_{\mathrm{f}} = 10^4\mathrm{h}$，可得到$V_{\mathrm{ch}} = 48\mathrm{km/s}$。这个速度是远大于近地球空间大部分太空机动任务的速度增量的，并且与目前电推力器较高水平的喷气速度相当。因此，对于大部分小ΔV任务，$\Delta V / c$可以作为小量处理，将式(2-7)中的指数项按照泰勒级数展开并取低阶近似，以 c 为变量求极值；再取c / V_{ch}的以$\Delta V / V_{\mathrm{ch}}$为变量的幂级数近似，即得到最佳$c$值的近似解析表达式

$$c_{\mathrm{opt}} \approx V_{\mathrm{ch}} - \frac{1}{2}\Delta V - \frac{1}{24}\frac{\Delta V^2}{V_{\mathrm{ch}}} \tag{2-9}$$

参数V_{ch}综合了效率η、电源的质量比功率α以及任务时间t_{f}这些因素的影响。式(2-8)表明，当电源很轻和/或任务持续时间很长时，特征速度就较大。由图 2-1 可见，对于固定的任务速度增量ΔV，特征速度较大($\Delta V / V_{\mathrm{ch}}$较小)时，可以获得较大的有效载荷比和相对较小的结构比及推进剂比。当然，固定V_{ch}时降低ΔV也能达到同样的系统质量比分解趋势。这种状态被形象地比喻为“卡车运输”工况。相反，工作时间短、电源系统质量比功率大时特征速度V_{ch}小，对应的最优喷气速度也较小，通过图 2-2 可以得到，这种工况下有效载荷比小，而推进剂所占的质量比很大，这种状态称为“赛车”工况。

迄今为止，一直将效率η视为与喷气速度无关的常数，其实不然。通常情况下，在电推力器中，随着功率的提高(由此导致喷气速度增大)，加速气体的物理过程可能发生很大的变化。对于某一种推力器[电加热推力器、离子推力器、磁等离子体动力(Magnetoplasmadynamic，MPD)推力器]、某种推进剂和工况，都可以建立η与c的典型联系。关于这方面的知识，在以后的章节中会详细讨论。通常，离子推力器和 MPD 推力器的η随着c的增大而提高，而电弧推力器的η随着c的增大而减小(当c超过一定值后)。对于每一种情况，需要利用具体的$\eta = \eta(c)$结合式(2-7)来求取最佳的c。下面针对离子推力器进行深入分析。

在离子推力器中，除了离子获得动能，还有电离、复合等过程消耗电能，这部分能量损失可用一个等效的电势降来表示，将其记为U'。若每个离子只带一单位电荷，则其所消耗的能量为$m_{\mathrm{i}}c^2/2 + \mathrm{e}U'$。其中，$m_{\mathrm{i}}$是离子质量，e 是单位电荷量。只有$m_{\mathrm{i}}c^2/2$是有用功，故效率为

$$\eta = \frac{c^2}{c^2 + \dfrac{2\mathrm{e}U'}{m_{\mathrm{i}}}} \tag{2-10}$$

为了考虑电源的效率和其他损失因素，引进系数$\eta_0 < 1$，将总效率表示为

$$\eta = \eta_0 \frac{c^2}{c^2 + V_{\mathrm{L}}^2} \tag{2-11}$$

式中，V_{L}是所谓的“损失速度”，等于一个带一单位电荷的离子在电势降U'作用下加速所能达到的速度。注意式(2-10)已经表明采用大原子质量推进剂的重要性，因为U'与推进剂原子质量不是成正比关系，m_{i}增大则V_{L}减小。式(2-11)也表明，当c减小到低于V_{L}时，效率η将很快下降。

利用式(2-11)将式(2-7)改写为

$$\frac{m_L}{m_0} = e^{-\frac{\Delta V}{c}} - \frac{m_{s0}}{m_0} - \frac{c^2 + V_L^2}{V_{ch}^2}\left(1 - e^{-\frac{\Delta V}{c}}\right) \tag{2-12}$$

式中，对 V_{ch} 的定义中使用 η_0 代替 η 。与前面类似，可获得 $\Delta V / V_{ch}$ 为小量条件下的最佳喷气速度及质量份额的近似解析表达式。以 V_{ch} 为参照使其他的速度无量纲化：

$$x = \frac{c}{V_{ch}};\quad u = \frac{\Delta V}{V_{ch}};\quad \delta = \frac{V_L}{V_{ch}} \tag{2-13}$$

可得

$$x_{opt} = \sqrt{1+\delta^2} - \frac{u}{2} - \frac{u^2}{24\sqrt{1+\delta^2}} + \cdots \tag{2-14}$$

$$\left(\frac{m_L}{m_0}\right) + \left(\frac{m_{s0}}{m_0}\right) = 1 - 2\sqrt{1+\delta^2}u + u^2 - \frac{u^3}{12\sqrt{1+\delta^2}} + \cdots \tag{2-15}$$

$$\left(\frac{m_p}{m_0}\right) = \frac{u}{\sqrt{1+\delta^2}} - \frac{1}{24}\left(\frac{u}{\sqrt{1+\delta^2}}\right)^3 + \cdots \tag{2-16}$$

当 $\delta = 0$ 且忽略每一个式子中列写出的以省略符表示的各项时，即可得到式(2-9)和图 2-2 所示的函数关系。损失(δ)造成的主要影响有以下三点。

(1) 导致最优速度 c 增大，试图利用由此获得的更高的效率。

(2) 减小最大的有效载荷份额。

(3) 减小推进剂的质量份额。

其中后两种影响都导致结构质量份额的增大，注意这对应于电功率增大，是补偿效率下降造成的影响，提高了对额定功率需求的结果。值得注意的是，这种损失的影响在“卡车运输”状态下最小(高 V_{ch}，也就是较轻的发动机或较长的任务时间)。

2.2　最优推力曲线

即使所能获得的电功率是固定的，也没有不言自明的理由优先选择推力器工作在恒定的推力或恒定的喷气速度的状态。可以通过一个简单的例子说明这一点。与 Stuhlinger 的经典最优化一样，保持恒定的效率，但是允许 $\dot{m}$ 和 c 从而 F 也随时间变化。上述各量的变化通过能量守恒联系起来：

$$P = \frac{1}{2\eta}\dot{m}(t)c^2(t) = \frac{1}{2\eta}F(t)c(t) \tag{2-17}$$

考虑质量的倒数随时间变化的导数：

$$\frac{d(1/m)}{dt} = -\frac{1}{m^2}\frac{dm}{dt} = \frac{\dot{m}}{m^2} \tag{2-18}$$

利用等式 $F^2 = \dot{m}^2 \cdot c^2$ 将式(2-18)改写为

$$\frac{d(1/m)}{dt} = \frac{F^2}{m^2 \cdot \dot{m} \cdot c^2} = \frac{a^2}{2\eta P} \tag{2-19}$$

式中，$a = F / m$ 是由推力决定的加速度。式(2-19)积分后得

$$\frac{1}{m_{\mathrm{f}}} - \frac{1}{m_0} = \frac{1}{2\eta P}\int_0^{t_{\mathrm{f}}} a^2 \mathrm{d}t \tag{2-20}$$

另外，任务需要的速度增量表示为

$$\Delta V = \int_0^{t_{\mathrm{f}}} a \mathrm{d}t \tag{2-21}$$

ΔV 是一个预先指定的量。希望选择一个函数 $a(t)$，使得 ΔV 不变时得到最大的 m_{f}。这个问题就归结为寻找适当的 $a(t)$ 曲线，使得它的平方函数在整个积分区间的积分最小，而其本身的积分保持某固定数值。利用几个数的算术平均值不大于这些数的均方根的结论：

$$\frac{|a_1 + a_2 + \cdots + a_n|}{n} \leqslant \sqrt{\frac{a_1^2 + a_2^2 + \cdots + a_n^2}{n}}$$

可以推测 a 应当为一个常数，利用这个条件，将式(2-20)与式(2-21)合并，消去 a 得

$$\frac{m_{\mathrm{f}}}{m_0} = \frac{1}{1 + \dfrac{m_0 \Delta V^2}{2\eta \cdot t_{\mathrm{f}} P}} \tag{2-22}$$

现在功率的大小还没有确定，它将决定推力器的平均喷气速度；同时，预期存在一个最优的功率值。使用 $m_{\mathrm{f}} = m_{\mathrm{L}} + m_{\mathrm{s}}$，以及 $P = m_{\mathrm{s}} / \alpha$，同时利用特征速度，可以将式(2-22)改写为

$$\frac{m_{\mathrm{L}}}{m_0} = \frac{m_{\mathrm{s}}}{m_0}\left[\frac{1}{\left(\dfrac{m_{\mathrm{s}}}{m_0}\right) + \left(\dfrac{\Delta V}{V_{\mathrm{ch}}}\right)^2} - 1\right] \tag{2-23}$$

选取 m_{s} / m_0 使 m_{L} / m_0 最大化，找到这个值是

$$\left(\frac{m_{\mathrm{s}}}{m_0}\right)_{\mathrm{opt}} = \frac{\Delta V}{V_{\mathrm{ch}}}\left(1 - \frac{\Delta V}{V_{\mathrm{ch}}}\right) \tag{2-24}$$

将其代回式(2-23)可以得

$$\left(\frac{m_{\mathrm{L}}}{m_0}\right)_{\max} = \left(1 - \frac{\Delta V}{V_{\mathrm{ch}}}\right)^2, \quad \left(\frac{m_{\mathrm{p}}}{m_0}\right)_{\mathrm{opt}} = \frac{\Delta V}{V_{\mathrm{ch}}} \tag{2-25}$$

上面的推导给出了在假设前提下的精确表达式。将它们与图 2-2 或者式(2-14)～式(2-16)的近似表达式比较，如果 $\delta = 0$ 且 $m_{\mathrm{s0}} / m_0 = 0$，结论是一样的。显然，只有 $u = \Delta V / V_{\mathrm{ch}} \approx 1$（它的最大值）时差别才比较显著，而 $u = \Delta V / V_{\mathrm{ch}}$ 数值较小时其差别可以忽略。

此时可以探求一个有趣的问题，即如何随时间改变推力器的喷气速度 c 才能使加速度保持恒定。利用式(2-17)得

$$a = \frac{\dot{m}c}{m} = \frac{\dot{m}c^2}{mc} = \frac{2\eta P}{mc} \Rightarrow c = \frac{2\eta P}{a}\frac{1}{m} \tag{2-26}$$

同时，通过式(2-19)可知$1/m$随时间线性变化，则c也随时间线性变化；在推力器工作的终了时刻，$m=m_{\mathrm{f}}$时：

$$c_{\mathrm{f}}=\frac{2\eta P}{a\cdot m_{\mathrm{f}}}=\frac{2\eta\dfrac{m_{\mathrm{s}}}{\alpha}}{\dfrac{\Delta V}{t_{\mathrm{f}}}m_{\mathrm{f}}}=\frac{V_{\mathrm{ch}}^2}{\Delta V}\frac{m_{\mathrm{s}}}{m_{\mathrm{s}}+m_{\mathrm{L}}} \tag{2-27}$$

通过式(2-23)与式(2-24)得

$$\frac{m_{\mathrm{s}}}{m_{\mathrm{s}}+m_{\mathrm{L}}}=\frac{\Delta V}{V_{\mathrm{ch}}}\Rightarrow c_{\mathrm{f}}=V_{\mathrm{ch}} \tag{2-28}$$

喷气速度c的变化速率与$1/m$的变化速率关系为

$$\frac{\mathrm{d}c}{\mathrm{d}t}=\frac{2\eta P}{a}\frac{\mathrm{d}\left(\dfrac{1}{m}\right)}{\mathrm{d}t}=a \tag{2-29}$$

因此，火箭飞行过程中的某个时刻喷气速度为

$$c(t)=V_{\mathrm{ch}}-a\cdot(t_{\mathrm{f}}-t)\Rightarrow\begin{cases}c(t=0)=V_{\mathrm{ch}}-\Delta V\\ c(t=t_{\mathrm{f}})=V_{\mathrm{ch}}\end{cases} \tag{2-30}$$

如果将c限制为一个常数，即得到近似结果$c_{\mathrm{opt}}=V_{\mathrm{ch}}-\Delta V/2$，这是相当合理的。注意，式(2-30)表明喷出气体的绝对速度为定值：

$$c_{\mathrm{abs}}(t)=c(t)-[V(0)+a\cdot t]=V_{\mathrm{ch}}-\Delta V+a\cdot t-[V(0)+a\cdot t]=V_{\mathrm{ch}}-\Delta V-V(0) \tag{2-31}$$

2.3　用变分法推导最优喷气速度

本节给出利用变分法推导最优化喷气速度的方法。这种方法可以扩展到更多的应用场合，如效率可变等。将优化目标取为速度增量ΔV，期望其取到最大值。首先给出目标泛函形式：

$$\Delta V=\int_0^{t_{\mathrm{f}}}\left(\frac{F}{m}\right)\mathrm{d}t \tag{2-32}$$

约束条件是在一定时间内给定功率P与推进剂总的质量消耗量。

$$P=\frac{1}{2}\frac{\dot{m}c^2}{\eta}=\frac{1}{2}\frac{Fc}{\eta}=\mathrm{const}$$

$$\frac{\mathrm{d}m}{\mathrm{d}t}=-\dot{m}=-\frac{2\eta P}{c^2} \tag{2-33}$$

$$m_{\mathrm{p}}=m_0-m_{\mathrm{f}}=\mathrm{const} \tag{2-34}$$

为了消去推力，将式(2-32)整理为

$$\Delta V=\int_0^{t_\mathrm{f}}\frac{2P\eta}{mc}\mathrm{d}t \tag{2-35}$$

其次，将喷气速度、质量流率之间的动态约束条件(2-33)，通过拉格朗日乘子 $\lambda(t)$ 将其添加到目标泛函的被积分函数中，构造出哈密顿函数 H:

$$H=\frac{2\eta P}{mc}+\lambda\left(\dot{m}-\frac{2P\eta}{c^2}\right) \tag{2-36}$$

哈密顿函数 H 的变量集为 $\{m,c,\lambda\}$，均为时间的函数。构造新的目标泛函为

$$\Delta V=\int_0^{t_\mathrm{f}}H\mathrm{d}t=\int_0^{t_\mathrm{f}}\left[\frac{2\eta P}{mc}+\lambda\left(\dot{m}-\frac{2P\eta}{c^2}\right)\right]\mathrm{d}t \tag{2-37}$$

原来有约束目标泛函取极值的条件等价于新的无约束目标泛函取极值的条件。现在，对新的无约束目标泛函进行摄动：

$$\delta\int_0^{t_\mathrm{f}}H\mathrm{d}t=\int_0^{t_\mathrm{f}}\left[\frac{\partial H}{\partial c}\delta c+\frac{\partial H}{\partial m}\delta m+\frac{\partial H}{\partial \lambda}\delta\lambda+\frac{\partial H}{\partial \dot{m}}\delta\dot{m}\right]\mathrm{d}t \tag{2-38}$$

取极值的必要条件是各独立变量的变分的系数为 0，但是式中 $\dot{m}$ 与 m 不独立，故需要再变换，可利用分部积分将对 $\dot{m}$ 的积分转换到对 m 的积分。注意 $\delta\dot{m}\mathrm{d}t=-\mathrm{d}(\delta m)$，对式(2-38)变换得

$$\begin{aligned}\int_0^{t_\mathrm{f}}\frac{\partial H}{\partial\dot{m}}\delta\dot{m}\mathrm{d}t&=-\int_0^{t_\mathrm{f}}\frac{\partial H}{\partial\dot{m}}\mathrm{d}(\delta m)\\&=-\left[\frac{\partial H}{\partial\dot{m}}\delta m\right]_0^{t_\mathrm{f}}+\int_0^{t_\mathrm{f}}\delta m\cdot\mathrm{d}\left(\frac{\partial H}{\partial\dot{m}}\right)=-\left[\frac{\partial H}{\partial\dot{m}}\delta m\right]_0^{t_\mathrm{f}}+\int_0^{t_\mathrm{f}}\delta m\cdot\dot{\lambda}\mathrm{d}t\end{aligned} \tag{2-39}$$

因为要求在给定的两个质量的数值之间使速度增量 ΔV 最大，在端点 $m(t=0)=m_0$ 是固定数值，所以 $(\delta m)_0=0$；同时，$m(t_\mathrm{f})=m_\mathrm{f}$ 也是固定数值，$(\delta m)_{t_\mathrm{f}}=0$。因此，式(2-38)变为

$$\delta\int_0^{t_\mathrm{f}}H\mathrm{d}t=\int_0^{t_\mathrm{f}}\left[\frac{\partial H}{\partial c}\delta c+\left(\frac{\partial H}{\partial m}+\dot{\lambda}\right)\delta m+\frac{\partial H}{\partial\lambda}\delta\lambda\right]\mathrm{d}t \tag{2-40}$$

变量集 $\{m,c,\lambda\}$ 中各变量的独立性要求取极值的条件为

$$\dot{\lambda}=-\frac{\partial H}{\partial m} \tag{2-41}$$

$$\frac{\partial H}{\partial c}=0 \tag{2-42}$$

当一般性地考虑效率随喷气速度变化的情况时，设 $\eta=\eta(c)$，对 c 的条件式展开为

$$-\frac{2P\eta}{mc^2}+2\lambda\frac{2P\eta}{c^3}+\left(\frac{2P}{mc}-\lambda\frac{2P}{c^2}\right)\frac{\partial\eta}{\partial c}=0 \tag{2-43}$$

即

$$-\frac{1}{m}+\frac{2\lambda}{c}+\left(\frac{c}{m}-\lambda\right)\frac{\partial\ln\eta}{\partial c}=0 \tag{2-44}$$

例如，当取形如式(2-11)的效率-喷气速度关联函数时：

$$\frac{\partial \ln \eta}{\partial c}=\frac{2V_{\mathrm{L}}^{2}}{c(c^{2}+V_{\mathrm{L}}^{2})} \tag{2-45}$$

在这里选取最简单的情况，η 为常数，所以式(2-44)可以写为

$$c=2\lambda m \tag{2-46}$$

通过式(2-41)得

$$\frac{\mathrm{d}\lambda}{\mathrm{d}t}=\frac{2\eta P}{m^{2}c} \tag{2-47}$$

将式(2-46)代入式(2-47)得

$$\frac{\mathrm{d}\lambda}{\mathrm{d}t}=\frac{\eta P}{\lambda m^{3}} \tag{2-48}$$

也可以将式(2-46)代入式(2-33)得

$$\frac{\mathrm{d}m}{\mathrm{d}t}=-\dot{m}=-\frac{\eta P}{2\lambda^{2}m^{2}} \tag{2-49}$$

用式(2-49)去除式(2-48)得

$$\frac{\mathrm{d}\lambda}{\mathrm{d}m}=-2\frac{\lambda}{m} \tag{2-50}$$

对式(2-50)进行积分得

$$\lambda m^{2}=A \tag{2-51}$$

式中，A 是待定常数。A 的值由等式(2-35)与最优速度增量 ΔV 关联：

$$\Delta V=\int_{0}^{t_{\mathrm{f}}}\frac{2P\eta}{mc}\mathrm{d}t=\int_{0}^{t_{\mathrm{f}}}\frac{P\eta}{\lambda m^{2}}\mathrm{d}t=\frac{P\eta}{A}t_{\mathrm{f}} \Rightarrow A=\frac{\eta P t_{\mathrm{f}}}{\Delta V} \tag{2-52}$$

现在回来完成火箭质量对时间的积分。组合式(2-51)与式(2-49)给出

$$\frac{\mathrm{d}(1/m)}{\mathrm{d}t}=-\frac{1}{m^{2}}\frac{\mathrm{d}m}{\mathrm{d}t}=\frac{1}{m^{2}}\frac{\eta P}{2\lambda^{2}m^{2}}=\frac{\eta P}{2A^{2}} \tag{2-53}$$

对式(2-53)积分给出

$$\frac{1}{m}=\frac{P\eta}{2A^{2}}t+B \tag{2-54}$$

现在可以将积分常数 A 和 B 与 m_0 联系起来：

$$B=\frac{1}{m_{0}} \tag{2-55}$$

使用式(2-46)得

$$c=2\lambda m=\frac{2A}{m}=\frac{2\eta P t_{\mathrm{f}}}{\Delta V m_{0}}+\Delta V\frac{t}{t_{\mathrm{f}}} \tag{2-56}$$

利用前面引进的电源和推进系统的质量与电功率之比 $\alpha=m_{\mathrm{pp}}/P$，以及特征速度：

$$V_{\mathrm{ch}} = \sqrt{\frac{2\eta t_{\mathrm{f}}}{\alpha}} \tag{2-57}$$

将式(2-56)改写为

$$c = \Delta V \left[\frac{m_{\mathrm{pp}}}{m_0} \left(\frac{V_{\mathrm{ch}}}{\Delta V} \right)^2 + \frac{t}{t_{\mathrm{f}}} \right] \tag{2-58}$$

至此，已经获得最优喷气速度的时间曲线，还可以在此基础上继续选择最优功率水平，其效果等同于选择最优电源和推进系统质量 m_{pp}。最终的质量 m_{f} 中包含有效载荷的质量 m_{L}、电源和推进系统质量 m_{pp}，以及结构干质量 m_{s0}。由式(2-54)得

$$m_{\mathrm{f}} = m_{\mathrm{L}} + m_{\mathrm{s0}} + m_{\mathrm{pp}} = \frac{m_0}{1 + \dfrac{m_0}{m_{\mathrm{pp}}} \left(\dfrac{\Delta V}{V_{\mathrm{ch}}} \right)^2} \tag{2-59}$$

或者写为

$$\frac{m_{\mathrm{L}} + m_{\mathrm{s0}}}{m_0} = \frac{m_{\mathrm{pp}}}{m_0} \left[\frac{1}{\dfrac{m_{\mathrm{pp}}}{m_0} + \left(\dfrac{\Delta V}{V_{\mathrm{ch}}} \right)^2} - 1 \right] \tag{2-60}$$

记式(2-60)中 $m_{\mathrm{pp}} / m_0 \triangleq x$，使其变化，且使 $y = (m_{\mathrm{L}} + m_{\mathrm{s0}}) / m_0$ 取得最大值。利用

$$\frac{\Delta V}{V_{\mathrm{ch}}} = u \tag{2-61}$$

就可以得

$$y = \frac{x}{x + u^2} - x$$

$$\frac{\mathrm{d}y}{\mathrm{d}x} = \frac{x + u^2 - x}{(x + u^2)^2} - 1 = 0 \tag{2-62}$$

整理得

$$x = u(1 - u) \tag{2-63}$$

$$\left(\frac{m_{\mathrm{pp}}}{m_0} \right)_{\mathrm{opt}} = \frac{\Delta V}{V_{\mathrm{ch}}} \left(1 - \frac{\Delta V}{V_{\mathrm{ch}}} \right) \tag{2-64}$$

将 $x = u - u^2$ 代回 y 中：

$$y_{\mathrm{opt}} = (1 - u)^2 \tag{2-65}$$

$$\left(\frac{m_{\mathrm{L}} + m_{\mathrm{s0}}}{m_0} \right)_{\mathrm{opt}} = \left(1 - \frac{\Delta V}{V_{\mathrm{ch}}} \right)^2 \tag{2-66}$$

得到推进剂质量份额表示为

$$\frac{m_p}{m_0}=1-\frac{m_L+m_{s0}}{m_0}-\frac{m_{pp}}{m_0} \tag{2-67}$$

$$\left(\frac{m_p}{m_0}\right)_{opt}=\frac{\Delta V}{V_{ch}} \tag{2-68}$$

注意这些都是解析式，没有高阶尾项。现在利用最优功率，可将喷气速度表示为

$$c=\Delta V\left[\frac{\Delta V}{V_{ch}}\left(1-\frac{\Delta V}{V_{ch}}\right)\left(\frac{V_{ch}}{\Delta V}\right)^2+\frac{t}{t_f}\right]=V_{ch}-\Delta V\left(1-\frac{t}{t_f}\right) \tag{2-69}$$

$$c=V_{ch}-\Delta V\left(1-\frac{t}{t_f}\right) \tag{2-70}$$

所以，c 从 $t=0$ 时刻的值 $V_{ch}-\Delta V$ 线性增加到 t_f 时刻的数值 V_{ch}。

2.4　最优任务时间

到目前为止，一直将任务时间作为指定参数。已经知道延长任务时间可以改进任务参数(有效载荷质量份额)，但是时间延长也带来成本上升，包括资金流通停滞、在飞行器推进系统工作期间的人力资源开销等，因此延长任务时间未必是所期望的。

有几种解析方法都可以用于任务时间的权衡。这里选取其中的一种，即最大化“运输速率” m_L/t。“运输速率”的概念对于一系列相同的飞行任务，即在时间 t 内运送有效载荷 m_L 更有意义，对于单次飞行任务它仅能作为一个粗略的性能指标。

为了简化分析，也假设推力恒定、功率恒定。以离子推力器为例，考虑可变效率的影响：

$$\eta=\frac{\eta_0}{1+V_L^2/c^2} \tag{2-71}$$

式(2-71)与式(2-11)相同，其中离子非加速能量代价恒定为 U'，$V_L=\sqrt{2e\cdot U'/m_i}$。在这种情况下，针对喷气速度最优化，获得有效载荷比为

$$\frac{m_L}{m_0}=1-2\frac{\Delta V}{V_{ch}}\sqrt{1+\left(\frac{V_L}{V_{ch}}\right)^2}+\left(\frac{\Delta V}{V_{ch}}\right)^2 \tag{2-72}$$

推力器工作时间隐含在 V_{ch} 中。将时间显式表示，定义一个参考时间：

$$t^*=\frac{\alpha\Delta V^2}{2\eta} \tag{2-73}$$

它只取决于给定的特征量 $(\alpha,\eta,\Delta V)$，然后可以定义一个无量纲时间：

$$\tau=\frac{t}{t^*} \tag{2-74}$$

通过特征速度V_{ch}的定义，可以得

$$\tau=\frac{t}{t^*}=\frac{2\eta_0 t}{\alpha\Delta V^2}=\left(\frac{V_{ch}}{\Delta V}\right)^2 \tag{2-75}$$

因此载荷比可以写为

$$\frac{m_L}{m_0}=1-\frac{2}{\sqrt{\tau}}\sqrt{1+\frac{z^2}{\tau}}+\frac{1}{\tau};\quad z=\frac{V_L}{\Delta V} \tag{2-76}$$

现在定义标准化的运输速率为

$$\psi=\frac{\dfrac{m_L}{m_0}}{\dfrac{t}{t^*}} \tag{2-77}$$

或由式(2-72)可得

$$\psi=\frac{1}{\tau}-\frac{2}{\tau^{\frac{3}{2}}}\sqrt{1+\frac{z^2}{\tau}}+\frac{1}{\tau^2} \tag{2-78}$$

使ψ取最大值，需要$\partial\psi/\partial(1/\tau)=0$。经过进一步整理，可以解得最优化的时间$\tau_{opt}$：

$$(\tau+2)\sqrt{\tau+z^2}=3\tau+4z^2 \tag{2-79}$$

为了方便绘制$\tau_{opt}(z)$的函数图像，定义一个中间参数$u=\sqrt{\tau+z^2}$；然后，可以得到参数化的表达式(当$u\geqslant 2$时)：

$$\begin{cases}\tau_{opt}=\dfrac{2u(2u-1)}{1+u}\\ z=\sqrt{u^2-\tau_{opt}}\end{cases} \tag{2-80}$$

一个较好的解析近似($z=0$时精确，$z\gg 1$时为渐近线)为

$$\tau_{opt}\approx 2+4z+\frac{6}{z+3} \tag{2-81}$$

特别地，在效率恒定的情况下($V_L=0, z=0$)可以得

$$\tau_{opt}=4\quad 或\quad \tau_{opt}=\frac{2\alpha\Delta V^2}{\eta_0} \tag{2-82}$$

当$z\ll 1$时，τ_{opt}的解析近似结果为

$$\tau_{opt}\approx 4+5z^2+\cdots\quad (z\ll 1) \tag{2-83}$$

图 2-3 为标准化的时间随中间参数(大范围)的变化，虚线是近似解析解，实线是数值解。图 2-4 为最优推力时间随任务参数(局部)的变化，在$0\leqslant z\leqslant 4$范围内最优推力的数值解与其近似解之间的差异。图 2-5 显示标准化运输速率随中间参数子的增大而快速减小。

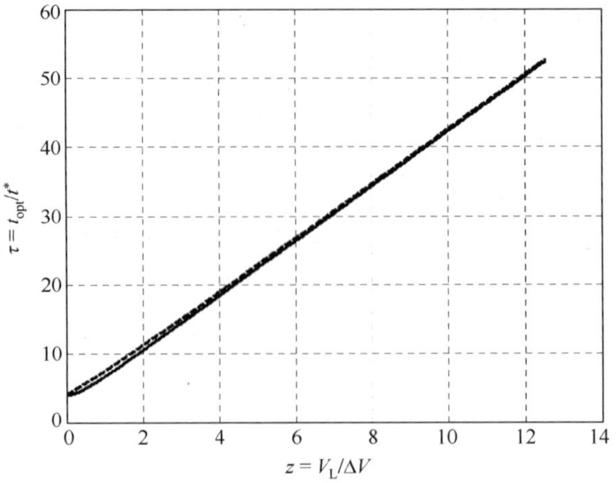

图 2-3　标准化的时间随中间参数(大范围)的变化

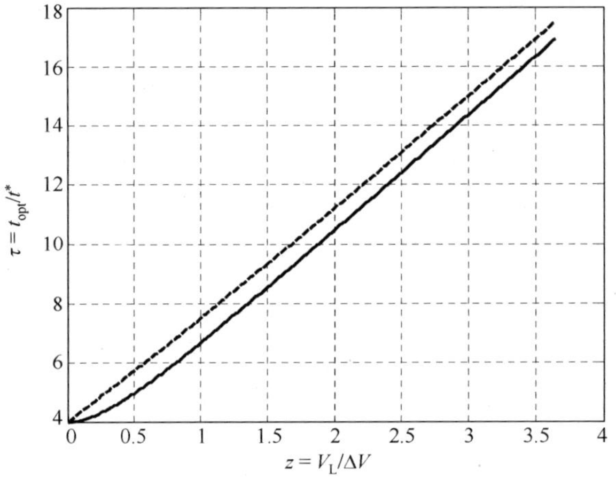

图 2-4　最优推力时间随任务参数(局部)的变化

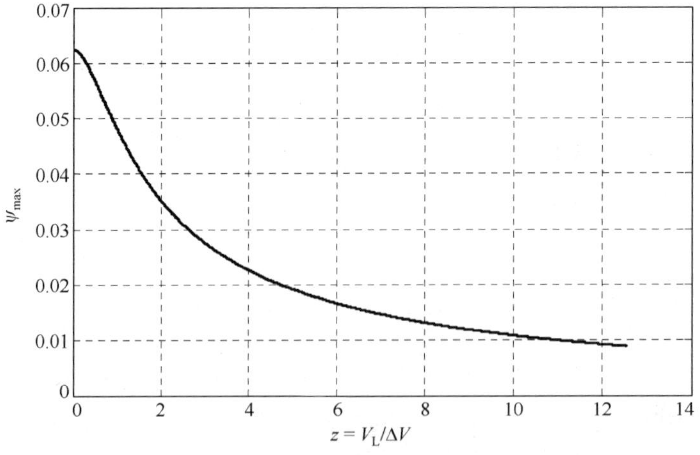

图 2-5　标准化的运输速率随中间参数的变化

思考与练习题

2-1　根据式(2-7)与式(2-8)，做出$(m_L + m_{s0})/m_0$随着c/V_{ch}变化的函数图像，以$\Delta V/V_{ch}$为参变量，取值范围是$(m_L + m_{s0})/m_0 > 0$；再做出最优喷气速度状态下的函数$(m_L + m_{s0})/m_0$～$\Delta V/V_{ch}$与函数m_p/m_0～$\Delta V/V_{ch}$的图像。

2-2　在已知最佳喷气速度c的近似解析表达式(2-9)基础上，考虑损失速度V_L影响的效率及引入$\delta = V_L/V_{ch}$，试说明导出最佳状态式(2-14)～式(2-16)的思路。

2-3　对于推进系统可用电源，功率$P = 300\text{kW}$，电源系统的质量比功率$\alpha = 2.5\text{kg/kW}$，推进剂质量$m_p = 2700\text{kg}$，有效载荷质量$m_L = 1800\text{kg}$。针对下述三种推力器，分别计算其推力F、理想速度增量ΔV以及飞行时间t_f：

(1) 电弧推力器，$c = 5000\text{m/s}$，$\eta = 0.35$。

(2) 离子推力器，$c = 30000\text{m/s}$，$\eta = 0.7$。

(3) 霍尔推力器，$c = 15000\text{m/s}$，$\eta = 0.5$。

2-4　一种假想的核电推进的深空任务航天器部分参数如下：电源和推进系统的质量比功率$\alpha = 20\text{kg/kW}$；电源系统的质量$1\times10^4\text{kg}$；离子推进系统的总质量比功率4kg/kW；推进系统的总质量$2\times10^3\text{kg}$；航天器结构质量$3\times10^3\text{kg}$；科学探测载荷及其他非电源非推进系统的质量$6\times10^3\text{kg}$；30%的不可预见推进剂质量$6.3\times10^3\text{kg}$；推进剂储箱质量$3.75\times10^3\text{kg}$。

设任务的总速度增量为$\Delta V = 24\text{km/s}$，任务时间是 2 年，则：

(1) 采用上述参数，运用简单优化理论(取推力器效率为常数$\eta = 0.75$)，计算所要求的推力器比冲、总消耗的推进剂质量以及推力器输入电功率。

(2) 指定采用氙($m_i = 0.131\text{kg/mol}$)作为推进剂，采用更实际的效率模型，即产生每个离子的能量损失等效电势降为$U' = 140\text{V}$。调整总效率表达式$\eta = \eta_0/(1 + V_L^2/c^2)$中的$\eta_0$，使得当比冲取(1)中所得数值时$\eta = 0.75$。比较两种条件下的优化结果并给出评价。

第 3 章　小推力轨道机动与位置保持

3.1　小推力逃逸的近似速度增量

考虑航天器最初在圆轨道上，$V_{c0}=\sqrt{\mu/r_0}$（μ 是引力常数）。沿着轨迹切线方向施加推力，记加速度为 $a=F/m$，认为加速过程中轨道保持近圆（V ; $\sqrt{\mu/r}$），由能量守恒得

$$\frac{\mathrm{d}}{\mathrm{d}t}\left(-\frac{\mu}{2r}\right)=\frac{F}{m}V\approx a\sqrt{\frac{\mu}{r}} \tag{3-1}$$

$$\Rightarrow\frac{\mathrm{d}}{\mathrm{d}t}\left(-\sqrt{\frac{\mu}{r}}\right);\ a \tag{3-2}$$

对式(3-2)两边积分给出

$$\int_0^{t_\mathrm{f}} a\mathrm{d}t=\Delta V=-\sqrt{\frac{\mu}{r}}\Bigg|_0^{t_\mathrm{f}}=\sqrt{\frac{\mu}{r_0}}-\sqrt{\frac{\mu}{r}(t_\mathrm{f})} \tag{3-3}$$

这个结果看上去似乎没有多大意义，其实不然。注意到“速度增量”ΔV 数值上等于轨道速度的减小量，即火箭被向前推进而飞行速度在减小。这是因为在一个平方反比的引力场中，动能在幅值上与总能量相等，但是符号相反。如果施加的推力方向与速度方向相反，则加速度为负值，故ΔV 的通用形式为

$$\Delta V=|\Delta V_\mathrm{c}| \tag{3-4}$$

为了简化分析，现在设 $a=F/m$ 是常值，实际上这种策略在大多数情况下都是最优的。根据式(3-3)，加速过程中任意时刻的瞬时轨道半径为

$$r=\frac{r_0}{\left(1-\dfrac{at}{\sqrt{\mu/r_0}}\right)^2}=\frac{r_0}{\left(1-\dfrac{at}{V_{c0}}\right)^2} \tag{3-5}$$

式(3-5)表明轨道随时间向外“螺旋伸展”。从原理上讲，当 $t=V_{c0}/a$ 时 $r\to\infty$，粗略地给出了“逃逸”条件。但是实际上接近逃逸速度时，轨道就不可能是近圆的，所以这个结果是不准确的。在后面将给出更准确地计算逃逸速度ΔV 的近似方法。

径向速度 $\dot{r}$ 可以通过对式(3-5)的微分计算出来，注意这在本质上应是一个迭代过程，因为在根据能量守恒写出式(3-1)时忽略了径向速度。第一步的结果是

$$\dot{r}=\frac{\dfrac{2r_0a}{V_{c0}}}{\left(1-\dfrac{at}{V_{c0}}\right)^3} \tag{3-6}$$

依然用圆轨道速度作为切向分量 $V_\theta = r\dot{\theta}$ 的近似值，即

$$r\dot{\theta} \approx \sqrt{\frac{\mu}{r}} = \sqrt{\frac{\mu}{r_0}} - at = V_{c0}\left(1 - \frac{at}{V_{c0}}\right) \tag{3-7}$$

因此总动能为

$$\frac{V^2}{2} = \frac{1}{2}[\dot{r}^2 + (r\dot{\theta})^2] = \frac{V_{c0}^2}{2}\left[\left(1 - \frac{at}{V_{c0}}\right)^2 + \frac{4\left(\frac{r_0 a}{V_{c0}^2}\right)^2}{\left(1 - \frac{at}{V_{c0}}\right)^6}\right] \tag{3-8}$$

将总机械能的零值点定义为“逃逸点”，即在某个位置处，速度 V_{esc} 和位置 r_{esc} 满足：

$$\frac{V_{esc}^2}{2} - \frac{\mu}{r_{esc}} = 0 \quad \Rightarrow \quad \frac{1}{2}\left(\frac{V_{esc}}{V_{c0}}\right)^2 - \frac{r_0}{r_{esc}} = 0 \tag{3-9}$$

将式(3-5)和式(3-8)代入式(3-9)得

$$\frac{1}{2}\left(1 - \frac{at}{V_{c0}}\right)^2 + \frac{2\left(\frac{ar_0}{V_{c0}^2}\right)^2}{\left(1 - \frac{at}{V_{c0}}\right)^6} - \left(1 - \frac{at}{V_{c0}}\right)^2 = 0 \tag{3-10}$$

整理得

$$1 - \frac{at}{V_{c0}} = \left(2\frac{ar_0}{V_{c0}^2}\right)^{\frac{1}{4}} = \left[2a\Big/\left(\frac{\mu}{r_0^2}\right)\right]^{\frac{1}{4}} = (2\nu)^{\frac{1}{4}} \tag{3-11}$$

式中，$\nu = F/(m \cdot g) = a/(\mu/r_0^2)$ 为在初始位置(r_0)处的推力与引力之比，在这里它是一个小量。因为 $at = \Delta V$ ，式(3-11)可以写为

$$V_{c0} - V_{esc} = \Delta V_{esc} = V_{c0}\left[1 - (2\nu)^{\frac{1}{4}}\right] \tag{3-12}$$

更严格的分析是采取数值计算方法，求解平面内始终沿着瞬时轨道切线方向加速的运动方程。引入如下定义的直线飞行距离：

$$s_{esc} = s(E = 0) = \frac{\mu}{2r_0\left(\frac{F}{m}\right)} = \frac{V_{c0}^2}{2a} \tag{3-13}$$

可以将 s_{esc} 理解为以匀加速度 a 运动到总机械能为零的状态时的飞行距离。计算结果如表 3-1 所示。

因此，作为一个较好的近似：

$$\Delta V_{esc} ; V_{c0}\left(1 - 0.79\nu^{\frac{1}{4}}\right) \tag{3-14}$$

$$\frac{r_{\text{esc}}}{r_0} ; \frac{0.88}{\sqrt{\nu}} \tag{3-15}$$

$$\left(\frac{\mathrm{d}r}{\mathrm{d}s}\right)_{\text{esc}} ; 0.63 \tag{3-16}$$

表 3-1　小推力逃逸轨迹的计算结果

ν	$\frac{r_{\text{esc}}}{r_0}$	$\left(\frac{\mathrm{d}r}{\mathrm{d}s}\right)_{\text{esc}}$	$\frac{\Delta V}{V_{c0}}$	$\frac{s_{\text{esc}}}{r_0}$	$\frac{r_{\text{esc}}}{r_0}\sqrt{\nu}$	$\frac{1-\frac{\Delta V}{V_{c0}}}{\nu^{\frac{1}{4}}}$
10^{-2}	8.9	0.63	0.75	50	0.89	0.79
10^{-3}	28	0.63	0.86	500	0.885	0.79
10^{-4}	88	0.63	0.92	5,000	0.88	0.80
10^{-5}	278	0.64	0.96	50,000	0.88	0.79

3.2　次最优轨道提升与轨道面改变

这是所谓 Edelbaum 问题[1,2]，就是有倾角轨道的小推力最优转移问题。记 α 为推力向量与瞬时轨道面的夹角，θ 是航天器到引力中心的位置相对于升交点的角距。Edelbaum 提出的思路是放弃优化推力倾斜角 $\alpha(\theta)$，转而选择在每一条轨道上保持推力倾斜角的大小 $|\alpha|$ 不变，寻求随轨道半径变化的最优 $|\alpha|(r)$。因此轨道提升过程中，推力倾斜角取值为

$$\alpha(\theta)=\begin{cases}+\alpha & \left(-\dfrac{\pi}{2}<\theta<\dfrac{\pi}{2}\right)\\ -\alpha & \left(\dfrac{\pi}{2}<\theta<\dfrac{3\pi}{2}\right)\end{cases} \tag{3-17}$$

对于近圆轨道(偏心率 e ; 0)，在垂直于轨道面的方向上，推力分量为 $F\cdot\sin\alpha$，它使动量矩矢量偏转；在沿着瞬时速度矢量方向上，推力分量为 $F\cdot\cos\alpha$，它使航天器机械能增大。依据动量矩定理可导出轨道面倾角近似变化率[3]：

$$\frac{\mathrm{d}i}{\mathrm{d}t} ; \sqrt{\frac{r}{\mu}}\cos\theta\frac{F}{m}\sin\alpha \tag{3-18}$$

$$\Rightarrow\frac{\mathrm{d}i}{\mathrm{d}\theta}=\frac{\mathrm{d}i/\mathrm{d}t}{\mathrm{d}\theta/\mathrm{d}t}=\sqrt{\frac{r}{\mu}}\cos\theta\frac{F}{m}\sin\alpha\cdot\frac{r}{V}=\frac{r^2}{\mu}\frac{F}{m}\sin\alpha\cos\theta \tag{3-19}$$

现在取 α 不变号范围内的平均效果，由于：

$$\frac{1}{\pi}\int_{-\frac{\pi}{2}}^{\frac{\pi}{2}}\cos\theta\mathrm{d}\theta=\frac{2}{\pi} \tag{3-20}$$

故得

$$\left\langle \frac{\mathrm{d}i}{\mathrm{d}\theta} \right\rangle = \frac{2}{\pi}\frac{r^2}{\mu}\frac{F}{m}\sin\alpha \tag{3-21}$$

类似地，依据机械能守恒定律可导出轨道半径近似变化率：

$$\frac{\mathrm{d}r}{\mathrm{d}t} ; \frac{2r^2}{\mu}\sqrt{\frac{\mu}{r}}\frac{F}{m}\cos\alpha \tag{3-22}$$

$$\Rightarrow \frac{\mathrm{d}r}{\mathrm{d}\theta} = \frac{2r^3}{\mu}\frac{F}{m}\cos\alpha \tag{3-23}$$

用式(3-23)去除去掉平均化符号的式(3-21)得

$$\frac{\mathrm{d}i}{\mathrm{d}r} = \frac{\tan\alpha}{\pi r} \tag{3-24}$$

现在可以将所需要的速度增量这个目标泛函写为轨道半径变化范围内的积分：

$$\Delta V = \int_{r_1}^{r_2} \frac{\mathrm{d}(\Delta V)}{\mathrm{d}r}\mathrm{d}r \tag{3-25}$$

式(3-25)中被积分函数与控制变量$\alpha(r)$具有联系：

$$\Delta V = \int_0^t \frac{F}{m}\mathrm{d}t \Rightarrow \frac{\mathrm{d}\Delta V}{\mathrm{d}r} = \frac{F/m}{\left(\dfrac{\mathrm{d}r}{\mathrm{d}t}\right)} \tag{3-26}$$

因此就有

$$\frac{\mathrm{d}\Delta V}{\mathrm{d}r} = \frac{1}{2}\frac{\sqrt{\dfrac{\mu}{r^3}}}{\cos\alpha} \tag{3-27}$$

现在变成在约束条件(3-24)下，使式(3-25)表示的目标泛函最小的问题，其中控制变量为推力倾斜角$\alpha(r)$，i是状态变量，r取代时间成为自变量。根据拉格朗日乘子法，构造哈密顿函数如下：

$$H = \frac{1}{2}\frac{\sqrt{\dfrac{\mu}{r^3}}}{\cos\alpha(r)} + \lambda\left[\frac{\mathrm{d}i}{\mathrm{d}r} - \frac{\tan\alpha(r)}{\pi r}\right] \tag{3-28}$$

新的无约束极值问题目标泛函变成

$$\Delta V = \int_{r_1}^{r_2} H\left(r, i, \alpha, \lambda, \frac{\mathrm{d}i}{\mathrm{d}r}\right)\mathrm{d}r \tag{3-29}$$

对式(3-29)取摄动，因为独立因变量集为$\{i,\alpha,\lambda\}$，采用分部积分法将$\delta(\mathrm{d}i/\mathrm{d}r)$转换成$\delta i$，得

$$
\begin{aligned}
\delta(\Delta V) &= \delta\int_{r_1}^{r_2} H\left(r,i,\alpha,\lambda,\frac{\mathrm{d}i}{\mathrm{d}r}\right)\mathrm{d}r \\
&= \int_{r_1}^{r_2}\left[\frac{\partial H}{\partial i}\delta i+\frac{\partial H}{\partial \alpha}\delta\alpha+\frac{\partial H}{\partial \lambda}\delta\lambda+\frac{\partial H}{\partial(\mathrm{d}i/\mathrm{d}r)}\delta(\mathrm{d}i/\mathrm{d}r)\right]\mathrm{d}r \\
&= \int_{r_1}^{r_2}\left[\frac{\partial H}{\partial \alpha}\delta\alpha+\frac{\partial H}{\partial \lambda}\delta\lambda+\lambda\delta(\mathrm{d}i/\mathrm{d}r)\right]\mathrm{d}r \\
&= \int_{r_1}^{r_2}\left[\frac{\partial H}{\partial \alpha}\delta\alpha+\frac{\partial H}{\partial \lambda}\delta\lambda-\frac{\mathrm{d}\lambda}{\mathrm{d}r}\delta i\right]\mathrm{d}r+(\lambda\cdot\delta i)\Big|_{r_1}^{r_2}
\end{aligned}
\tag{3-30}
$$

在两个端点处 i 都是被指定的，故目标泛函取极值的条件即独立因变量摄动量的系数为 0，得

$$
\begin{cases}
\dfrac{\partial H}{\partial \alpha}=0 \\
\dfrac{\mathrm{d}\lambda}{\mathrm{d}r}=0
\end{cases}
\tag{3-31}
$$

由式(3-31)的第二个条件得 λ 为常值，由第一个条件得

$$
\sin\alpha=\frac{2\lambda}{\pi}\sqrt{\frac{r}{\mu}} \tag{3-32}
$$

尽管 λ 的具体数值尚未确定，但是式(3-32)表明推力偏斜的幅度 α 随着任务的进行而增大(r 变大)，所以在大多数改变轨道面的任务中，都将轨道倾角的修正放在轨道提升的最后阶段，此时轨道速度小。

使用 Δi 的约束条件确定 λ。由式(3-24)得

$$
\Delta i=\int_{r_1}^{r_2}\frac{\tan\alpha}{\pi r}\mathrm{d}r \tag{3-33}
$$

由式(3-32)得

$$
r=\mu\left(\frac{\pi}{2\lambda}\right)^2\sin^2\alpha \tag{3-34}
$$

所以

$$
\frac{\mathrm{d}r}{r}=\frac{2\mathrm{d}(\sin\alpha)}{\sin\alpha}=\frac{2\mathrm{d}\alpha}{\tan\alpha} \tag{3-35}
$$

$$
\Delta i=\int_{\alpha_1}^{\alpha_2}\frac{2}{\pi}\mathrm{d}\alpha \quad\Rightarrow\quad \Delta i=\frac{2}{\pi}(\alpha_2-\alpha_1) \tag{3-36}
$$

由式(3-32)亦可得到 α_1 与 α_2 之间的联系：

$$
\frac{\sin\alpha_2}{\sin\alpha_1}=\sqrt{\frac{r_2}{r_1}}=\frac{V_1}{V_2} \tag{3-37}
$$

按照近圆轨道假设，V_1,V_2 分别代表轨道上的起始速度和终点速度。组合式(3-36)与式(3-37)得

$$\frac{\sin\left(\alpha_1+\frac{\pi}{2}\Delta i\right)}{\sin\alpha_1}=\frac{V_1}{V_2} \tag{3-38}$$

$$\cos\left(\frac{\pi}{2}\Delta i\right)+\cot\alpha_1\sin\left(\frac{\pi}{2}\Delta i\right)=\frac{V_1}{V_2} \tag{3-39}$$

$$\cot\alpha_1=\frac{\frac{V_1}{V_2}-\cos\frac{\pi}{2}\Delta i}{\sin\frac{\pi}{2}\Delta i} \Rightarrow \sin\alpha_1=\frac{\sin\frac{\pi}{2}\Delta i}{\sqrt{1+\left(\frac{V_1}{V_2}\right)^2-2\frac{V_1}{V_2}\cos\frac{\pi}{2}\Delta i}} \tag{3-40}$$

最优 ΔV 是最重要的量，由式(3-24)和式(3-27)得

$$\begin{aligned}\Delta V&=\frac{1}{2}\int_{r_1}^{r_2}\sqrt{\frac{\mu}{r^3}}\frac{\mathrm{d}r}{\cos\alpha}=\frac{1}{2}\int_{r_1}^{r_2}\sqrt{\frac{\mu}{r}}\frac{\frac{\mathrm{d}r}{r}}{\cos\alpha}\\&=\frac{1}{2}\int_{\alpha_1}^{\alpha_2}\left(\frac{2\lambda}{\pi\sin\alpha}\right)\left(\frac{1}{\cos\alpha}\right)\left(\frac{2\mathrm{d}\alpha}{\tan\alpha}\right)=\frac{2\lambda}{\pi}\int_{\alpha_1}^{\alpha_2}\frac{\mathrm{d}\alpha}{\sin^2\alpha}=\frac{2\lambda}{\pi}(\cot\alpha_1-\cot\alpha_2)\end{aligned} \tag{3-41}$$

由式(3-32)可得

$$\frac{2\lambda}{\pi}=V_1\sin\alpha_1 \tag{3-42}$$

同样组合式(3-36)和式(3-37)可得

$$\cot\alpha_2=\frac{\cos\frac{\pi}{2}\Delta i-\frac{V_2}{V_1}}{\sin\frac{\pi}{2}\Delta i} \tag{3-43}$$

将式(3-40)、式(3-42)和式(3-43)代入式(3-41)，得

$$\Delta V=V_1\frac{\sin\frac{\pi}{2}\Delta i}{\sqrt{1+\left(\frac{V_1}{V_2}\right)^2-2\frac{V_1}{V_2}\cos\frac{\pi}{2}\Delta i}}\frac{\left(\frac{V_1}{V_2}-\cos\frac{\pi}{2}\Delta i\right)-\left(\cos\frac{\pi}{2}\Delta i-\frac{V_2}{V_1}\right)}{\sin\frac{\pi}{2}\Delta i} \tag{3-44}$$

化简为

$$\Delta V=\sqrt{V_1^2+V_2^2-2V_1V_2\cos\left(\frac{\pi}{2}\Delta i\right)} \tag{3-45}$$

如图 3-1 所示，从几何学来看，ΔV 是两个矢量 V_1、V_2 的差，只不过 V_1、V_2 之间的夹角不是实际的轨道面倾角改变量 Δi，而是 $\Delta i\cdot\pi/2$，附加的因子($\pi/2>1$)反映在 180°范围内推力方向指向轨道面两侧带来了附加损耗。

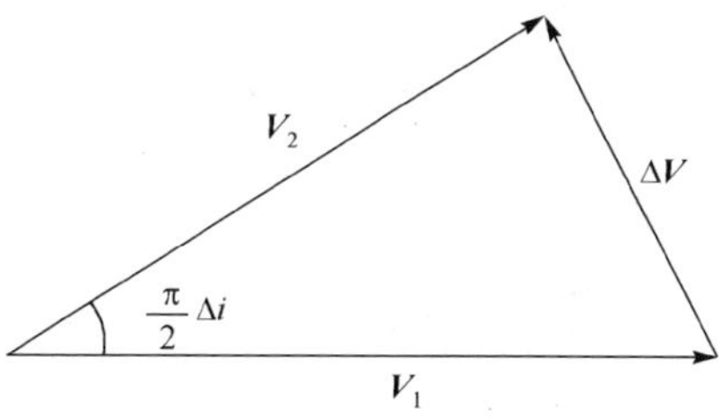

图 3-1　速度增量三角形的几何关系

示例

考虑从 LEO（距离地面 400km）到 GEO 时，$\Delta i = 28.5°$；$V_1 = 7673\text{m/s}$，$V_2 = 3072\text{m/s}$。由式(3-45)得

$$\Delta V = \sqrt{(7673)^2 + (3072)^2 - 2\times 7673\times 3072\cos\left(\frac{\pi}{2}28.5°\right)}$$

$$\Rightarrow \Delta V = 5903\text{m/s}$$

这个结果比当 $\alpha(\theta)$ 连续可变且使 $\tan\alpha \propto \cos\theta$ 时进行计算得到的最优解 $\Delta V = 5768\text{m/s}$ 差得多。在当前的次最优解中，最初和最终的推力倾斜角为

$$\begin{cases} \sin\alpha_1 = \dfrac{\sin\left(\dfrac{\pi}{2}28.5°\right)\times 3072}{5903} = 0.3665 \\ \alpha_2 = \alpha_1 + \dfrac{\pi}{2}\Delta i \end{cases} \Rightarrow \begin{matrix} \alpha_1 = 21.5° \\ \alpha_2 = 66.3° \end{matrix}$$

结果小于最优解时的最大值 $\alpha_{1\max} = 30.5°$，$\alpha_{2\max} = 72.2°$，但是它们可以在整个半轨道上应用。

3.3　卫 星 调 相

卫星调相一般用于地球静止轨道卫星的重新定点操作。这时，如果要求把卫星从当前位置移动角度 $\Delta\theta$ 到另一位置，而允许移动的时间至少是数个轨道周期，一般的办法是先将卫星转移到近旁一个较低的轨道（$\Delta\theta$ 为正，向前移动）或较高的轨道（$\Delta\theta$ 为负，向后移动），然后在这个低轨道或高轨道上漂移一段时间，达到预期的新的角位置后再返回原来的轨道。

对于大推力与小推力的分析是一样的，因为变轨轨道与原轨道半径之比接近于 1。不论是在大推力还是在小推力作用下，卫星都像在原轨道上飞行一样，即使在推进阶段也是如此，而且轨道转移的 ΔV 在数值上等于初始轨道速度与终了轨道速度之差。如果使用大推力发动机，调相过程分为两个阶段：第一阶段包括一个双脉冲霍曼转移，将卫星轨道调整到更高的或低一点的临时漂移轨道；第二阶段同样包含一个双脉冲霍曼转移，将卫星从漂移轨道转移到原轨道。如果采用小推力发动机进行调相，在两次变轨过程中发动机都连续工作，变轨过程中需要采取制导措施对螺旋飞行时的径向推力产生的微小速度分量进行修正。

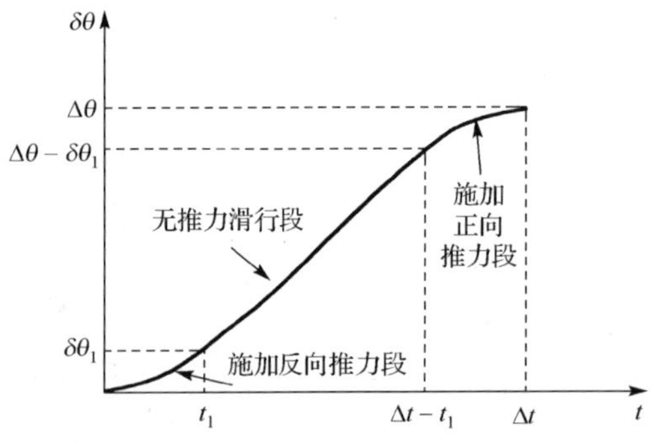

图 3-2　调相的角度改变过程

只对小推力情况下的卫星调相进行分析，其结果也适合大推力下的卫星调相。

设 $\delta\theta$ 为相对于在原轨道上正常运行卫星的提前角，对卫星调相的一般操作过程如图 3-2 所示。注意这是先使轨道高度减小、角速度增大，再提升轨道回到初始高度的情形，$\delta\theta > 0$。

为了确定角位置提前量 $\delta\theta$ 随时间的变化，需要考虑轨道角速度的变化。轨道角速度表示为

$$\Omega = \frac{\mathrm{d}\theta}{\mathrm{d}t} = \sqrt{\frac{\mu}{r^3}} \tag{3-46}$$

交换变分和微分算子的次序，得到角速度随轨道半径变化的关系是

$$\delta\Omega = \frac{\mathrm{d}(\delta\theta)}{\mathrm{d}t} = -\frac{3}{2}\Omega\frac{\delta r}{r} \tag{3-47}$$

由此得

$$\frac{\mathrm{d}(\delta\Omega)}{\mathrm{d}t} = \frac{\mathrm{d}^2(\delta\theta)}{\mathrm{d}t^2} = \frac{\mathrm{d}\left(-\frac{3}{2}\Omega\frac{\delta r}{r}\right)}{\mathrm{d}t} = -\frac{3}{2}\frac{\delta r}{r}\frac{\mathrm{d}\Omega}{\mathrm{d}t} - \frac{3}{2}\Omega\frac{\mathrm{d}\left(\frac{\delta r}{r}\right)}{\mathrm{d}t}$$

上式最右边等号后的第一项为二阶小量（$\delta r \cdot \mathrm{d}\Omega$），可以忽略不计，从而给出

$$\frac{\mathrm{d}^2(\delta\theta)}{\mathrm{d}t^2} = -\frac{3}{2}\Omega\left(\frac{1}{r}\frac{\mathrm{d}(\delta r)}{\mathrm{d}t} - \frac{\delta r}{r^2}\frac{\mathrm{d}r}{\mathrm{d}t}\right)$$

上式中等号右边第二项亦为二阶小量，同样可以忽略，并且$\delta r = r - r_0$，因此

$$\frac{\mathrm{d}^2(\delta\theta)}{\mathrm{d}t^2} = -\frac{3}{2}\Omega\frac{1}{r}\frac{\mathrm{d}r}{\mathrm{d}t} \tag{3-48}$$

现在要考察半径随时间的变化关系，注意到是推进系统做功引起了轨道半径变化，根据式(3-1)和图 3-3 所示过程，先施加反向推力，推力与速度方向相反，加速度$a < 0$，得

$$\frac{\mu}{2r^2}\frac{\mathrm{d}r}{\mathrm{d}t} \cong a\sqrt{\frac{\mu}{r}} \quad \Rightarrow \quad \frac{1}{r}\frac{\mathrm{d}r}{\mathrm{d}t} = \frac{2ar^{\frac{1}{2}}}{\sqrt{\mu}} \tag{3-49}$$

将式(3-49)代入式(3-48)得

$$\frac{\mathrm{d}^2(\delta\theta)}{\mathrm{d}t^2} = -\frac{3}{2}\Omega\frac{1}{r}\frac{\mathrm{d}r}{\mathrm{d}t} = -\frac{3}{2}\Omega\frac{2ar^{\frac{1}{2}}}{\sqrt{\mu}} = -\frac{3a}{r} \tag{3-50}$$

为了积分，可以认为$r \approx r_0$是一个常数(因为r变化很小)：

$$\frac{\mathrm{d}(\delta\theta)}{\mathrm{d}t} = -\frac{3a}{r_0}t + \mathrm{const} \tag{3-51}$$

从$t = 0$，$\delta\theta = 0$，$\mathrm{d}(\delta\theta)/\mathrm{d}t = 0$开始积分可得

$$\frac{\mathrm{d}(\delta\theta)}{\mathrm{d}t} = -\frac{3a}{r_0}t; \quad \delta\theta = -\frac{3}{2}\frac{a}{r_0}t^2 \qquad (t < t_1) \tag{3-52}$$

$t = t_1$之后，卫星在漂移轨道上运动，有

$$\frac{\mathrm{d}(\delta\theta)}{\mathrm{d}t} = -\frac{3a}{r_0}t_1 \tag{3-53}$$

由于积分的始端条件为

$$\delta\theta(t_1) = -\frac{3}{2}\frac{a}{r_0}t_1^2 \tag{3-54}$$

故在漂移阶段 $\delta\theta$ 可表示为

$$\delta\theta = -\frac{3}{2}\frac{a}{r_0}t_1^2 - \frac{3a}{r_0}t_1(t-t_1) = -\frac{3at_1}{r_0}\left(t-\frac{t_1}{2}\right) \tag{3-55}$$

在漂移结束时刻 $t = \Delta t - t_1$ 有

$$\delta\theta(\Delta t - t_1) = -\frac{3at_1}{r_0}\left(\Delta t - \frac{3}{2}t_1\right) \tag{3-56}$$

根据图 3-2，再经过一个时间段为 t_1 的正向推进阶段(注意这时推力与速度方向相同，轨道高度升高)之后卫星返回原轨道。返回原轨道时有 $\mathrm{d}(\delta\theta)/\mathrm{d}t = 0$，且总的相位角改变量 $\Delta\theta$ 等于式(3-56)所示的数值加上返回阶段的改变量。因返回段相位角改变量等于反向推进阶段的提前角，故

$$\Delta\theta = -\frac{3at_1}{r_0}\left(\Delta t - \frac{3}{2}t_1\right) - \frac{3}{2}\frac{a}{r_0}t_1^2 \tag{3-57}$$

$$\Delta\theta = -\frac{3at_1}{r_0}(\Delta t - t_1) \tag{3-58}$$

对于给定的 $\Delta\theta$ 和 Δt，选择不同的 t_1（注意 $t_1 < \Delta t/2$），加速度 a 和速度增量 ΔV 可表示为

$$-a = \frac{1}{3}\frac{r_0\Delta\theta}{t_1(\Delta t - t_1)} \tag{3-59}$$

$$\Delta V = \frac{2}{3}\frac{r_0\Delta\theta}{(\Delta t - t_1)} \tag{3-60}$$

由图 3-3 可见，推力减小(对应加速度减小)导致需要的 ΔV 增大，所以在星上电源功率允许时，推进时间越短越好。在脉冲推力这样的极限状态下，注意这时需要两个时间间隔为 t_1 的有限大小速度增量脉冲，而时间间隔 t_1 不能小于霍曼转移时间(1/2 轨道周期，或 $t_1 = \pi/\Omega$)。对于这种任务的更详细的研究证实，在大推力条件下，式(3-59)和式(3-60)在 $t_1 = \pi/\Omega$ 时都是正确的。

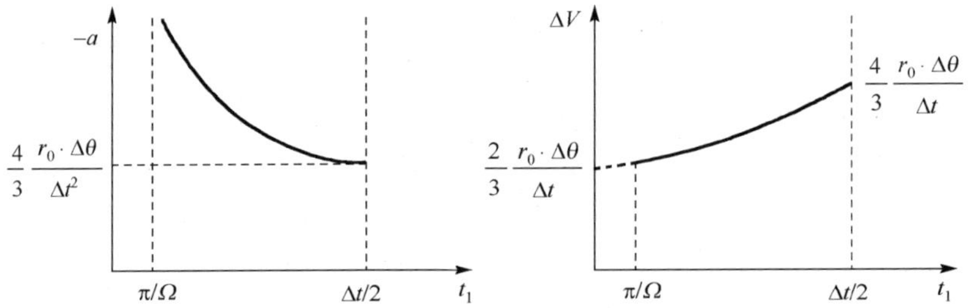

图 3-3　调相过程的加速度与速度增量随推进时间的变化

每单位航天器质量所需的电功率是

$$\frac{P}{m}=\frac{1}{2\eta}\frac{|F|c}{m}=\frac{|a|c}{2\eta} \tag{3-61}$$

$$\frac{P}{m}=\frac{1}{6\eta}\frac{r_0\Delta\theta\cdot c}{t_1(\Delta t-t_1)} \tag{3-62}$$

用漂移时间 t_c 来表示上述结果很有用：

$$t_c=\Delta t-2t_1 \tag{3-63}$$

$$t_1=\frac{\Delta t-t_c}{2},\quad \Delta t-t_1=\frac{\Delta t+t_c}{2} \tag{3-64}$$

$$t_1(\Delta t-t_1)=\frac{\Delta t^2+t_c^2}{4} \tag{3-65}$$

由此得

$$\Delta V=\frac{4}{3}\frac{r_0\Delta\theta}{\Delta t+t_c} \tag{3-66}$$

$$\frac{P}{m}=\frac{2c}{3\eta}\frac{r_0\Delta\theta}{\Delta t^2-t_c^2} \tag{3-67}$$

式(3-66)和式(3-67)表明，漂移时间越长则 ΔV 越小，但是 P/m 将增大，这与图 3-3 表示的依变关系一致，极限情况是施加脉冲推力实现霍曼转移；如果 $t_c/\Delta t$ 很小，P/m 也不会很大。

3.4　地球静止轨道卫星的南北漂移控制

赤道面与地球围绕太阳公转时所在的黄道面的夹角是23.44°。由于这个角度，地球静止轨道卫星将受到太阳引力大小周期性变化的影响。

图 3-4 表示方位关系，$\boldsymbol{r}$ 表示卫星相对地心的位置矢量，$\boldsymbol{s}$ 为指示地球在地心黄道坐标系中方位的单位矢量。以地心轨道上的离心力为参照来分析太阳对卫星的引力的周期性变化。太阳对卫星的引力与地心轨道上的离心力之间不是时时平衡的，并且随着卫星位置的变动而周期性变化。卫星单位质量受到的太阳引力与地心轨道上的离心力之差可表示为

$$\boldsymbol{f}=\frac{\mu_s}{R_{es}^3}[3(\boldsymbol{r}\cdot\boldsymbol{s})\boldsymbol{s}-\boldsymbol{r}] \tag{3-68}$$

式中，R_{es} 为太阳与地球之间的距离(中心距)；μ_s 为太阳引力常数。下面给出上述公式的简要推导。令太阳到卫星的距离矢量表示为 $\boldsymbol{d}$，有 $\boldsymbol{r}=\boldsymbol{d}-R_{es}\boldsymbol{s}$。根据万有引力公式得

$$\begin{aligned}\boldsymbol{f}&=-\mu_s\left(\frac{\boldsymbol{d}}{d^3}-\frac{R_{es}\boldsymbol{s}}{R_{es}^3}\right)=-\mu_s\left(\frac{\boldsymbol{r}+R_{es}\boldsymbol{s}}{d^3}-\frac{R_{es}\boldsymbol{s}}{R_{es}^3}\right)\\&=-\mu_s\left[\frac{\boldsymbol{r}}{d^3}+R_{es}\boldsymbol{s}\left(\frac{1}{d^3}-\frac{1}{R_{es}^3}\right)\right]\end{aligned} \tag{3-69}$$

式中，

$$\frac{1}{d^3}-\frac{1}{R_{es}^3}=\left(\frac{R_{es}-d}{d\cdot R_{es}}\right)\left(\frac{1}{d^2}+\frac{1}{d\cdot R_{es}}+\frac{1}{R_{es}^2}\right)\approx\frac{3}{R_{es}^3}\left(\frac{R_{es}-d}{R_{es}}\right) \tag{3-70}$$

由于$r = d \approx R_{es}$，故$d-R_{es}\approx \boldsymbol{r}\cdot\boldsymbol{s}$，因此

$$\boldsymbol{f}\approx-\mu_s\left[\frac{\boldsymbol{r}}{d^3}-\boldsymbol{s}\frac{3}{R_{es}^3}(\boldsymbol{r}\cdot\boldsymbol{s})\right]\approx\frac{\mu_s}{R_{es}^3}[3(\boldsymbol{r}\cdot\boldsymbol{s})\boldsymbol{s}-\boldsymbol{r}] \tag{3-71}$$

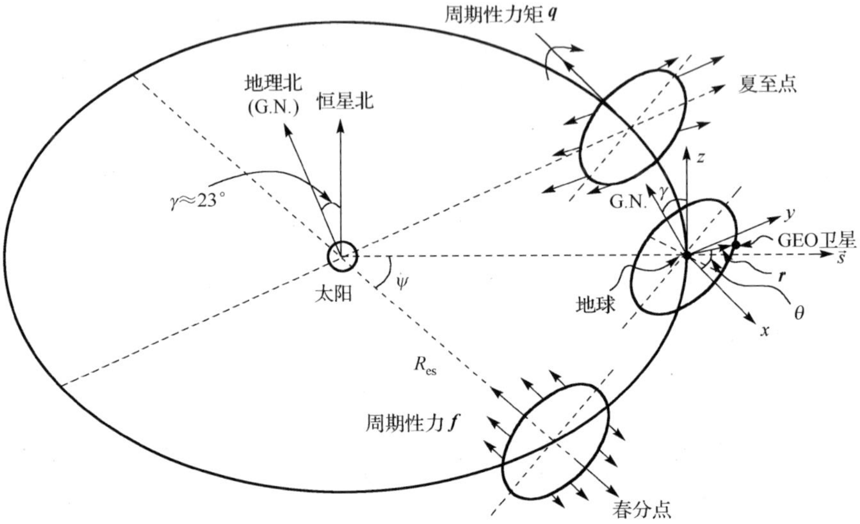

图 3-4　赤道面内卫星处于不同位置时的空间方位关系示意图

太阳引力与地心轨道离心力之差$\boldsymbol{f}$产生相对于地球球心的转矩$\boldsymbol{r}\times\boldsymbol{f}$。考察转矩$\boldsymbol{r}\times\boldsymbol{f}$在整个静止轨道上的平均效果，单位质量卫星受到的轨道平均转矩为

$$\boldsymbol{q}=\frac{1}{2\pi}\int_0^{2\pi}\boldsymbol{r}\times\boldsymbol{f}\mathrm{d}\theta \tag{3-72}$$

$$\boldsymbol{q}=\frac{3\mu_s}{R_{es}^3}\frac{1}{2\pi}\int_0^{2\pi}(\boldsymbol{r}\cdot\boldsymbol{s})(\boldsymbol{r}\times\boldsymbol{s})\mathrm{d}\theta \tag{3-73}$$

将力矩投影到如图 3-4 所示的地心黄道坐标系中。这个坐标系的 oz 轴正方向垂直于黄道面指向恒星北，ox 轴正方向指向春分点，则 oy 轴正半轴与地球赤道平面的夹角等于黄赤交角γ；卫星相对地心的位置矢量 $\boldsymbol{r}$ 与 ox 正半轴夹角为θ。

$$\boldsymbol{r}=\begin{Bmatrix}x\\y\\z\end{Bmatrix}=R_G\begin{Bmatrix}\cos\theta\\\sin\theta\cos\gamma\\\sin\theta\sin\gamma\end{Bmatrix} \tag{3-74}$$

式中，R_G是地球静止轨道半径(约 42000km)；$\gamma=23.44°$。以ψ表示 $\boldsymbol{s}$ 与 ox 正半轴的夹角，得

$$\boldsymbol{s} = \begin{Bmatrix} \cos\psi \\ \sin\psi \\ 0 \end{Bmatrix} \tag{3-75}$$

因此得

$$\boldsymbol{r}\cdot\boldsymbol{s} = R_{\mathrm{G}}(\cos\psi\cos\theta + \sin\psi\cos\gamma\sin\theta) \tag{3-76}$$

$$\boldsymbol{r}\times\boldsymbol{s} = R_{\mathrm{G}}\begin{Bmatrix} -\sin\psi\sin\gamma\sin\theta \\ \cos\psi\sin\gamma\sin\theta \\ \sin\psi\cos\theta - \cos\psi\cos\gamma\sin\theta \end{Bmatrix} \tag{3-77}$$

为求 $\boldsymbol{q}$ 的平均值，近似地把ψ看作常数，因为地球在一天内绕太阳进行圆周运动所移动的角度是很小的；γ也是常值。当式相乘，得到 $\sin\theta$和 $\cos\theta$的二次方组合量，可以利用如下条件：

$$\frac{1}{2\pi}\int_0^{2\pi}\sin\theta\cos\theta\mathrm{d}\theta = \langle\sin\theta\cos\theta\rangle = 0 \tag{3-78}$$

$$\frac{1}{2\pi}\int_0^{2\pi}\sin^2\theta\mathrm{d}\theta @ \langle\sin^2\theta\rangle = \frac{1}{2},\quad \frac{1}{2\pi}\int_0^{2\pi}\cos^2\theta\mathrm{d}\theta = \langle\cos^2\theta\rangle = \frac{1}{2} \tag{3-79}$$

所以，平均转矩是

$$\boldsymbol{q} = \frac{3}{2}\frac{\mu_{\mathrm{s}}}{R_{\mathrm{es}}^3}R_{\mathrm{G}}^2\sin\gamma\sin\psi\begin{Bmatrix} -\cos\gamma\sin\psi \\ \cos\gamma\cos\psi \\ \sin\gamma\cos\psi \end{Bmatrix} \tag{3-80}$$

这个转矩将使地球静止卫星的轨道产生进动，导致卫星的角动量$\ell = R_{\mathrm{G}}^2\omega_{\mathrm{G}}\boldsymbol{n}_{\mathrm{G}}$ 不断变化，其中 $\boldsymbol{n}_{\mathrm{G}}$ 为沿着地理北极方向的单位矢量，$\omega_{\mathrm{G}} = (2\pi/86400)\mathrm{rad/s}$ 。

上述摄动的长期效应更令人感兴趣。如果时间远超过半年，也需要观察在角度ψ变化范围内的 $\boldsymbol{q}$ 的平均值。如前面所利用的结果：

$$\langle\sin\psi\cos\psi\rangle = 0,\quad \langle\sin^2\psi\rangle = \frac{1}{2} \tag{3-81}$$

$$\langle\boldsymbol{q}\rangle = -\frac{3}{4}\frac{\mu_{\mathrm{s}}}{R_{\mathrm{es}}^3}R_{\mathrm{G}}^2\sin\gamma\cos\gamma\begin{Bmatrix} 1 \\ 0 \\ 0 \end{Bmatrix} \tag{3-82}$$

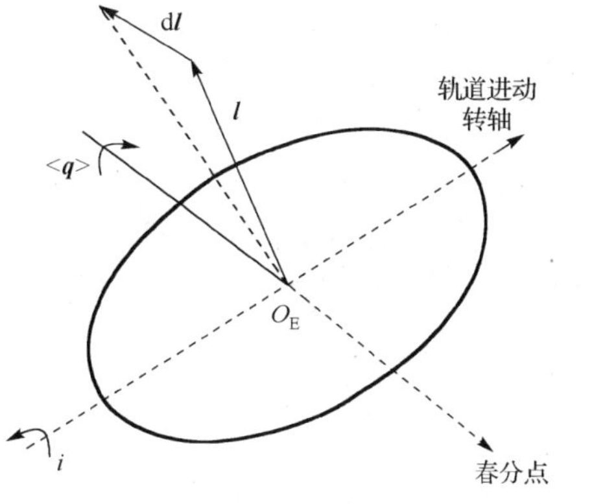

图 3-5　平均转矩使卫星轨道面进动的方向示意图

这指示存在一个无法对消的平均转矩，沿着指向春分点的反方向起作用，如图 3-5 所示。

在 ox 轴负方向上的转矩 $\boldsymbol{q}$ 引起静止卫星轨道面的进动，使轨道转轴向春分点的反方向倾斜，导致轨道倾角 $i \neq 0$ 。规定沿着 ox 轴正方向的转矩引起的轨道面进动方向为正(逆着 oy 轴正方向看是逆时针转动)，则太阳引力引起的地球静止卫星的轨道面进动速率(含符号，因为按照规定，当前 $\mathrm{d}i/\mathrm{d}t < 0$)为

$$\left|\frac{\mathrm{d}\boldsymbol{\ell}}{\mathrm{d}t}\right| = |\ell|\frac{\mathrm{d}i}{\mathrm{d}t} = R_{\mathrm{G}}^2\omega_{\mathrm{G}}\frac{\mathrm{d}i}{\mathrm{d}t} \tag{3-83}$$

$|\langle \boldsymbol{q}\rangle|$ 即 $|\mathrm{d}\ell/\mathrm{d}t|$（角动量的变化率等于转矩），因此给出

$$\left(\frac{\mathrm{d}i}{\mathrm{d}t}\right)_{\mathrm{sun}} = -\frac{3}{4}\frac{\mu_{\mathrm{s}}}{R_{\mathrm{es}}^3}\frac{\sin\gamma\cos\gamma}{\omega_{\mathrm{G}}} \tag{3-84}$$

由于地球绕太阳公转的角速度是

$$\omega_{\mathrm{es}} = \sqrt{\frac{\mu_{\mathrm{s}}}{R_{\mathrm{es}}^3}} \tag{3-85}$$

故有

$$\left(\frac{\mathrm{d}i}{\mathrm{d}t}\right)_{\mathrm{sun}} = -\frac{3}{4}\frac{\omega_{\mathrm{es}}^2}{\omega_{\mathrm{G}}}\sin\gamma\cos\gamma \tag{3-86}$$

用具体数值来说明其大小，将 ω_{es}，ω_{G} 用(度/年，符号为°/a)表示：

$$\left(\frac{\mathrm{d}i}{\mathrm{d}t}\right)_{\mathrm{sun}} = -\frac{3}{4}\frac{360^2}{360\times 365}\sin 23.44^\circ\cos 23.44^\circ = -0.27^\circ/\mathrm{a} \tag{3-87}$$

月球对卫星的摄动影响与太阳类似，只是月球的轨道轴相对于黄道北极倾角是 5.15°，并且绕黄道北极轴进行缓慢的进动(周期 18.6 年)。这意味着地球赤道面与月球轨道面之间的夹角在 $\gamma_{\max} = 23.44^\circ + 5.15^\circ = 28.59^\circ$ 和 $\gamma_{\min} = 23.44^\circ - 5.15^\circ = 18.29^\circ$ 之间变化。

月球引起的卫星轨道摄动与式(3-84)类似：

$$\left(\frac{\mathrm{d}i}{\mathrm{d}t}\right)_{\mathrm{moon}} = -\frac{3}{4}\frac{\mu_{\mathrm{m}}}{R_{\mathrm{em}}^3}\frac{\sin\gamma_{\mathrm{m}}\cos\gamma_{\mathrm{m}}}{\omega_{\mathrm{G}}} \tag{3-88}$$

并且

$$\frac{\mu_{\mathrm{m}}}{R_{\mathrm{em}}^3} = \frac{\mu_{\mathrm{m}}}{\mu_{\mathrm{e}}}\frac{\mu_{\mathrm{e}}}{R_{\mathrm{em}}^3} = \frac{M_{\mathrm{m}}}{M_{\mathrm{e}}}\omega_{\mathrm{me}}^2 \tag{3-89}$$

式中，$M_{\mathrm{m}}/M_{\mathrm{e}} = 1/81.3$ 是月球与地球之间的质量比；ω_{me} 是月球围绕地球转动的角速率(大约为 2π/28 天)。这样，就有

$$\left(\frac{\mathrm{d}i}{\mathrm{d}t}\right)_{\mathrm{moon}} = -\frac{3}{4}\frac{1}{81.3}\frac{\left(360\dfrac{365}{28}\right)^2}{360\times 365}\sin 23.44^\circ\cos 23.44^\circ = -0.56^\circ/\mathrm{a} \tag{3-90}$$

这是 γ_{m} 取月球进动周期内的平均值所得到的结果。当 γ_{m} 取最大值时：

$$\left(\frac{\mathrm{d}i}{\mathrm{d}t}\right)_{\mathrm{moon}} = -0.65^\circ/\mathrm{a} \tag{3-91}$$

当 γ_{m} 取最小值时：

$$\left(\frac{\mathrm{d}i}{\mathrm{d}t}\right)_{\mathrm{moon}} = -0.46^\circ/\mathrm{a} \tag{3-92}$$

月球与太阳摄动的作用方向相同，两者总的影响结果为

$$\left(\frac{\mathrm{d}i}{\mathrm{d}t}\right)_{\text{total}} = -0.83^\circ/\mathrm{a}\ (\max = -0.92, \min = -0.73) \tag{3-93}$$

将进动角度补偿转换成等效的速度增量 ΔV，而速度增量是由推力产生的：

$$\frac{F}{m} \cdot R_G = a \cdot R_G = R_G^2 \omega_G \frac{\mathrm{d}i}{\mathrm{d}t} \quad \Rightarrow \quad \Delta V = V_G \Delta i \tag{3-94}$$

$$V_G = \sqrt{\frac{\mu_e}{R_G}} = 3070\,\mathrm{m/s} \tag{3-95}$$

因此得到补偿的速度增量大小为

$$\Delta V = 44.47\,\mathrm{m/(s \cdot a)}\ \ (\mathrm{Max} = 49, \mathrm{Min} = 39) \tag{3-96}$$

如果不对太阳和月球的摄动进行补偿，非零值的轨道倾角 i 会对地球静止卫星的星下点轨迹产生什么影响呢？以 λ 表示星下点的地理纬度，以 ε 表示经度漂移量，如图 3-6 所示，注意 $\varepsilon > 0$ 时地面上的星下点是往西退移的。

应用球面三角几何得

$$\sin\lambda = \frac{\sin i \sin\theta}{\sqrt{1 - \sin^2 i \cos^2\theta}} \tag{3-97}$$

$$\sin\varepsilon = \frac{(1 - \cos i)\sin\theta\cos\theta}{\sqrt{1 - \sin^2 i \cos^2\theta}} \tag{3-98}$$

当旋转角度 i 很小时：

$$\lambda \approx i \sin\theta \tag{3-99}$$

$$\varepsilon \approx \frac{i^2}{2}\sin\theta\cos\theta \tag{3-100}$$

所以当地球静止轨道卫星运行一天时（$0 < \theta < 360^\circ$），其地面轨迹像一个“8”字（图 3-7）。主要的偏离是纬度 λ，在南北方向，故称“南北漂移”。地球静止轨道通信卫星的典型控制容限 $0.05^\circ \sim 0.1^\circ$。

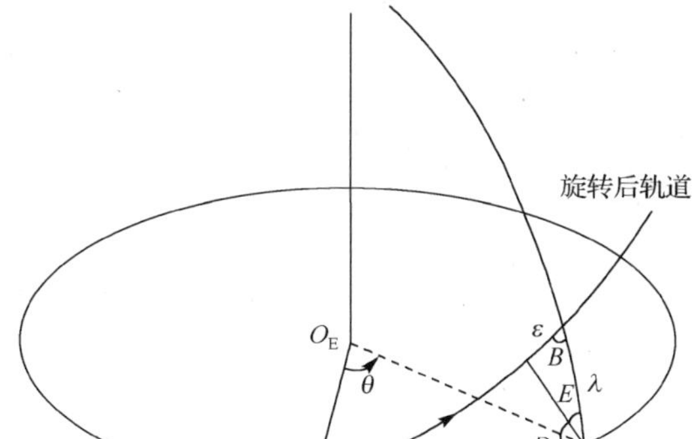

图 3-6　轨道面倾角改变的球面几何关系

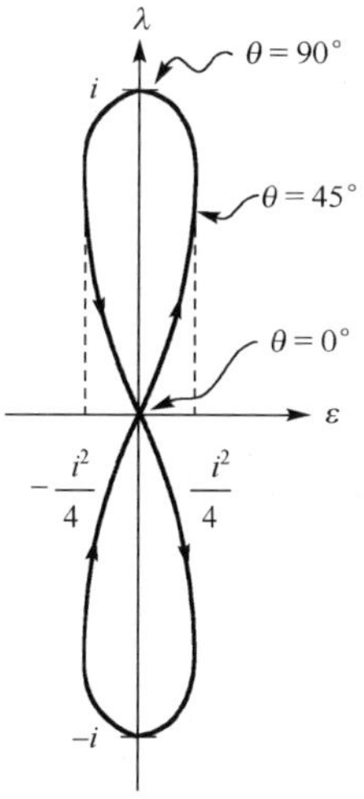

图 3-7　地球静止轨道卫星的星下点漂移轨迹

参 考 文 献

[1] Kechichian J A. The reformulation of Edelbaum's low-thrust transfer problem using optimal control theory[R]. AIAA-92-4576-CP.

[2] Casalino L, Colasurdo G. Improved Edelbaum's approach to optimize LEO-GEO low-thrust transfer[C]// AIAA 2004-5402. AIAA/AAS Astrodynamics Specialist Conference and Exhibit. 2004.

[3] 章仁为. 卫星轨道姿态动力学与控制[M]. 北京: 北京航空航天大学出版社. 1988.

思考与练习题

3-1　如图 3-8 所示，除图中所附说明外，其他轨道参数及方位单位矢量说明如下：Ω——升交点赤经；ω——近心点幅角；f——真近点角；i——轨道面倾角；$\boldsymbol{K}$——北极方向。

仿照 Edelbaum 的次最优轨道面改变理论，给出小推力情况下的升交点改变路径，要求使在轨道半径从 r_1 上升到 r_2 的同时，升交点赤经从 Ω_1 变化到 Ω_2。假设此过程中，轨道始终近圆（$e\approx 0$）以及倾角 i 保持为常数。试推导出推力矢量对轨道面的倾角 α（特别是初始倾角 α_1 和最终倾角 α_2），以及所要求的速度增量 ΔV。使用如下形式的方程：

$$\frac{\mathrm{d}\Omega}{\mathrm{d}t}\approx\sqrt{\frac{r}{\mu}}\frac{\sin\theta}{\sin i}\frac{F}{m}\sin\alpha$$

式中，$\theta=\omega+f$；μ 是地球常数。

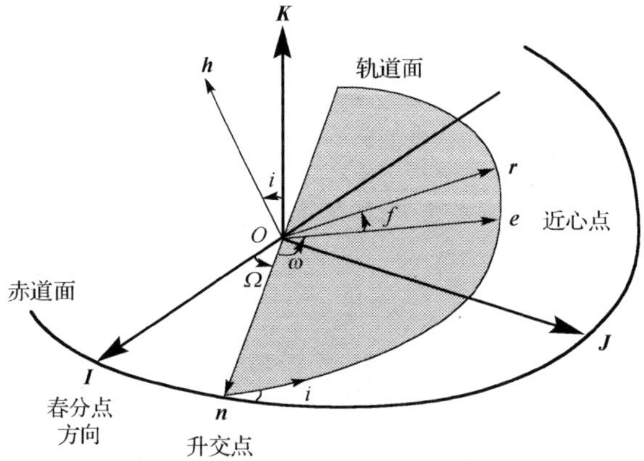

图 3-8　地球卫星轨道参数的示意图

第 4 章　单组元肼推力器

4.1　单组元推进系统概述

单组元推力器结构、推进剂供应装置和控制系统简单，这使得它在很长一段时间内一直是受青睐的航天器推进装置。实际上，在离子推力器和霍尔推力器应用之前，单组元肼推力器已经成为地球静止轨道卫星位置保持系统的标准配置，也是其他一些太空平台机动推进的优先选择。

4.1.1　典型单组元推进剂

曾经研究部分单组元推进剂热物性参数，如表 4-1 所示。

表 4-1　部分单组元推进剂热物性参数

化学成分	比重	火焰温度/℃	c^*/(m/s)	I_{sp}/s	敏感性
硝基甲烷	1.13	2206	1532	244	是
环氧乙烷	0.87	960	1213	189	否
硝酸丙酯	1.06	1419	1300	201	是
肼	1.01	1121	1205	230	否
过氧化氢	1.45	1004	1042	165	否

历史上，硝基甲烷、环氧乙烷和过氧化氢（H_2O_2）等都曾作为单组元推进剂实验或者使用过，但是它们要么安全性差，要么能量特性较差而遭淘汰。到今天，只有肼（N_2H_4）推进系统技术得到不断完善[1,2]。

作为单组元推进剂使用的所谓“无水肼”，一般至少含 98.5%的肼和 0.5%～1.5%的水，其中水的份额不能低于 0.5%，否则分解过程会不稳定。在使用 Shell 405 做催化剂时，发现痕量的苯胺会引起催化剂中毒，因此要求肼推进剂中苯胺的质量含量不大于 0.005%。

4.1.2　单组元肼推力器构型与质量模型

从 20 世纪 60 年代出现 Shell 405 做催化剂的单组元肼推力器以来，它的基本构型就固定下来，结构示意见图 4-1。另外在结构方面，它必须经过封装，以承受载荷及保护敏感组件。同其他航天产品一样，也要求它尽量轻。

对 9 种推力处于 4.45～667N 的推力器的推力与质量数据进行统计，给出如图 4-2 所示两者之间的关系。图 4-2 中坐标系横轴表示推力，纵轴表示推力器质量。对小推力水平，阀是推力器中质量份额最大的组件，故 180g 约为推力器(或阀)的最小质量。

从 20 世纪 70 年代初开始发展电热增强型单组元肼推力器，可将其稳态工作比冲提高到约 290s。

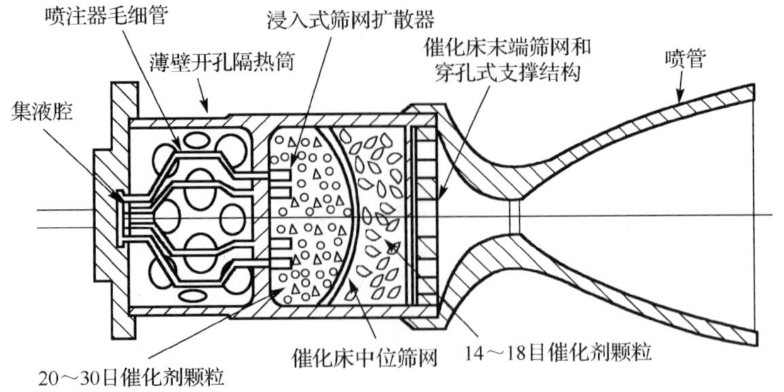

图 4-1　典型单组元推力器结构示意图

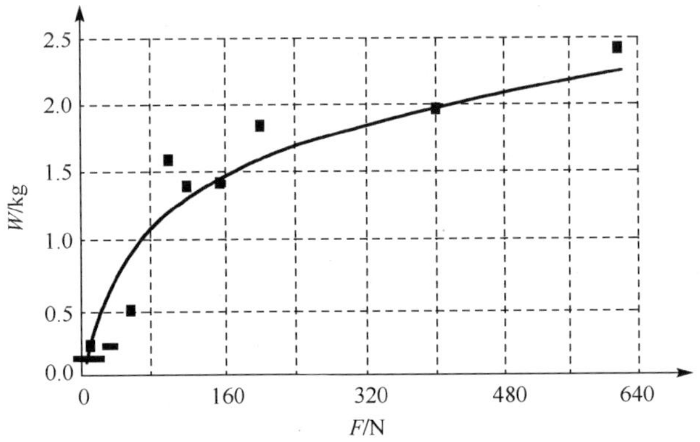

图 4-2　典型单组元肼推力器质量与推力水平关系

4.1.3　单组元推进剂供应装置

太空微重力环境要求对液态推进剂进行管理，以保证进入推力器的推进剂不夹带气体的状态。可用的液体推进剂管理装置包括以下两种。

(1) 表面张力装置。迄今得到广泛应用。通常用很细(约 300 目)的不锈钢丝编成网，再用这种网卷成管，使网管结构分布到储箱各处并都连通到出口的收集器。由于表面张力，液体容易透过网孔进入网管内而气/汽体被阻隔在外部，实现液体和气/汽体分离。

强氧化剂对表面张力装置没有影响，这对于双组元推进系统特别有用，如美国航天飞机和“海盗号”轨道器的推进系统都采用了这种装置。

一种用细密金属丝网和固壁板围成封闭结构的装置称为“气/汽液隔离阀”，覆盖在储箱出口，可以单独使用，在某些火箭高空转移级上也得到了应用。

(2) 皮囊或金属膜囊。这是物理隔离装置。皮囊由合成橡胶或聚四氟乙烯制成，在美国“旅行者”“水手”“麦哲伦”等航天器上得到了应用。强氧化剂对合成橡胶有腐蚀作用。

美国“民兵”导弹末修推进系统中应用了金属膜囊装置。

三种典型的失重或微重力环境中推进剂供应装置如图 4-3 所示。

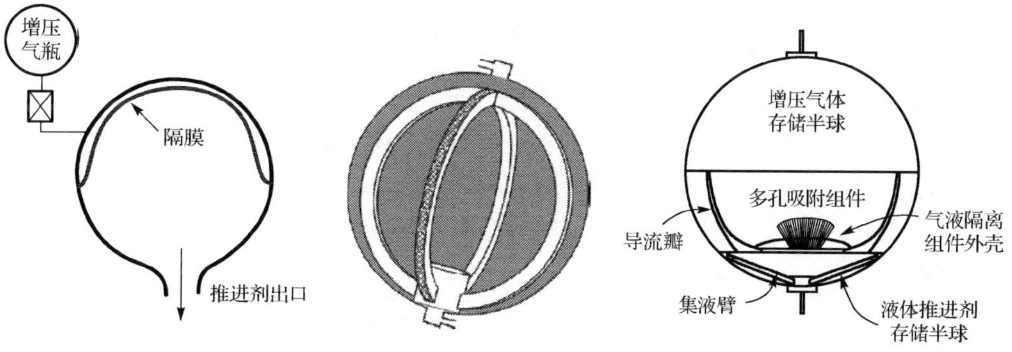

(a) 隔膜式储箱　(b) 网管连廊式表面张力储箱　(c) 组合式表面张力储箱

图 4-3　典型的失重或微重力环境中推进剂供应装置

4.1.4　单组元推进系统构型

一般是两个互为备份的推进剂供应装置，并联供应多个部位的推力器，每个部位的推力器又都是双冗余、互备份(图 4-4)。

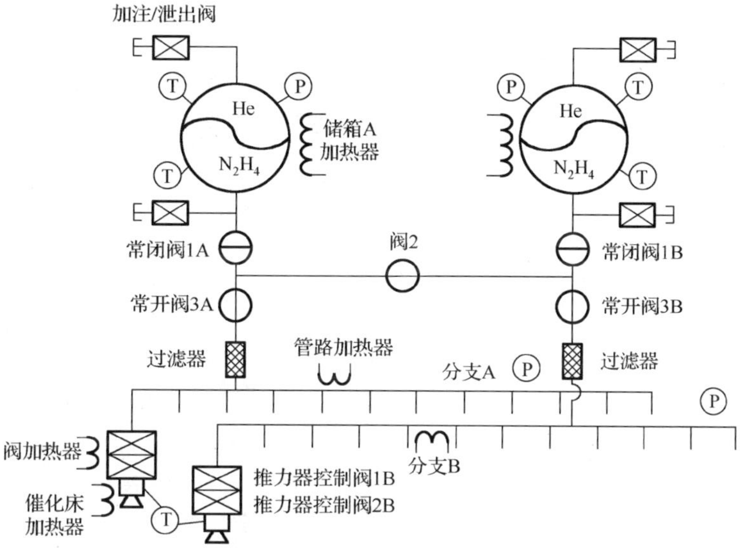

图 4-4　典型的单组元推进系统构型示意图

4.2　肼分解推力器

4.2.1　肼的基本属性

肼(N_2H_4)、水合肼($N_2H_4 \cdot H_2O$)、肼的水溶液($N_2H_4 \cdot aq$)的生成反应可看成如下形式：

$$N_2 + 2H_2 + 95.2497\,kJ = N_2H_4(g) \tag{4-1}$$

$$N_2 + 2H_2 + 50.2374\,kJ = N_2H_4(l) \tag{4-2}$$

$$N_2 + 2H_2 + H_2O + 43.1240\,kJ = N_2H_4 \cdot H_2O \tag{4-3}$$

$$N_2 + 2H_2 + aq + 34.0806\,kJ = N_2H_4 \cdot aq \tag{4-4}$$

无水肼是一种洁净、无色、具有氨臭味的吸湿性液体，是一种强还原剂和弱碱基；水合肼则兼具还原和氧化性。水合肼在酸性溶液中具有强氧化性，但是由于它同许多具有还原性物质的反应速度非常慢，以至于只有最强的还原剂才可与之发生十分微弱的化学反应，产生少量的氨离子。

肼的热物理性质(如液态密度、冰点、沸点、表面张力、动力黏度、比热容等)与水很接近(表 4-2)。但是，肼的化学性质却与水有很大差别。肼会与空气中的CO_2和O_2发生反应，如果将肼以较大的表面积暴露在空气中，如浸过肼的碎布片，它就会自燃。它与金属氧化物的接触同样也会引发自燃。肼会分解放出氨(NH_3)，故有类于氨的气味。肼蒸汽对眼睛和呼吸道有损伤作用。纯净的液体肼非常稳定，但是当空气中的肼蒸汽分压超过对应于温度 40℃时的饱和蒸汽压时，就成为易燃混合物。

表 4-2　肼的部分物性参数

物理/化学属性	单位及数值
分子式	N_2H_4
分子量	32.04g/mol
冰点	1.5℃
沸点	113.5℃（1atm，1atm=1.01325×10^{5}Pa）
临界参数	$p_c = 145\,atm$ $T_c = 380℃$ $\rho_c = 231\,kg/m^3$
液态密度	1004.5 kg/ m^3@25℃
蒸汽压	1917.17 Pa@25℃
表面张力	0.06667 N/ m@25℃ 0.06232 N/ m@35℃
液态黏度	0.90×10^{-3} kg/ (m·s)@25℃
熔解热	12.6651 kJ/ mol@1.5℃
汽化热	40.1933 kJ/ mol@113.5℃
摩尔热容量(液体)	98.8962 kJ/ (mol·K)@25℃
折射率	1.4644@25℃
介电常数	51.7@25℃
电导率	3×10^{-6} mho@25℃
闪燃点(开口杯法)	52℃
爆炸极限(空气中，1atm)	下限 4.7%，上限 100%

肼的燃烧是一个剧烈放热的反应：

$$N_2H_4(l) + O_2 = N_2 + 2H_2O(l) + 6.2216\times10^5\,J/mol@25℃ \tag{4-5}$$

因此，肼也是一种优良的双组元火箭发动机($N_2H_4 + O_2$)的燃料。肼的代换物包括甲基肼[缩写为 MMH，分子式为$(CH_3)NHNH_2$]和偏二甲肼[缩写为 UDMH，分子式为$(CH_3)_2NNH_2$]，它们与肼非常相似，但是热化学稳定性差一些，而保持为液体状态的范围更宽一些。另外一种常用的双组元推进剂的燃料为混肼 A50(50%肼与 50%UDMH)。混肼 A50 不能作为单组元推进剂，因为它会使催化剂中毒。

液体肼对摩擦和撞击并不敏感，但它在氧化铁、氧化铜或铅、锰、银、汞、铬等的氧化物的催化作用下，会发生放热分解反应。因此，与材料的相容性是研制肼推进系统要考虑的一个重要因素，特别是在选择长期储存容器或与肼接触的长寿命的推力器部件的材料时。表 4-3 给出肼与若干材料的相容性评价数据，包括多种金属、塑料、合成橡胶和其他材料。字母代表的意义为：A——可在一般条件下使用的材料；B——在限制条件下使用的材料；C——必须避免使用的材料。应该选取表中被列为一般条件下可使用的材料作为制造与肼接触设备或部件的原料。

表 4-3　肼及肼的混合物与部分材料相容性

材料	无水肼	水合肼	肼-硝酸肼-水混合物
铝(2S，3S)	A	A	B
铝(24ST，75ST)	A	A	A
铝(40E)	B	B	B
黄铜	B	B	B
铜	C	C	C
铁	C	C	C
不锈钢(302)	B	B	B
不锈钢(304)	A	A	A
不锈钢(315)	C	C	C
钽	A	A	A
钛	A	A	A
环氧树脂	B	B	B
聚乙烯	A	A	A
合成橡胶	B	B	B
硅橡胶	B	B	B
特氟龙(聚四氟乙烯)	A	A	A
石棉	B	B	B
耐热玻璃	A	A	A

概括而言，铝、304 不锈钢、钛、钽、铼、铂等是与肼相容性好的材料，玻璃、聚四氟乙烯、聚乙烯塑料同样也符合条件。铜、钴、铁、铅、镁、锰、低碳钢、高钼含量的不锈钢(416、303)、大部分塑料(除了如前所述)、木材、植物或者化工纤维织物、纸张等材料均应避免使用。

4.2.2　肼的分解平衡

在氧化铁、氧化铜或者铅、锰等的氧化物，或者热铂片的催化下，肼会发生快速的分解反应。由于温度较低时氨是稳定的，所以初始生成物为氨和氮气：

$$3N_2H_4 = 4NH_3 + N_2 \tag{4-6}$$

肼的分解是一个剧烈放热的反应，按照式(4-6)计算的平衡温度高达 $T_{eq} = 1641K$，而此时氨已不再稳定。故达到化学平衡时，生成物中只含有少量的氨，因为存在进一步的反应：

$$2\,NH_3 =\!=\!= N_2 + 3H_2 \tag{4-7}$$

反应(4-7)是吸热的，所以肼分解的最终温度只会达到反应(4-6)的平衡温度以下的某个数值。实际上，在使用催化剂的情况下，反应(4-6)是非常迅速的(小于 1ms)，而反应(4-7)却比较缓慢。因此，在小分解室、大流量的条件下，如果驻留时间 $\rho_{gas}V_{cham}/\dot{m}$ 比较短，反应(4-7)并不充分。记参与分解反应的氨所占的比例为 x，则最终生成物和化学反应方程式为

$$N_2H_4 =\!=\!= \frac{4}{3}(1-x)\cdot NH_3 + \frac{1}{3}(1+2x)\cdot N_2 + 2x\cdot H_2 \tag{4-8}$$

对于绝热反应(没有热损失，也没有其他外部加热源)，且液态肼的初始温度为 298K，可给出以焓表示的产物温度满足的能量方程：

$$h_{N_2H_4}(1298\,K) = \frac{4}{3}(1-x)\cdot h_{NH_3}(T) + \frac{1}{3}(1+2x)\cdot h_{N_2}(T) + 2x\cdot h_{H_2}(T) \tag{4-9}$$

根据试算，关注各反应产物气体在 800～2400K 内的摩尔焓随温度变化，取拟合式为

$$h_{NH_3}(T) = -63.989 + 43.3\theta + 7.454\theta^2 \tag{4-10}$$

$$h_{N_2}(T) = -10.229 + 30.3\theta + 1.451\theta^2 \tag{4-11}$$

$$h_{H_2}(T) = -7.573 + 26.2\theta + 2.009\theta^2 \tag{4-12}$$

式中，计算用参数 $\theta = T(K)/1000$，所得到的摩尔焓数值的单位为 kJ/mol。液态肼的生成焓为 $h_{N_2H_4}(1298\,K) = 50.237$kJ/mol。现在可求出任意分解份额 x 时的温度(表 4-4)：

$$\theta = \frac{\sqrt{2602.7 - 846.403x + 369.098x^2} - (33.917 + 7.433x)}{10.422 - 4.954x} \tag{4-13}$$

表 4-4　肼分解产物中氨分解度与反应温度的对应关系

x(参加分解反应的 NH_3 所占比例)	0	0.2	0.4	0.6	0.8	1
T / K (绝热反应温度)	1641	1492	1340	1184	1027	869

下面解决指定催化室压强前提下的平衡态产物组成问题，即将氨分解度 x 作为待求变量。

如果允许反应持续足够长的时间，肼的分解达到平衡时将只有少量(取决于压力)的氨存在。生成物 N_2、H_2、NH_3 之间按照式(4-7)满足反应平衡约束：

$$\frac{p_{NH_3}}{p_{N_2}^{\frac{1}{2}}\,p_{H_2}^{\frac{3}{2}}} = K_p(T),\quad K_p \approx 1.089\times10^{-6}\,e^{\frac{6289}{T}}\quad (atm^{-1}) \tag{4-14}$$

设定氨分解度为 x，依式(4-8)达到平衡态，各组分气体均为理想气体，分压比为

$$p_{NH_3} : p_{N_2} : p_{H_2} = 4(1-x):(1+2x):6x \tag{4-15}$$

等价地，各组分气体分压与混合气体压强的比为

$$\frac{p_{NH_3}}{p} = \frac{4(1-x)}{5+4x},\quad \frac{p_{N_2}}{p} = \frac{1+2x}{5+4x},\quad \frac{p_{H_2}}{p} = \frac{6x}{5+4x} \tag{4-16}$$

将上述关系式代入平衡常数表达式得

$$\frac{4(1-x)(5+4x)}{\sqrt{1+2x}\cdot\left(\sqrt{6x}\right)^3}=p\cdot K_{\mathrm{p}}(T) \tag{4-17}$$

与式(4-13)联立给出催化室压强与氨分解度的函数关系：

$$\frac{1}{K_{\mathrm{p}}(1000\cdot\theta)}\frac{4(1-x)(5+4x)}{\sqrt{1+2x}\cdot\left(\sqrt{6x}\right)^3}=p \tag{4-18}$$

图 4-5 表示出按照式(4-18)确定的催化室压强与平衡态氨组分分压、分解度的关系曲线。可见即使增压到 200atm，平衡时反应生成的氨的分解度也只达到近 90%。

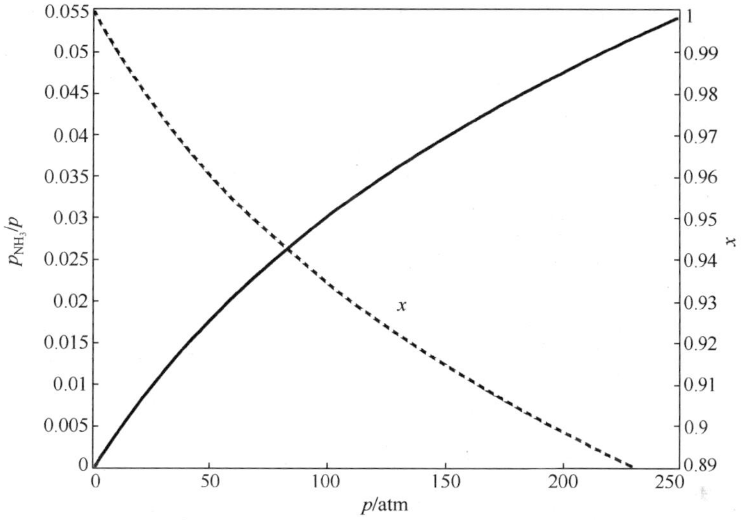

图 4-5　催化室压强与平衡态氨组分分压、分解度的关系

4.2.3　肼分解推力器性能

将肼作为推进剂时，关注的重点不是分解温度 T 而是比冲 I_{sp}。热推力器的比冲取决于气体的温度与分子量的比值，在一定程度上也稍微依赖于气体比热容比γ。随着氨分解度增大，混合气体会变得更轻，这在一定程度上可补偿温度降低的影响，因此当分解度 $x<0.4$ 时，比冲 I_{sp} 对 x 并不敏感。在冻结流(比热容比 γ 以及分子量 M 为常数)假设下，当喷管出口与催化室内压强比记为 p_{e}/p_0 时，出口速度表示为

$$u_{\mathrm{e}}=\sqrt{\frac{2\gamma}{\gamma-1}\frac{R_{\mathrm{com}}}{M}T_0\left[1-\left(\frac{p_{\mathrm{e}}}{p_0}\right)^{\frac{\gamma-1}{\gamma}}\right]} \tag{4-19}$$

喷管出口面积(A_{e})与喉部面积(A^*)比(称为喷管膨胀比)、压强比关联式为

$$\frac{A_e}{A^*}=\left(\frac{2}{\gamma+1}\right)^{\frac{1}{\gamma-1}}\sqrt{\frac{\gamma-1}{\gamma+1}}\frac{1}{\left(\frac{p_e}{p_0}\right)^{1/\gamma}\sqrt{1-\left(\frac{p_e}{p_0}\right)^{\frac{\gamma-1}{\gamma}}}} \tag{4-20}$$

分解产物及推力器性能参数与氨组分分解度的关系曲线如图 4-6 所示。

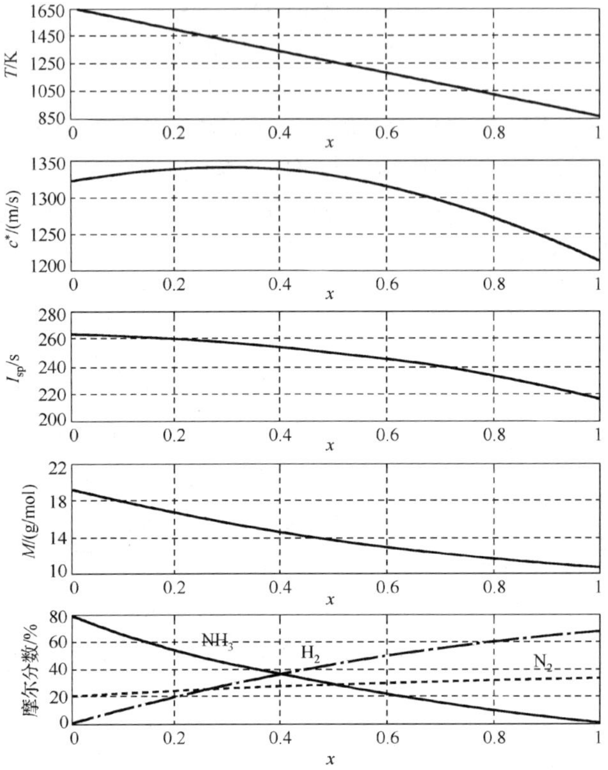

图 4-6　分解产物及推力器性能参数与氨组分分解度的关系曲线

真空比冲计算式为

$$I_{sp}=\frac{F}{\dot{m}}=\frac{\dot{m}\cdot u_e+p_eA_e}{\dot{m}}=u_e+\frac{p_eA_e}{p_0A^*}c^* \tag{4-21}$$

式中，c^* 是特征速度，用到如下关系式：

$$\dot{m}=\frac{p_0A^*}{c^*},\quad c^*=\frac{\sqrt{T_0R_{com}/M}}{\Gamma},\quad \Gamma=\sqrt{\gamma}\left(\frac{2}{\gamma+1}\right)^{\frac{\gamma+1}{2(\gamma-1)}} \tag{4-22}$$

取喷管膨胀比为 $A_e/A^*=50$，对应压强比为 $p_e/p_0\approx0.0012$。实际上，在性能可接受的条件下，希望 T_0 越低越好。一种普遍采用的选择 $x=0.4\to T_0=1340K, I_{sp}=256s$。这个数值可以通过计算验证。取催化室内的热力状态为混合物组成条件，平均物性参数为

$$M=\frac{17\times4(1-x)+28\times(1+2x)+2\times6x}{5+4x}=\frac{96}{5+4x} \tag{4-23}$$

$$x=0.4\to M=14.545$$

$$\gamma=\frac{\begin{array}{l}4(1-x)(43.3+14.908\theta)+(1+2x)(30.3+2.9024\theta)\\ +6x(26.2+4.0174\theta)\end{array}}{\begin{array}{l}4(1-x)(34.986+14.908\theta)+(1+2x)(21.986+2.9024\theta)\\ +6x(17.896+4.0174\theta)\end{array}} \tag{4-24}$$

$$x=0.4\rightarrow\theta=1.340\rightarrow\gamma=1.2342$$

4.3　电热增强型肼推力器性能与应用

4.3.1　应用任务特征

地球静止轨道卫星大多数时间处于日晒状态，只有在星蚀前后才处于地球的阴影中，此时太阳正照赤道与黄道的交点，即在春分点(3 月 21 日)和秋分点(9 月 21 日)附近。

星蚀期间地球静止轨道卫星处于地球阴影的机会是一天一次，如图 4-7 所示，每次最长时间为

$$t_{\mathrm{ecl}}=2\frac{24}{2\pi}\arcsin\left(\frac{R_{\mathrm{E}}}{R_{\mathrm{GEO}}}\right)=1.16(\mathrm{h}) \tag{4-25}$$

显然即使在星蚀期，携带电池组的卫星也有充足的时间充电，而且大多数时间电池组是空闲的。

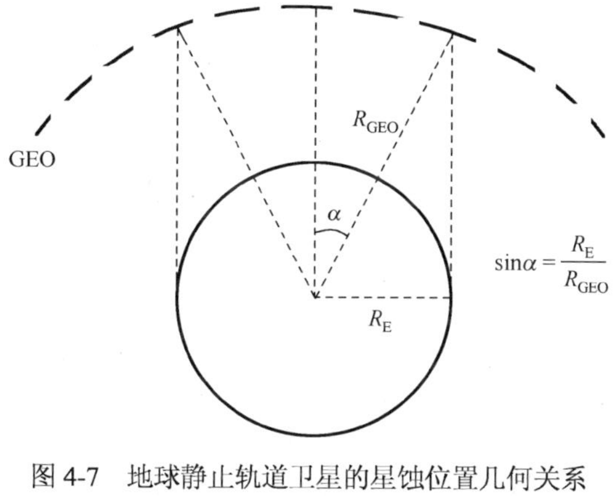

图 4-7　地球静止轨道卫星的星蚀位置几何关系

依据可靠性要求，太阳光伏电池阵容量的典型设计是在卫星寿命末期(EOL)仍保持 15%的裕量，以补偿充电损耗；另外还需要再增加 15%的裕量(取决于任务长短与轨道高度)，以补偿光伏电池阵从寿命初期(BOL)到寿命末期的性能下降。以某卫星为例的电源系统性能参数见表 4-5。

表 4-5　某卫星电源系统性能参数

太阳能电池输出功率	寿命初期(BOL)	977W
	寿命末期(EOL)	837W
电池组	输出功率	750W
	放电深度 100%时总能量	1968W·h
	放电深度 60%时总能量	1180W·h
有效载荷需求		723 W

因此，偶尔使用太阳光伏电池阵和电池组同时供电来加热 N_2H_4 的分解产物以提高性能是可行的。在上述某卫星的例子中，电热增强推力器可以使用的电功率为

BOL：977W+750W−723W=1004W

EOL：837W+750W−723W=864W

推力器开机工作 1h，消耗电池组 750W·h 的电能，放电深度只达到 38%，对电池组的寿命也没有影响。

4.3.2　工质过热状态的推力器性能计算

为了计算可达到的性能，再次使用热焓方程式。由于温度更高，工质在加热器中的驻留时间更长，可以认为反应达到了化学平衡，并且 $x=1$，所有的 NH_3 都被分解，反应式为

$$N_2H_4 = N_2 + 2H_2 \qquad (+0.5\%H_2O+：0.5\%NH_3) \tag{4-26}$$

仍采用 4.2 节的产物焓随温度变化函数拟合式，分解产物混合物的热物性参数为

$$\begin{cases} h_{\text{gas}}(T)(\text{kJ/mol}) = \dfrac{1}{3}(-10.229 + 30.3\theta + 1.451\theta^2) \\ \qquad\qquad + \dfrac{2}{3}(-7.573 + 26.2\theta + 2.009\theta^2) \\ c_p(T)[\text{J/(mol·K)}] = \dfrac{\text{d}h_{\text{gas}}}{\text{d}\theta} = 27.57 + 3.646\theta \\ c_v(T)[\text{J/(mol·K)}] = c_p - 8.3142 = 19.25 + 3.646\theta \\ M = \dfrac{28 + 2\times 2}{3} = 10.67(\text{g/mol}) \\ \gamma(T) = c_p / c_v \to \begin{cases} \theta = 2 \to \gamma = 1.314 \\ \theta = 1.4 \to \gamma = 1.342 \end{cases} \end{cases} \tag{4-27}$$

给定每千克气体可用的电能 E(J/kg)，通过式(4-28)可解出所能达到的加热温度 T_0:

$$E(\text{J/kg}) = [3h_{\text{gas}}(\text{kJ/mol}) - 50.237\,\text{kJ/mol}] \times \frac{1000\,\text{J/kJ}}{0.032\,\text{kg/mol}} \tag{4-28}$$

现在 T_0 已经可以确定，与单纯催化分解一样，加热室中的压强 p_0 也是预先指定的。如果按照气体比热容为常数的冻结流模型计算喷管内流动，利用与计算肼分解推力器性能参数相同的方式，可以得出电热增强肼推力器的性能。考虑温度升高幅度较大，实际上 c_p 随 T 变化较大，这里采取考虑变比热容的计算方法。仍然假设喷管内流动是等熵流，从初始状态 (T_0, p_0) 变化到任意终态 (T, p)，热力状态参数关联为

$$\begin{aligned} &\text{d}s = \frac{c_p}{T}\text{d}T - \frac{1}{\rho T}\text{d}p = 0 \\ &\Rightarrow \frac{c_p}{T}\text{d}T = \frac{R_\text{g}}{p}\text{d}p \Rightarrow \frac{p}{p_0} = \exp\left[\int_{T_0}^{T}\frac{c_p(T)}{R_\text{g}}\text{d}(\ln T)\right] \end{aligned} \tag{4-29}$$

进一步利用 c_p 随温度线性变化的函数关系给出

$$c_p = a + bT \Rightarrow \int_{T_0}^{T} c_p \mathrm{d}(\ln T) = \int_{T_0}^{T}\left(\frac{a}{T}+b\right)\mathrm{d}T = a\ln\frac{T}{T_0} + b(T-T_0) \tag{4-30}$$

整理得

$$\frac{p}{p_0} = \left(\frac{T}{T_0}\right)^{\frac{a}{R_g}} \exp\left[\frac{b}{R_g}(T-T_0)\right] \tag{4-31}$$

计算表达式中各系数：

$$\frac{a}{R_g} = \frac{27.57}{8.3142} = 3.316, \cdots \Rightarrow \frac{p}{p_0} = \left(\frac{T}{T_0}\right)^{3.316} \exp\left(0.4385\frac{T-T_0}{1000}\right) \tag{4-32}$$

由于多数情况下预先给出的参数是推力器的喷管面积比 A_e / A^* 而不是压强比 p_0 / p_e，故需要先设法求出喷管出口压强 p_e。根据推力器一般设计，喷管内喉部流动为声速：

$$u^* = \sqrt{2[h_0 - h(T^*)]} = \sqrt{\gamma(T^*) R_g T^*} \tag{4-33}$$

利用已知方程 $\gamma(T)$、$h(T)$，通过式(4-33)解出喉部温度 T^*，再通过式(4-32)解出 p^*。

喷管截面上流量相等，$\dot{m} = \rho u A$，面积比可由式(4-34)表示：

$$\frac{A_e}{A^*} = \frac{T_e}{T^*}\frac{p^*}{p_e}\sqrt{\frac{h_0 - h^*}{h_0 - h_e}} \tag{4-34}$$

式中，p_e 和 h_e 均是 T_e 的函数，给出 A_e / A^* 和 T_0 即可解出 T_e，进而可求出 p_0 / p_e。最终，可以得到常用的性能参数 $c_F = F / (p_0 A^*)$ 和 $c^* = p_0 A^* / \dot{m}$，计算式如下：

$$\begin{aligned} c_F &= \frac{\dot{m}u_e + p_e A_e}{p_0 A^*} = \frac{\rho_e u_e^2 A_e + p_e A_e}{p_0 A^*} = \frac{p_e A_e}{p_0 A^*}\left[\frac{2(h_0 - h_e)}{R_g T_e} + 1\right] \\ c^* &= \frac{p_0 A^*}{\dot{m}} = \frac{p_0}{p^*}\frac{R_g T^*}{\sqrt{2(h_0 - h^*)}} \end{aligned} \tag{4-35}$$

当面积比为 $A_e / A^* = 50$ 时，利用以上各式可以得出如表 4-6 所示结果。注意这里主要给出对计算方法的说明，当采用更精确的焓函数拟合式时，所得结果会更合理。

表 4-6　工质不同过热状态的推力器性能参数

参数/单位	数值						
T_0 / K	1200	1400	1600	1800	2000	2200	2400
T^* / K	1018	1192	1368	1545	1724	1903	2083
γ^*	1.3624	1.3526	1.3433	1.3343	1.3258	1.3177	1.3099
h_0 / (kJ/ mol)	27.247	33.708	40.315	47.068	53.967	61.012	68.202
p^* / p_0	0.5345	0.5362	0.5378	0.5393	0.5408	0.5423	0.5437
$p_e / p_0(10^{-4})$	6.90	7.05	7.21	7.36	7.52	7.68	7.85
T_e / K	153.5	184.3	216.7	250.9	286.7	324.3	363.7
c_F	1.735	1.739	1.744	1.749	1.753	1.758	1.762
c^* / (m/ s)	1427	1546	1657	1761	1861	1956	2047
I_{sp} / s	252.5	274.2	294.6	314.1	332.7	350.6	367.9
E / (MJ/ kg)	0.985	1.590	2.210	2.843	3.490	4.150	4.824

4.3.3 电热增强肼推力器应用

如前所知，南北位置保持(NSSK)所需要的推力取决于卫星的质量、点火时间 t_b 以及点火频率。

$$F = \frac{m}{t_b} V_G \frac{\Delta i}{\eta_{NSSK}}; \quad \Delta i ; \ \frac{0.9^\circ}{N} \tag{4-36}$$

式中，V_G 为卫星在 GEO 上的环绕速度；N 为每年的点火次数；η_{NSSK} 为修正效率。如果许用电功率为 P_{el}，电加热效率为 η，那么具体的电热增强比能为

$$E = \frac{\eta P_{el}}{\dot{m}} \to \dot{m} = \frac{\eta P_{el}}{E} \to F = \frac{\eta P_{el}}{E} \cdot I_{sp} \tag{4-37}$$

与比能对应所能获得的比冲值见表 4-6。

对于前述某卫星，假设η=0.75，寿命初期功率为 1004W。认为气体可以加热到极限温度 $T_0 = 1800\,\text{K}$（多数情况由材料限制）。从表 4-6 中可知：

$$I_{sp} = 314.1\,\text{s}$$

$$E = 2.843\,\text{MJ/kg}$$

$$F = \frac{0.75 \times 1004\,\text{W}}{2.843 \times 10^6\,\text{J/kg}} \times 9.80665\,\text{m/s}^2 \times 314.1\,\text{s} = 0.8158\,\text{N}$$

这意味着，对于 1043kg 的卫星，每次推力器开机工作 1h，轨道倾角修正量及修正次数为

$$\Delta i = \eta_{NSSK} \frac{F t_b}{m V_G} = 0.9971 \times \frac{0.8158\,\text{N} \times 3600\,\text{s}}{1043\,\text{kg} \times 3071\,\text{m/s}} = 9.142 \times 10^{-4}\,\text{rad} = 0.0524^\circ$$

$$N = \frac{0.9^\circ}{0.0524^\circ} = 17.2$$

即每隔 21.2 天推力器点火修正一次。

参 考 文 献

[1] Russi M J. A survey of monopropellant hydrazine thruster technology[C]// AIAA-73-1263. AIAA/SAE 9th Propulsion Conference. 1973.

[2] Marcus M. Historical evolution of hydrazine thruster design[C]// AIAA-90-1838. AIAA/SAE/ASME/ ASEE 26th Joint Propulsion Conference. 1990.

思考与练习题

4-1　某冷气推进系统包含两个规格相同的推力器，推力为 5N，各自累计工作时间 10min，工质为氮气。假设氮气存储在单一的纤维增强非金属材料球形气瓶内，材料许用强度为 1.05GPa，密度为$1.39 \times 10^3\,\text{kg/m}^3$；气瓶内壁面沉积 0.03mm 厚的铝气密膜层；氮气存储压强为 34MPa，温度为 293K。不计管路和阀门的质量，估计气瓶的体积和系统的总质量。

4-2　硝基甲烷(CH_3NO_2)可作为单组元推进剂。其一个配平的分解反应如下：

$$2CH_3NO_2 \longrightarrow CO + H_2O + N_2 + 2H_2 + CO_2$$

实际上其产物中各组分含量会按照水–气反应达到平衡状态：

$$CO + H_2O \longleftrightarrow H_2 + CO_2$$

确定在 3.0MPa 压强下绝热分解产物温度及产物组成份额，计算产物平均分子量和比热容比。计算采用表 4-7 和表 4-8 给出的热物性参数。

表 4-7　反应物与产物的标准态热物性参数

	H_2	N_2	H_2O	CO_2	CO	CH_3NO_2
$\Delta_f H^\Theta$/(kJ/mol)	0	0	−241.83	−393.52	−110.53	−113.10
S^Θ/[J/(mol·K)]	191.61	191.61	188.84	213.79	197.66	

$$C_p^\Theta(T)[\mathrm{J/(mol\cdot K)}] = \mathrm{A} + \mathrm{B}\cdot t + \mathrm{C}\cdot t^2 + \mathrm{D}\cdot t^3 + \mathrm{E}/t^2$$

$$H^\Theta(T) - H^\Theta_{298.15}(\mathrm{kJ/mol}) = \mathrm{A}\cdot t + \mathrm{B}\cdot t^2/2 + \mathrm{C}\cdot t^3/3 + \mathrm{D}\cdot t^4/4 - \mathrm{E}/t + \mathrm{F} - \mathrm{H}$$

$$S^\Theta(T)(\mathrm{J/mol}) = \mathrm{A}\cdot \ln(t) + \mathrm{B}\cdot t + \mathrm{C}\cdot t^2/2 + \mathrm{D}\cdot t^3/3 - \mathrm{E}/(2t^2) + \mathrm{G}$$

$$t = T(\mathrm{K})/1000$$

表 4-8　标准压强下产物热物性的温度函数系数

T/K	H_2			N_2		
	298～1000	1000～2500	2500～6000	100～500	500～2000	200～600
A	33.066178	18.563083	43.413560	28.98641	19.50583	35.51872
B	−11.363417	12.257357	−4.293079	1.853978	19.88705	1.128728
C	11.432816	−2.859786	1.272428	−9.647459	−8.598535	−0.196103
D	−2.772874	0.268238	−0.096876	16.63537	1.369784	0.014662
E	−0.158558	1.977990	−20.533862	0.000117	0.527601	−4.553760
F	−9.980797	−1.147438	−38.515158	−8.671914	−4.935202	−18.97091
G	172.707974	156.288133	162.081354	226.4168	212.3900	224.9810
H	0.0	0.0	0.0	0.0	0.0	0.0

T/K	H_2O		CO		CO_2	
	500～1700	1700～6000	298～1300	1300～6000	298～1200	1200～6000
A	30.09200	41.96426	25.56759	35.15070	24.99735	58.16639
B	6.832514	8.622053	6.096130	1.300095	55.18696	2.720074
C	6.793435	−1.499780	4.054656	−0.205921	−33.69137	−0.492289
D	−2.534480	0.098119	−2.671301	0.013550	7.948387	0.038844
E	0.082139	−11.15764	0.131021	−3.282780	−0.136638	−6.447293
F	−250.8810	−272.1797	−118.0089	−127.8375	−403.6075	−425.9186
G	223.3967	219.7809	227.3665	231.7120	228.2431	263.6125
H	−241.8264	−241.8264	−110.5271	−110.5271	−393.5224	−393.5224

第 5 章　气体放电导论

5.1　等离子体的概念

5.1.1　等离子体的定义

给出对等离子体的一般定义：包含足够多的分别带正、负电荷的粒子的物质聚集状态，其中正、负电荷数目近于相等从而整体上呈准电中性，并表现集体行为。

上述定义，要求有大量做随机运动的自由带电粒子，但不排斥其中包含中性粒子。

等离子体中带电粒子之间的相互作用力是电磁力，随$1/r^2$而减小，不因彼此距离增大而衰减更快，这使得彼此相距很远的带电粒子群之间仍具有相互作用，故电磁力是长程力。同时，如图 5-1 所示，对给定的立体角(即球面微元面积与半径平方之比$\Delta s/r^2$为常数)，B 中能影响 A 的等离子体体积随r^2而增加(Δr固定)。由于粒子数密度足够低，所以一个邻近粒子所产生的力远小于大量的其他远距离粒子所施加的长程库仑力的合力。"集体行为"这个词，指的就是不仅取决于局部条件而且取决于远距离区域等离子体状态的运动。

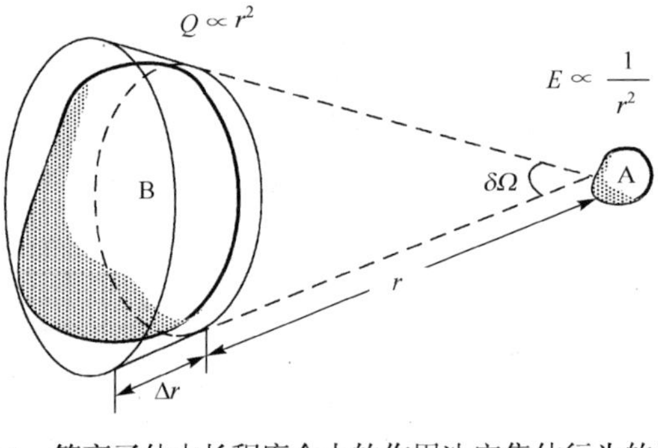

图 5-1　等离子体中长程库仑力的作用决定集体行为的说明

由于集体行为，等离子体并不趋向于顺从外界的影响，而常常表现出好像有自己的癖性。

带电粒子之间是相互"自由"和独立的(非束缚态)，单个粒子的运动是随机的，具有这种个体粒子属性的等离子体，由于带电粒子数目很大，故其集体行为具有统计性质。

广义的等离子体可以是固、液、气任一形态，本书只讨论电推力器中的简单气态等离子体。更细致的等离子体概念与性质讨论参见文献[1][2]。

5.1.2　温度与动能

一个气体团，通过其中的粒子的热运动(扩散、碰撞)而达到一种稳定的微观分布状态，这时各处的粒子的平均动能都相等，就称这个气体团处于热平衡状态，并且平均每个粒子的动能为

$$E_{\mathrm{k,av}} = \frac{1}{2}m\langle u^2\rangle = \frac{3}{2}kT \tag{5-1}$$

式中，下标“k”表示动能；“av”表示平均；算符$\langle\cdot\rangle$表示速度(相)空间平均；所引入的参数T称为“温度”；k是玻尔兹曼(Boltzmann)常量，$k = 1.3807\times10^{-23}\,\mathrm{J/K}$。其中，粒子在空间的三个方向$(x, y, z)$上的平均动能相等，都是$kT/2$。这种能量分布构型称为“按自由度均分”，是统计热力学的基本原理。上述关系式实际上给出了温度的定义，与速度(相)空间分布的具体形式无关。

如果气体团中有两种粒子组分，而且单独看其中某种组分时，各处的该种组分粒子的平均动能都相等，那么可以对这一种组分单独定义一个温度。从温度表征粒子的平均动能这个角度看，这个温度是有意义的。例如，等离子体中的离子和电子经常具有不同温度T_{i}和T_{e}。这是因为，离子与离子(或者电子与电子)之间的碰撞频率大于离子与电子之间的碰撞频率。这样，每一种粒子能处于组分自身的热平衡中，而等离子体也许不能维持足够长的时间使这两个温度相等。

另外，同种组分的粒子在相互正交的方向上具有不相等的平均动能，从而定义不同方向上的温度，也是有意义的。还是以等离子体为例，当处于磁场$\boldsymbol{B}$中时，连单一种类的粒子(如离子)都可能有两个温度。这是因为，沿着$\boldsymbol{B}$作用在离子上的力可能与垂直于$\boldsymbol{B}$作用在离子上的力不同(由于洛伦兹力)。这样，垂直于$\boldsymbol{B}$和平行于$\boldsymbol{B}$方向上的平均动能不同，故产生不同的温度$T_{\perp}$和$T_{\parallel}$。

在等离子体处于热平衡态时，电子和离子可用同一温度的麦克斯韦分布描述。但是，通常等离子体的离子既不与电子处于同一温度，也不和周围环境处于热平衡。

5.1.3　粒子在有势场中的空间分布

处于热平衡状态、温度为T的气体团，如果本身还处于一种有势场(对应的场力是保守力，如地球重力场、静电场)中，粒子能感受场施予的彻体力的作用，那么这时的“热平衡状态、温度为T”的描述仍然有意义。但是，与不存在有势场的情况相比，粒子的空间数密度变成不均匀的了。

在均匀有势场中，粒子受到的场力沿着场梯度的负方向；选择坐标系的x轴与粒子所受场力方向相同，平衡状态时气体团的压强梯度与场力平衡。相隔$\mathrm{d}x$的平面之间、单位面积对应的空间内所有粒子总体的受力平衡式为

$$\left(-\frac{\mathrm{d}\phi}{\mathrm{d}x}\right)n\cdot\mathrm{d}x = \frac{\mathrm{d}p}{\mathrm{d}x}\mathrm{d}x = \mathrm{d}p = (kT)\cdot\mathrm{d}n \tag{5-2}$$

式中，n是两个平面之间居中位置的粒子数密度。位势场梯度$\mathrm{d}\phi/\mathrm{d}x$为常数，积分得

$$n = n_{\phi=0}\cdot\exp\left(-\frac{\phi}{kT}\right) \tag{5-3}$$

这样给出统计热力学的另一条基本原理，即玻尔兹曼定律：在一种给定的空间分布下，不同位置处的粒子空间数密度按照这种分布的势能的负值除以kT作指数变化。

由此可见，对处于热平衡状态、温度为T的带正电的粒子气体团，电势高$(\phi>0)$的位置处粒子数密度小。对于带负电的粒子气体团，粒子数密度与电势的对应情形相反。

在低压等离子体中，电子一般处于近热平衡状态，而离子则几乎从不处于热平衡状态。

5.1.4　粒子的速度分布

实验表明：具有某一恒定温度的近理想气体源，其中的粒子速度分布为“麦克斯韦分布”。以粒子只具有一维运动的气体(如强磁场约束电子使其只能沿着磁力线运动)为例，某一位置处的粒子数密度(m^{-3})在速度空间的分布为

$$f(u)=A\exp\left[-\frac{1}{2}mu^2/(kT)\right] \tag{5-4}$$

式中，$mu^2/2$ 是动能；k 是玻尔兹曼常量；A 是某一常数。粒子的空间数密度为

$$n=\int_{-\infty}^{+\infty}f(u)\mathrm{d}u \tag{5-5}$$

利用式(5-5)可确定常数 A 与粒子的空间数密度及其他参数的关系为

$$\int_{-\infty}^{+\infty}\frac{1}{\sqrt{2\pi}}\mathrm{e}^{-\frac{z^2}{2}}\mathrm{d}z=1 \quad\Rightarrow\quad A=n\frac{1}{\sqrt{2\pi}}\sqrt{\frac{m}{kT}} \tag{5-6}$$

5.1.5　等离子体鞘层

等离子体虽然是准电中性的($n_i\approx n_e$)，但它的主体部分与器壁之间会存在一个薄的正电荷区，这个区域称为“鞘层”。为了理解鞘层的形成，首先注意电子和离子热运动速度大小的差别。由于 $m_e/m_{proton}\approx 1/1836\ll 1$，且 $T_e\geqslant T_i$，电子的热运动速率 $\sqrt{kT_e/m_e}$ [这是与一维运动的平均动能对应的均方根速率 $\sqrt{\langle u^2\rangle}$，见式(5-1)]至少是离子热运动速率 $\sqrt{kT_i/m_i}$ 的100倍。

考虑宽度为 l、初始密度为 $n_i=n_e$ 的等离子体，它被两个接地极板(其电势 $\phi=0$)包围，如图5-2所示，这两个极板都具有吸收带电粒子的性质。

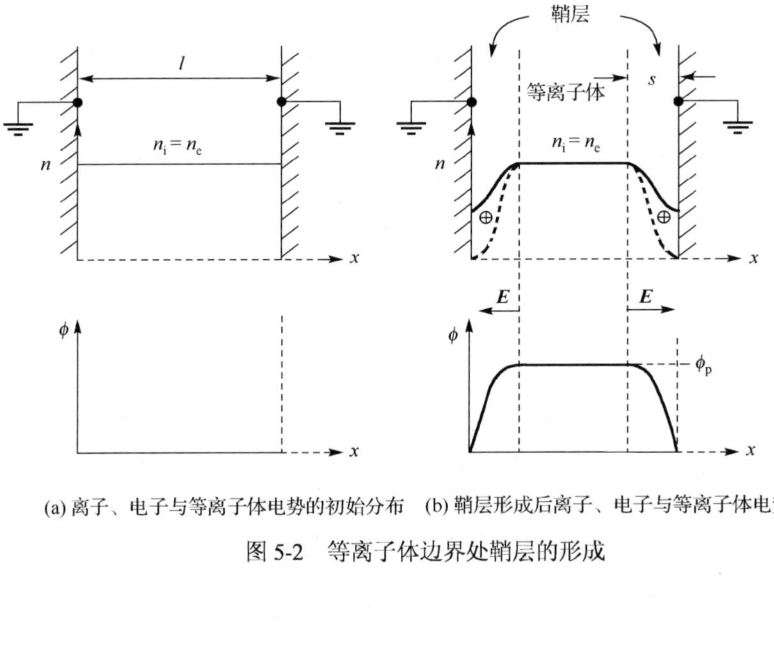

(a) 离子、电子与等离子体电势的初始分布　(b) 鞘层形成后离子、电子与等离子体电势的分布

图 5-2　等离子体边界处鞘层的形成

由于等离子体中净电荷密度为零，各处的电势和电场都为零，所以带电粒子的运动不受场力约束，具有较高速度的电子首先到达极板并被吸收。于是经过很短的一段时间后，器壁附近形成一个正离子密度占优的薄层 s（$s \ll l$），其中 $n_\mathrm{i} \gg n_\mathrm{e}$，所以有净的正电荷密度。该正电荷分布产生了一个在等离子体内部为正、在鞘层内迅速下降、到与极板接触处为零的电势分布 $\phi(x)$。因为在鞘层里的电场方向指向器壁，这个电势分布是约束电子的势阱，而对离子是“滚坡”：进入鞘层的电子趋向于被拉回等离子体中，而进入鞘层的离子趋向于加速冲向器壁。

设等离子体相对于器壁的电势为 ϕ_p，为了能束缚住大多数电子，ϕ_p 应是电子平均平动能对应的等效电势(kT_e/e)的数倍；离子轰击器壁的能量 E_i(以伏为单位)也是 kT_e/e 的数倍。将电离区域划分为主等离子体区和鞘层区的方法非常重要，这种方法适用于所有电离气体系统。主等离子体区满足准电中性条件，而且瞬时和平均的电场都很弱。主等离子体区的动态变化过程取决于离子在边界的损失机制。在高气压时，离子向边界的损失运动是扩散型(有碰撞阻滞)的，而在低气压时是“自由落体”型的，即冲向边界过程中只受到电场 ϕ_p 的作用。主等离子体区和鞘层区的参数在其边界处必须衔接起来，为此通常要求该处的离子平均速度等于离子声速或称为玻姆(Bohm)速度：

$$u_\mathrm{B} = \sqrt{kT_\mathrm{e} / m_\mathrm{i}} \tag{5-7}$$

5.1.6　德拜屏蔽

如在鞘层形成的分析中所见，极板所施加的电势 ϕ=0，使等离子体边界上与极板邻近的薄层内出现了净电荷分布，但是等离子体的主体部分仍然保持着准电中性，只是产生了一个整体的相对电势 ϕ_p。这就是等离子体集体行为的一个基本特性，即具有屏蔽掉作用于它上面的电场的能力。需要注意，5.1.5 节分析中所持的一个重要观点是电子很轻，容易快速响应外部电场的扰动作用。

设想用一个完全透明(对粒子运动而言)的栅极，使等离子体中 x=0 平面的电势为常数 $\phi = \phi_0$。由于电子的快速响应，在栅极附近引起了净电荷分布，形成了电荷云，电荷云所占据的区域即鞘层。同样由于 $m_\mathrm{e} / m_\mathrm{proton} \approx 1/1836 \ll 1$，可认为在施加电场的时间尺度上，离子的惯性使其几乎没有显著位移，构成一个正电荷均匀分布的本底。设只是一价离子，一维泊松方程是

$$\frac{\mathrm{d}^2\phi}{\mathrm{d}x^2} = -\frac{\mathrm{e}}{\varepsilon_0}(n_\mathrm{i} - n_\mathrm{e}) \tag{5-8}$$

电位移 $\varepsilon_0 E$ 的散度(即电位移在轴线方向的梯度)等于自由电荷的体密度 $\varepsilon_0(\mathrm{d}E/\mathrm{d}x) = \rho$；电势沿电场强度的负方向升高，$E = -(\mathrm{d}\phi/\mathrm{d}x)$。记远离栅极处的本底正电荷密度为 $n_\mathrm{i}(x=\infty) = n_\infty$；注意到电势分布决定电子分布，$n_\mathrm{e}(\phi = 0) = n_\infty$，则在电势为 ϕ 处，电子数密度为

$$n_\mathrm{e}(\phi) = n_\infty \exp[\mathrm{e}\phi / (kT_\mathrm{e})] \tag{5-9}$$

上述电荷分布结果代入泊松方程得

$$\frac{\mathrm{d}^2\phi}{\mathrm{d}x^2} = \frac{\mathrm{e}}{\varepsilon_0} n_\infty \left\{\exp[\mathrm{e}\phi / (kT_\mathrm{e})] - 1\right\} \tag{5-10}$$

在$|e\phi/(kT_e)| \ll 1$的区域，上述方程右端的指数可用其泰勒级数的线性部分近似，得

$$\frac{d^2\phi}{dx^2} = \frac{n_\infty e^2}{\varepsilon_0 kT_e}\phi \tag{5-11}$$

显然，在接近栅极的区域，$|e\phi/(kT_e)| \ll 1$的条件可能并不满足；但是如在鞘层形成说明中所给出的图像，鞘层很薄，层内电势梯度很大，因此在决定鞘层厚度的边界区域，即与主等离子体接界处，$|e\phi/(kT_e)| \ll 1$的条件是满足的。定义一个特征参数为“德拜长度”(Debye length)：

$$\lambda_D \triangleq \sqrt{\frac{\varepsilon_0 kT_e}{n_e \cdot e^2}} \tag{5-12}$$

得到等离子体中栅极附近的电势分布为

$$\phi = \phi_0 \exp\left(-|x|/\lambda_D\right) \tag{5-13}$$

德拜长度是屏蔽距离或者鞘层厚度的度量。它的定义式至少包含三层信息：①当带电粒子数密度增大时，由于每层等离子体中包含更多的电子，λ_D将减小；②若没有热运动，电荷云会收缩成一无限薄层；③在计算λ_D时使用的是电子温度，因为电子比离子更容易迁移。

根据德拜屏蔽理解“准电中性”的含义：如果系统的尺度L远大于λ_D，则每当出现电荷局部集中或者在系统中引入外电势时，它们就被屏蔽在比L小(与λ_D同量级)的距离内，使等离子体的大部分免受外电势或者电场的影响。这是一团电离气体成为等离子体的第一个判据：

$$\lambda_D \ll L \tag{5-14}$$

5.1.7　等离子体参数

仅当电荷云中有足够多的粒子时，5.1.6 节中给出的德拜屏蔽现象才会出现。为给出表征德拜屏蔽具有统计意义的量化判据，引入“等离子体参数”g，表示等离子体中一个德拜球内的粒子数的倒数，定义为

$$g = \frac{1}{\frac{4}{3}\pi\lambda_D^3 n} \tag{5-15}$$

用等离子体参数g表示的电离气体表现集体行为的判据为

$$g \ll 1 \tag{5-16}$$

5.1.8　等离子体频率判据

除了上述尺度、粒子数密度两个条件，一团电离气体成为等离子体还需要满足与粒子碰撞相关的第三个条件。设ω是典型的等离子体振荡频率，τ是带电粒子与中性原子碰撞的平均时间间隔，则气体的行为像等离子体而非中性气体的条件是

$$\omega\tau > 1 \tag{5-17}$$

5.2　热电离气体的电导率

5.2.1　气体热电离的平衡态

普通气体在低于 3000K 的温度下是良好的电绝缘体，因为其中几乎没有自由电子。当压强大于 0.1atm 时，分子以及其他粒子之间的碰撞频率极高，它们的运动受普通流体力学行为定律主宰。又由于借碰撞进行的能量交换足够充分，可以看作处于局部热平衡态——可用同一个温度表示各内能模式，气体的热力学、化学性质均是该温度和压强的函数。在高温下，因为气体分子、原子的热运动而引起的电离，其平衡状态由 Saha(萨哈)函数描述。

考虑一个中性原子(n)失去一个电子(e)变成离子(i)的单电离过程，若所有组分温度都相同，且以数密度 $n_j = p_j / kT$ 与分压强关联，则电离平衡方程为

$$\frac{n_e n_i}{n_n} = S(T) \tag{5-18}$$

式中，$S(T)$ 是 Saha 函数，根据统计力学理论，计算式为

$$S(T) = 2\frac{q_i}{q_n}\left(\frac{2\pi m_e kT}{h^2}\right)^{\frac{3}{2}} \exp\left(-\frac{eU_i}{kT}\right) \tag{5-19}$$

式中，q_i 为离子的基态简并度(对于 H^+，等于 1)；q_n 为中性粒子的基态简并度(对于 H，等于 2)；m_e 为电子的质量，$m_e = 9.1094 \times 10^{-31}\text{kg}$；e 为基本电荷量，$e = 1.6022 \times 10^{-19}\text{C}$；$k$ 为玻尔兹曼(Boltzmann)常量，$k = 1.3807 \times 10^{-23}\text{J/K}$，$k = R / N_A$，$N_A = 6.022 \times 10^{23}$ 为阿伏伽德罗(Avogadro)常量；R 是通用气体常数，$R = 8.3144\text{J/(K}\cdot\text{mol)}$；$h$ 为普朗克(Planck)常量，$h = 6.6261 \times 10^{-34}\text{J}\cdot\text{s}$；$U_i$ 为原子的电离势(V；对于 H，$U_i = 13.6\text{V}$)。

由电中性条件，Saha 函数可写成

$$\frac{n_e^2}{n_n} = S(T) \tag{5-20}$$

给定 T，即可关联 n_e, n_n。因此需要第二个关系式，一般是指定总压强：

$$p = (n_e + n_i + n_n)kT = (2n_e + n_n)kT \tag{5-21}$$

由此给出

$$n_e^2 = S(T) \cdot n_n = S(T)\left(\frac{p}{kT} - 2n_e\right) = S(T)(n - 2n_e) \tag{5-22}$$

n 是总的粒子数密度。于是得

$$n_e^2 + 2Sn_e - nS = 0 \tag{5-23}$$

$$n_e = -S + \sqrt{S^2 + nS} = \frac{n}{1 + \sqrt{1 + \frac{n}{S(T)}}} \tag{5-24}$$

由于 Saha 函数随温度增长迅速，电子数密度的极限为

$$\begin{cases} n_e \xrightarrow[T\to 0]{} \sqrt{Sn} \xrightarrow[T\to 0]{} 0 & \text{（弱电离）} \\ n_e \xrightarrow[T\to\infty]{} \dfrac{n}{2} & \text{（完全电离）} \end{cases} \tag{5-25}$$

5.2.2 等离子体中的电子电流

一旦有一个电子的作用显现出来，相应的电场 $\boldsymbol{E}$ 就会在等离子体中引起电流密度 $\boldsymbol{j}$。为了定量理解这一过程，考虑一个“典型”电子的动量平衡。电场 $\boldsymbol{E}$ 对它产生静电力：

$$\boldsymbol{F}_{\text{E}} = -\text{e}\boldsymbol{E} \tag{5-26}$$

与此同时，它还受到“摩擦”阻力的作用，这是由它与其他粒子(中性粒子或者离子)的一次次碰撞引起的动量传递效应。与其他电子的碰撞不计入“摩擦”阻力，因为那只是在“电子”这种组分内部的动量交换。相对于电子的快速运动，可认为中性粒子与离子处于静止状态。定义一次有效碰撞满足的特征如下：电子的定向运动被完全制止。记每一秒内发生 ν_e 次这种碰撞(即 ν_e 为每个电子的碰撞频率)，每一秒内电子损失的动量为 $-m_e\boldsymbol{u}_e\cdot\nu_e$， $\boldsymbol{u}_e$ 是电子的平均定向运动速度，由此得

$$\boldsymbol{F}_{\text{f}} = -m_e\boldsymbol{u}_e\cdot\nu_e \tag{5-27}$$

由于平均效果是电子这种组分以速度 $\boldsymbol{u}_e$ 持续稳定地定向运动着，故合外力为 0，即

$$\boldsymbol{F}_{\text{E}} + \boldsymbol{F}_{\text{f}} = 0 \tag{5-28}$$

$$-\text{e}\cdot\boldsymbol{E} - m_e\boldsymbol{u}_e\cdot\nu_e = 0 \tag{5-29}$$

$$\boldsymbol{u}_e = -\left(\frac{\text{e}}{\nu_e\cdot m_e}\right)\boldsymbol{E} \tag{5-30}$$

组合系数 $\mu_e \triangleq \text{e}/(m_e\cdot\nu_e)$ 是电子运动性的度量，单位是 (m/s)/(V/m) 。电流密度是所有电荷运动导致的电荷通量。如果只考虑电子运动(当前情形正是这种状态)：

$$\boldsymbol{j} = -\text{e}\cdot n_e\cdot\boldsymbol{u}_e \tag{5-31}$$

$$\boldsymbol{j} = \left(\frac{\text{e}^2\cdot n_e}{\nu_e\cdot m_e}\right)\cdot\boldsymbol{E} \tag{5-32}$$

组合系数：

$$\sigma = \frac{\text{e}^2\cdot n_e}{\nu_e\cdot m_e} \tag{5-33}$$

即等离子体的电导率，单位：S/m(西门子/米)。

考虑碰撞频率的计算和表示问题如下。相对于与电子发生的有效碰撞，可以将中性粒子看成截面积为 Q_{en} 的球。当电子以速度 c_e 随机热运动时，它们以 $n_e\cdot c_e\cdot Q_{en}$ 的频率(个/s)撞击到截面 Q_{en} 上。速度 c_e 的取值有一个范围，故对所有电子应取一个平均的速度值 $\overline{c_e}$ 来等效其

撞击效果。上述情形是从一个中性粒子的视角看所有电子对它产生的撞击，而现在感兴趣的是一个电子与所有其他的中性粒子、离子发生的碰撞频率，因此一个电子的碰撞频率 ν_e 中对应于中性粒子的部分为 $n_n \cdot \overline{c_e} \cdot Q_{en}$。类似地，一个电子的碰撞频率 ν_e 中对应于离子的部分为 $n_i \cdot \overline{c_e} \cdot Q_{ei}$。两部分合写为

$$\nu_e = n_n \cdot \overline{c_e} \cdot Q_{en} + n_i \cdot \overline{c_e} \cdot Q_{ei} \tag{5-34}$$

应注意 $\overline{c_e}$ 与电子的宏观平均运动速度 $\boldsymbol{u}_e$ 不同，通常大得多。电子热运动是随机的，故平均而言是接近抵消的，没有被抵消的剩余部分就是 $\boldsymbol{u}_e$。

5.2.3　电子的平均热运动速度

记三维空间中的电子速度矢量为 $\boldsymbol{c}_e = (c_{ex}, c_{ey}, c_{ez})$，$c_e = |\boldsymbol{c}_e| = \sqrt{c_{ex}^2 + c_{ey}^2 + c_{ez}^2}$。在热平衡状态下，电子运动速度在各个方向是等概率的，因此单位体积内的电子数关于速度的分布函数只与速度的数值大小有关，而与速度方向无关。记 $f_e(c_e)$ 是电子在某给定位置处单位体积内的速度数值为 c_e 的速度空间数密度；速度空间中以 c_e 为半径、厚度为 $\mathrm{d}c_e$ 的球壳体积为 $4\pi c_e^2 \mathrm{d}c_e \triangleq \mathrm{d}^3 c_e$。在某给定位置处单位体积内的电子数为

$$n_e = \iiint f_e(c_e)\mathrm{d}^3 c_e = \int_0^{+\infty} f_e(c_e) 4\pi c_e^2 \mathrm{d}c_e \tag{5-35}$$

平均速度计算式为

$$\overline{c_e} = \iiint c_e f_e(c_e)\mathrm{d}^3 c_e \tag{5-36}$$

认为在速度空间中电子数呈麦克斯韦分布：

$$f_e(c_e) = n_e \left(\frac{m_e}{2\pi k T_e}\right)^{\frac{3}{2}} \exp\left(-\frac{m_e c_e^2}{2kT_e}\right) \tag{5-37}$$

在速度空间中积分得

$$\boldsymbol{c}_e = \sqrt{\frac{8}{\pi}\frac{kT_e}{m_e}} \tag{5-38}$$

将电子质量、玻尔兹曼常量等的数值代入式(5-38)得

$$\overline{c_e} = 6210\sqrt{T_e} \tag{5-39}$$

注意：如果存在电流(即存在外电场)，电子的分布函数就不可能是严格麦克斯韦的，甚至连各向同性也不是；但是由于 $u_e \ll c_e$，平均热运动速度非常接近于式(5-38)给出的数值。

5.2.4　带电粒子碰撞截面的确定

当一个电子与中性原子碰撞时，在两者的距离接近原子直径大小的尺度之前，电子不受力；这种碰撞相似于台球之间的碰撞。实际的等效截面要大于与原子直径大小相等的球的截面，但是不随温度升高而增大。例如，对于中性的氢原子，电子与其碰撞截面可取近似常数：

$$Q_{eH} = 2 \times 10^{-19}\,\mathrm{m}^2 \tag{5-40}$$

至于截面Q_{ei}，它依赖于碰撞速度$\overline{c_e}$。这是因为离子-电子之间的库仑作用非常“软”，因此一个高速电子可以几乎不受影响地从一个离子近旁飞过，但是一个很慢的电子则可能被严重偏转。如图 5-3 所示，从可以忽略库仑力的距离r_0处开始考虑两者作用，此时电子速度为u，接近电荷为 e 的固定离子；此后在库仑力的作用下，电子径迹偏转一个角度α。在这个过程中，库仑力为

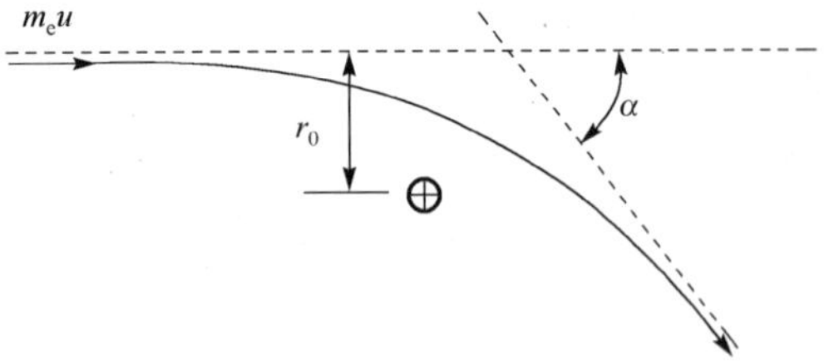

图 5-3　库仑碰撞截面计算图

$$F = \frac{1}{4\pi\varepsilon_0}\frac{\mathrm{e}^2}{r^2} \tag{5-41}$$

电子处于离子附近发生径迹偏转的这个时间段，粗略估计为

$$t \approx \frac{r_0}{u} \tag{5-42}$$

则电子的动量变化近似为

$$\Delta(m_e u) = \left|Ft\right| \approx \frac{1}{4\pi\varepsilon_0}\frac{\mathrm{e}^2}{r_0 u} \tag{5-43}$$

现在首先关注发生大角度碰撞（$\alpha \geqslant 90^\circ$）时的截面估算。对于一次$\alpha = 90^\circ$的碰撞，$m_e u$的变化具有其本身大小的量级，即得

$$\Delta(m_e u) \approx m_e u \approx \frac{1}{4\pi\varepsilon_0}\frac{\mathrm{e}^2}{r_0 u},\quad r_0 = \frac{1}{4\pi\varepsilon_0}\frac{\mathrm{e}^2}{m_e u^2} \tag{5-44}$$

用$\overline{c}_e$代替u，给出离子-电子之间碰撞截面计算式为

$$Q_{ei} = \pi r_0^2 = \pi\left(\frac{\mathrm{e}^2}{32\varepsilon_0 k}\right)^2 \cdot \frac{1}{T_e^2} \tag{5-45}$$

$Q_{ei} \approx 1.35 \times 10^{-10} / T_e^2$。实际上，由于库仑力的长程性质，小角度碰撞更频繁，其累计影响大于大角度碰撞。斯必泽(Spitzer)给出修正因子$\ln\Lambda$，完全的离子-电子碰撞截面理论式如下：

$$Q_{ei} = 2.95 \times 10^{-10}\frac{\ln\Lambda}{T_e^2} \tag{5-46}$$

式中，Λ是温度T_e和电子数密度n_e的函数，$\ln\Lambda \approx -11.35 + 2\ln T(\mathrm{K}) - 0.5\ln p(\mathrm{atm})$，但是经过对数运算后，$\ln\Lambda$对这些参数的变化不敏感了。对于离子推力器和霍尔推力器中的等离子体，$\ln\Lambda$一般取值 6～12，粗略计算可取为常数 8。

5.2.5　电离度对电导率的影响

对于弱电离（$n_i = n_e \ll n_n$）气体，电导率正比于电子数密度：

$$\sigma \approx \frac{e^2 \cdot n_e}{m_e \cdot n_n \cdot \bar{c}_e \cdot Q_{en}} \tag{5-47}$$

而对于完全电离气体($n_n = 0$)，电导率与电子数密度无关，并且随温度升高而急剧增大。

$$\sigma = \frac{e^2}{\bar{c}_e \cdot m_e \cdot Q_{ei}} \tag{5-48}$$

示例：低温氢等离子体的状态参数

当$T \geqslant 4000$K 时，双原子的分子氢不再存在($H_2 \to 2H$)，电离从原子开始。考虑部分电离氢气体的压强保持为 1atm。物性常数为

$$\begin{cases} U_i = 13.6\text{V} \\ q_i = 1 \\ q_n = 2 \end{cases} \tag{5-49}$$

由此得

$$S = 2.42 \times 10^{21} T^{\frac{3}{2}} \exp\left(-\frac{157800}{T}\right) \quad (\text{m}^{-3}) \tag{5-50}$$

$$\begin{cases} n = \dfrac{7.34 \times 10^{27}}{T} \quad (\text{m}^{-3}) \\ \bar{c}_e = 6210\sqrt{T} \quad (\text{m/s}) \\ \sigma = 2.818 \times 10^{-8} n_e / \nu_e \end{cases} \tag{5-51}$$

$$(\nu_e = \nu_{ei} + \nu_{en})$$

由计算结果(表 5-1)可见：①温度约大于 8000K 以后，电子与离子之间的碰撞占优($\nu_{ei} > \nu_{en}$)；②温度在$7000\text{K} < T < 10000\text{K}$，电离份额$\alpha$急剧增大($4.7 \times 10^{-4} \to 2.15 \times 10^{-2}$)，并且电导率急剧增大：

$$\begin{cases} \sigma = 100\text{S/m}, & T \approx 7000\text{K} \\ \sigma = 1000\text{S/m}, & T \approx 9000\text{K} \end{cases} \tag{5-52}$$

表 5-1　计算的氢电离状态参数

T/K	5000	6000	7000	8000	10000	12000	14000	16000
n / m^{-3}	1.47e+24	1.23e+24	1.05e+24	9.21e+23	7.37e+23	6.14e+23	5.26e+23	4.61e+23
S / m^{-3}	1.68e+13	4.26e+15	2.30e+17	4.70e+18	3.39e+20	6.19e+21	5.10e+22	2.55e+23
n_e / m^{-3}	4.98e+18	7.23e+19	4.92e+20	2.08e+21	1.55e+22	5.58e+22	1.21e+23	1.72e+23
α	3.38e-6	5.89e-5	4.67e-4	0.0023	0.0215	0.100	0.297	0.597
c_e / (m/s)	4.39e+5	4.81e+5	5.20e+5	5.55e+5	6.21e+5	6.80e+5	7.35e+5	7.86e+5
ln Λ	5.682	6.047	6.355	6.622	7.069	7.433	7.742	8.009
ν_{ei} / s^{-1}	1.47e+08	1.72e+09	9.77e+09	3.52e+10	2.00e+11	5.78e+11	1.03e+12	1.25e+12
ν_{en} / s^{-1}	1.29e+11	1.18e+11	1.09e+11	1.02e+11	8.77e+10	6.84e+10	4.19e+10	1.83e+10
ν_e / s^{-1}	1.30e+11	1.20e+11	1.19e+11	1.37e+11	2.88e+11	6.46e+11	1.07e+12	1.27e+12
σ / (S/m)	1.08	17.0	116.3	426.8	1514	2432	3163	3831

5.3 欧姆耗散引起的气体电弧不稳定性

如前面所述，在库仑作用主导工况下，电导率随温度 $T_e^{\frac{3}{2}}$ 升高而快速增大：

$$\sigma = \frac{0.0153 \cdot T_e^{\frac{3}{2}}}{\ln \Lambda} \tag{5-53}$$

在这种极限状态(温度很高，电离份额接近 1)，电导率几乎与气体的种类、等离子体密度无关，很小的影响仅体现在 $\ln \Lambda$ 中。电导率随温度升高快速增长的重要后果是出现电流凝集成“丝”或者“弧”的趋势。

为了理解这一点，考虑电场力对电子做的功。单位体积内的电子受到的总电场力为 $-en_e\boldsymbol{E}$；这些电子克服碰撞“摩擦”飞行的平均速度为 $\boldsymbol{u}_e$ 时，电场力对电子做功的功率为

$$D_{OH} = -en_e\boldsymbol{E} \cdot \boldsymbol{u}_e = (-en_e\boldsymbol{u}_e) \cdot \boldsymbol{E} = \boldsymbol{j} \cdot \boldsymbol{E} \tag{5-54}$$

这部分功率通过碰撞“摩擦”耗散为热能。欧姆定律为

$$\boldsymbol{j} = \sigma \boldsymbol{E} \tag{5-55}$$

由此给出耗散功率与电场强度或者电流及电导率的关系：

$$D_{OH} = \sigma E^2 \tag{5-56}$$

最简单的一种情形，是初始均匀的等离子体受到外加电场的作用，如在平行板电容的两个板之间的电场。如果板足够大而间隙足够小，就可以不考虑电流路径的影响，电场一直保持不变：

$$E = \frac{U}{d} \tag{5-57}$$

在这样的均匀电场作用下，考察等离子体中的耗散，$D_{OH} = \sigma E^2$ 表明：电导率大的地方(从而温度高)耗散大。由一个均匀的温度场开始，如果一个小的扰动出现导致沿着某条路径上存在高温区，则沿着这条路径的导电性更强，额外的电功率耗散使这条路径更热，反过来增强初始的不均匀性。这样势必导致电流收缩成“丝”或者“弧”。

原理上，收缩过程可以无限持续，直到电弧半径无限小而电流密度无限大。但是随着温度上升速率增大，从热的弧芯向周围环境的散热也加快，如果这些热量能够有效地移走，那么最终将达到一种平衡态，电弧半径与弧芯温度都是有限值。显然，具体的最终数值取决于气体热管理的细节：背景的冷却越有效，收缩进行得越厉害，最终的电弧越热。这种反直觉的结果(更冷的环境导致更热的电弧)是电弧的几个看似荒谬的性质之一，它们都与电弧是静态不稳定的现象有关。

5.4 气体成分及热物性参数随温度的变化

热电离是气体化学成分随温度升高而变化的机制之一。掌握气体的热物理参数随温度变化的规律，是深刻认识气体放电现象的基础。由氮气平衡组分粒子数密度随温度变化的图像(图 5-4)可见：

(1) 到约 7000K 时，离解的氮原子(N)数密度超过氮分子(N_2)。

(2) 到约 14000K 时，一阶氮离子(N^+)的数密度超过氮原子数。

(3) 到约 29000K 时，二阶氮离子(N^{++})的数密度超过一阶氮离子。

显然，根据电荷守恒，电子数密度满足 $n_e = n^+ + 2n^{++}$。

在温度升高过程中氮的热平衡组分对导热率的贡献可由图 5-5 观察得出。图中，k_m——分子；k_e——电子；k_a——原子；k_i——离子；k_D——离解；k_{ioniz}——电离。可见：

(1) 分子对导热率的贡献源于分子的随机热运动导致的能量输运；当有分子这种成分存在时，它随温度升高略增大；在温度大于 7000K 以后其贡献将消失。

(2) 相似的物理机制决定其他组分对导热率的贡献变化，即刚开始出现时，其影响快速增大，而后下降并消失。

(3) 给人印象深刻的是离解和电离现象对导热率的贡献。这种贡献类似于热管效应，出现在离解/电离对温度非常敏感的温度范围内(离解是在 7000K，电离是在 15000K)。其机制如下：当流场中出现温度梯度时，高温区域中的离解速率比复合速率更大，而低温区域的复合速率比离解速率更大，导致离解产物持续向低温区(低浓度区)扩散。离解产物吸收高温区域的热量(离解热很大)，扩散到低温区复合后释放出来，这样产生一种很强的净的热输运效应，即离解现象对热传导的贡献。电离现象对热传导的贡献机制相似，只是转移的能量变成了电离能。注意在自然刻度下，k_D 的影响非常强烈。

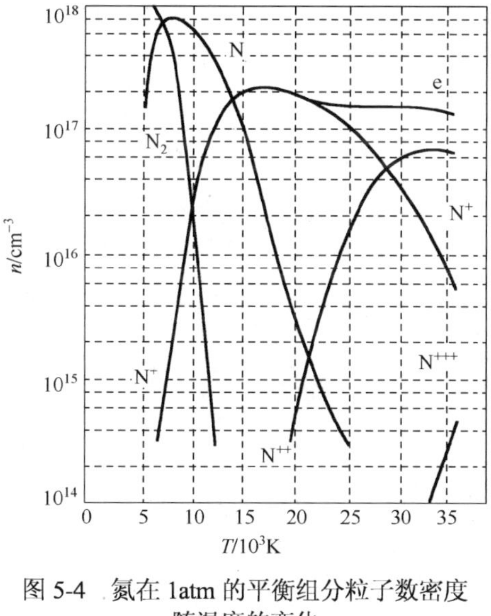

图 5-4　氮在 1atm 的平衡组分粒子数密度随温度的变化

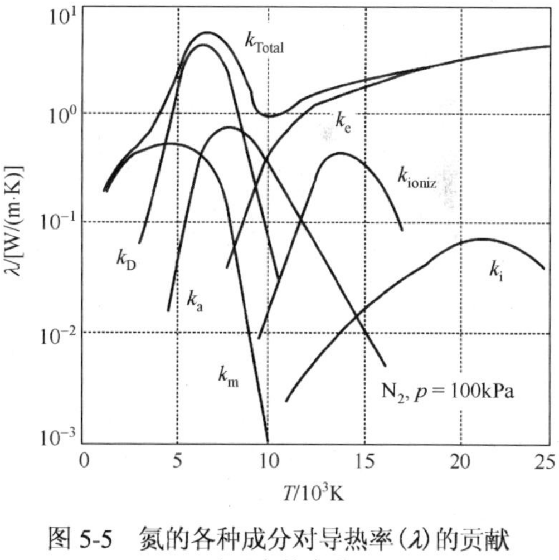

图 5-5　氮的各种成分对导热率(λ)的贡献随温度的变化

氢的导热率、导电率随温度变化特征与氮相似(图 5-6～图 5-9)，只是所有的转变温度更低；电离现象对热传导的贡献分量 k_{ioniz} (在 16000K 附近)作用更加明显。更细致的物性变化见文献[3]。

高温下气体的电导率对种类与压强有弱相关性。

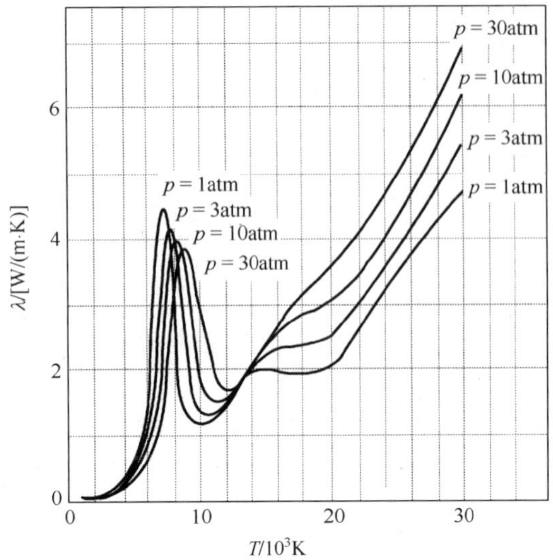

图 5-6　氮的导热率随温度的变化

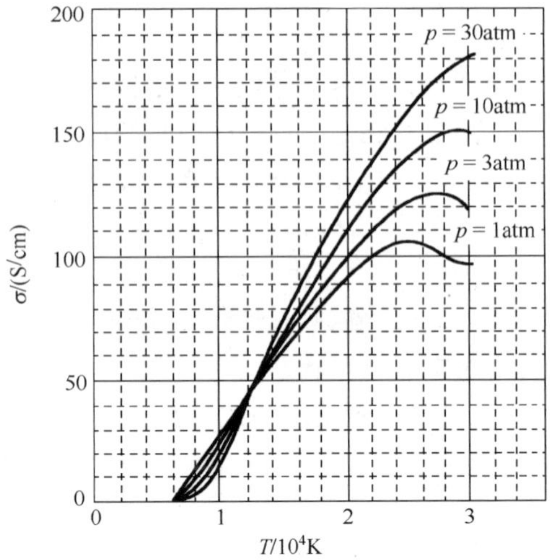

图 5-7　氮的电导率随温度的变化

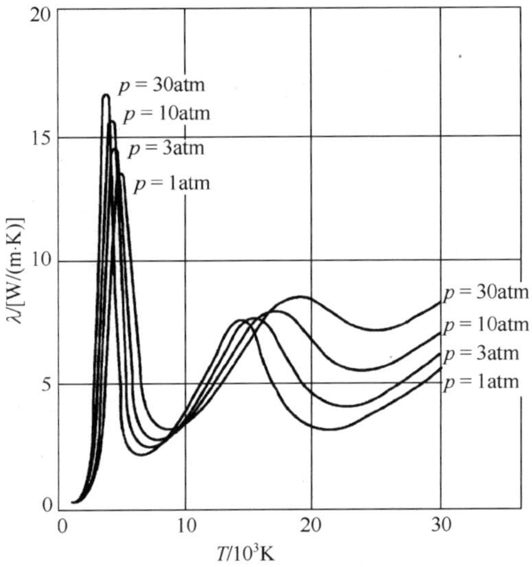

图 5-8　氢的导热率随温度的变化

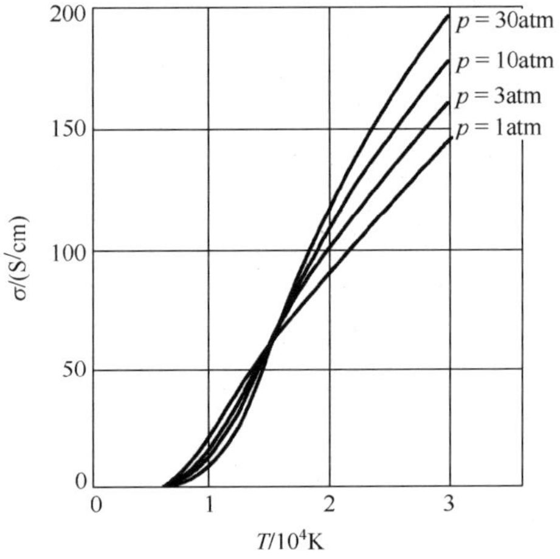

图 5-9　氢的电导率随温度的变化

参 考 文 献

[1] Chen F F. 等离子体物理导论(Introduction of Plasma Physics). 林光海译. 北京: 人民教育出版社, 1974.

[2] Lieberman M A, Lichtenberg A J. 等离子体放电原理与材料处理(Principles of plasma discharges and materials processing(second edition)[M]. 蒲以康, 译. 北京: 科学出版社, 2007.

[3] Yos J. Transport properties of nitrogrn, hydrogrn, oxygen, and air to 30000K[R]. AVCO Technical Memorandum, RAD-TM-63-7, 1963.

思考与练习题

5-1　从初始状态为基态的氩(Ar)原子中提取一个电子，估计所需要的电场强度。

5-2　根据 Saha 方程、电离度定义及理想气体状态方程，电离度对压强和温度的依赖关系近似为

$$\alpha \approx Gp^{-\frac{1}{2}}T^{\frac{5}{4}}\exp\left(-\frac{eV_i}{2kT}\right)$$

当 $\alpha \ll 1$ 时， $p \approx n_0 kT$ 。对于氩，确定系数 G ，计算和绘制 $T = 273 \sim 3300\text{K}$ 、 $p = 1\text{atm}$ 的平衡态电离度随温度变化曲线。

5-3　一个运动相对较慢的中性气体原子，在包含快速运动电子的等离子体中的平均自由程为

$$\lambda = \frac{u_n}{n_e \langle \sigma u_e \rangle}$$

式中， u_n 为气体原子速度； u_e 是电子速度； n_e 是电子数密度。假设气体原子是截面积为 σ 的球体，试导出上述表达式。

5-4　等离子体中的电子和离子在外加电场与磁场作用下形成电子电流、离子电流。计及电子–离子、电子–中性原子碰撞对电子运动的阻滞作用，忽略电子惯性，根据电子组分的动量方程推导部分电离气体等离子体的欧姆定律表达式。

5-5　绘制氢在 1atm 的平衡组分粒子数密度随温度的变化曲线，比较和解释分子离解、电离现象影响导热率随温度变化曲线的特征与氮的差别。

第 6 章　电弧推力器简化分析

简化分析侧重阐明所涉及的机理，为了物理的直观简洁性，牺牲了定量方面的精度。首先考察在冷的约束通道内不流动气体中的电弧，然后扩展到有流动的分析，再应用这些结果，给出适用于电弧推力器的性能参数。

6.1 基 本 假 设

气体的电导率简化模型为

$$\sigma=\begin{cases}0, & T<T_{\mathrm{e}} \quad (T_{\mathrm{e}}=6000\sim 7000\mathrm{K}) \\ a(T-T_{\mathrm{e}}), & T\geqslant T_{\mathrm{e}} \quad [a\approx 0.8\mathrm{S/(m\cdot K)}]\end{cases} \tag{6-1}$$

将气体的导热率视为常数，但在电弧内部和外部将取不同的数值。与实际的参数变化规律比较，这个假设的简化程度是很大的，因为 H_2 和 N_2 的导热率在离解温度区（2000～5000K）、电离温度区（12000～16000K）都显示了很高的峰值。由于计算热流通量时采用导热率与温度梯度的乘积，因此合适的选择是其温度区间上的平均值：

$$\bar{k}=\frac{1}{T_2-T_1}\int_{T_1}^{T_2}k\mathrm{d}T \tag{6-2}$$

将电弧气体简化为理想气体，在离解温度区和电离温度区，它的平均分子量是剧烈变化的，焓值是快速增大的，并且定压比热容 $c_p=(\partial h/\partial T)_p$ 有很高的值。与导热率相似，对定压比热容也用其温度区间上的平均值。

电弧假设为圆柱形，轴对称且径向梯度远大于轴向梯度（类似于边界层）。流动区域分成三个子区域。

(1) 电弧本身，对应 $r<R_{\mathrm{a}}$ 的区域，其中 R_{a} 表示弧半径，r 为径向位置变量。这是唯一携载电流的区域，在其中 $T>T_{\mathrm{e}}$。

(2) 外围气体，对应 $r>R_{\mathrm{a}}$ 的区域，没有被电离，$T<T_{\mathrm{e}}$。

(3) 在同轴流动情形中，可能需要考虑 (1) 和 (2) 之间存在过渡区域，以求得更准确的解。本章的分析中予以忽略。

6.2 不流动气体中的狭长电弧

典型的实验室研究用电弧发生装置纵向截面如图 6-1 所示。电弧沿着强水冷的圆柱空腔中心线，圆柱空腔由多节空心铜环串接而成，各节之间以绝缘材料隔开。

除了很靠近电极的区域，其他部分的电弧在长度方向上保持为同性质的；在径向截面上，轴向电场分量 $E_x=E$ 与半径无关，径向电场分量 E_r 很小。单位体积内的欧姆耗散是 $\boldsymbol{j}\cdot\boldsymbol{E}$，

或者 σE^2。而 σ 在电弧内变化剧烈，从半径 R_a 处 $\sigma=0$ 到电弧中心处的最大值 σ_c。作为粗略近似，取 $\sigma_c/2$ 作为代表值，如此因欧姆耗散而沉积在单位长度上的热量为 $\pi R_a^2\sigma_c E^2/2$；在稳定状态下，这些热量必须传导到电弧的外缘表面，因此它等于 $(2\pi R_a)(-k\cdot\partial T/\partial r)_{r=R_a}$。

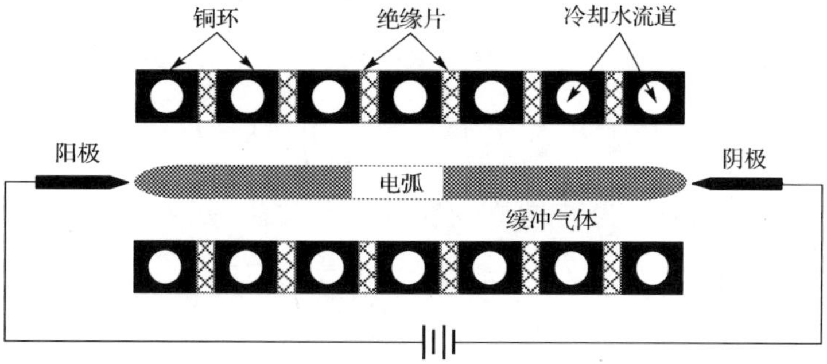

图 6-1　狭长电弧发生装置截面示意图

用抛物线近似电弧内温度分布，外缘的温度梯度为 $(-\partial T/\partial r)_{r=R_a}\approx 2(T_c-T_e)/R_a$，得

$$\frac{1}{2}\pi R_a^2\sigma_c E^2=2\pi R_a\cdot k_c\cdot 2\frac{T_c-T_e}{R_a}\Rightarrow E=\frac{2}{R_a}\sqrt{2k_c\frac{T_c-T_e}{\sigma_c}} \tag{6-3}$$

注意 k_c 是电弧区域的平均值。由于在电弧区域 $\sigma_c=a(T_c-T_e)$，故

$$E=\frac{2}{R_a}\sqrt{\frac{2k_c}{a}} \tag{6-4}$$

这个重要的结果表明电弧的场强是与电弧的半径成反比的(电压也如此)：电弧约束得越紧致，耗散功率的空间密度必定越大，而对应于小直径电弧的冷却更有效(周长-面积比增大)。应注意，电弧半径是流场物理决定的未知参数，已知的只是约束管的直径，记为 R。

注意认为场强与径向位置无关，总的弧电流表示为

$$I=\int_0^{R_a}(\sigma E)\cdot 2\pi r\mathrm{d}r\approx(\pi R_a^2)\frac{1}{2}\sigma_c E \tag{6-5}$$

将式(6-4)代入式(6-5)得

$$I=(\pi R_a^2)\frac{1}{2}\sigma_c\cdot\frac{2}{R_a}\sqrt{\frac{2k_c}{a}}=(\pi R_a)\cdot\sigma_c\sqrt{\frac{2k_c}{a}}=(\pi R_a)\cdot(T_c-T_e)\sqrt{2ak_c} \tag{6-6}$$

电场强度与弧电流的乘积表示为

$$EI=4\pi k_c\cdot(T_c-T_e)=(2\pi R_a)\cdot k_c\cdot\left(\frac{T_c-T_e}{R_a/2}\right) \tag{6-7}$$

式(6-7)是能量平衡的另一表示，指示弧中心的温度随着单位长度上的弧电流功率增大而线性增长。

以上讨论运用的知识也将用于后续流动气体中的电弧研究。其间差别仅在于热量从电弧外缘被导走的方式。在气体不流动的情况下，这是通过缓冲气体的导热来完成的。若以 k_{out} 表

示缓冲气体区域的导热率(可能比 k_c 低得多)，且忽略圆柱效应(不同半径处周长不等)，电弧边缘两侧的热流量相等的条件表示为

$$k_c \cdot 2\frac{T_c - T_e}{R_a} = k_{out}\frac{T_e - T_w}{R - R_a} \tag{6-8}$$

式中，T_w 是电弧约束管的壁温，从外部调控。将式(6-8)代入式(6-6)，得

$$I = (\pi R_a\sqrt{2ak_c})\cdot\frac{1}{2}\frac{k_{out}}{k_c}\frac{R_a}{R - R_a}(T_e - T_w) \tag{6-9}$$

这是一个关于 R_a 的二次方程。为了得出一般化的参数关系，引入无量纲参数：

$$I^* = \frac{I}{I_{ref}};\quad I_{ref} = (\pi R\sqrt{2ak_c})(T_e - T_w) \tag{6-10}$$

$$\lambda = \frac{1}{2}\frac{k_{out}}{k_c} \tag{6-11}$$

$$r_a = \frac{R_a}{R} \tag{6-12}$$

方程(6-9)化成无量纲形式如下：

$$I^* = \lambda\frac{r_a^2}{1 - r_a} \tag{6-13}$$

得到解为

$$r_a = \frac{2}{1 + \sqrt{1 + \dfrac{4\lambda}{I^*}}} \tag{6-14}$$

即当 I^* 变大时，r_a 趋向于 1[实际上，这还是 I^* 变大的原因，参见式(6-10)]。

可以变换获得其他感兴趣的量，由式(6-8)得

$$\frac{T_c - T_e}{T_e - T_w} = \frac{1}{2}\frac{k_{out}}{k_c}\frac{R_a}{R - R_a} = \lambda\frac{r_a}{1 - r_a} = \frac{1 + \sqrt{1 + \dfrac{4\lambda}{I^*}}}{2}I^* \tag{6-15}$$

表明最终(电流变得较大时)温度 T_c 随电流 I^* 线性增大，但是在小电流时它($\approx\sqrt{I^*}$)的变化更快。

电场遵从如式(6-4)所示变化。类似地引入无量纲参数：

$$E^* = \frac{E}{E_{ref}};\quad E_{ref} = \frac{2}{R}\sqrt{\frac{2k_c}{a}} \tag{6-16}$$

能得到

$$E^* = \frac{1}{r_a} = \frac{1 + \sqrt{1 + \dfrac{4\lambda}{I^*}}}{2} \tag{6-17}$$

式(6-17)显示一个随电流增大而衰减的电场(同时电压也如此)。狭长电弧的参数依变关系如图 6-2 所示。曲线 $E^* = f(I^*)$ 所呈现的负斜率，对于电弧放电现象是典型的，这导致运行中的一个困难。首先注意到随着电流 I^* 的下降，电场 E^* 的增长不会无限持续下去；当低到某个电流水平以下时，沉积到电极(特别是阴极)上的热功率将不足以维持热电子的发射，放电就转变成其他不同的模式，可能是一种“异常的辉光放电”。这种现象发生在电流为微安到毫安水平。

一条完整的电弧电压-电流(U-I)特性线表示在图 6-3 中，水平的长划虚线为输出电压为某一数值的恒压电源的电压-电流特性线，实线为单独的电弧电压-电流特性线。

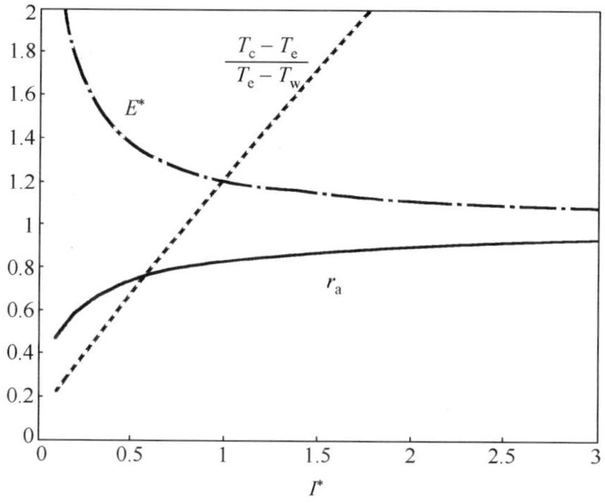

图 6-2　狭长电弧的参数依变关系($k_{out} / k_c = 1/2$)

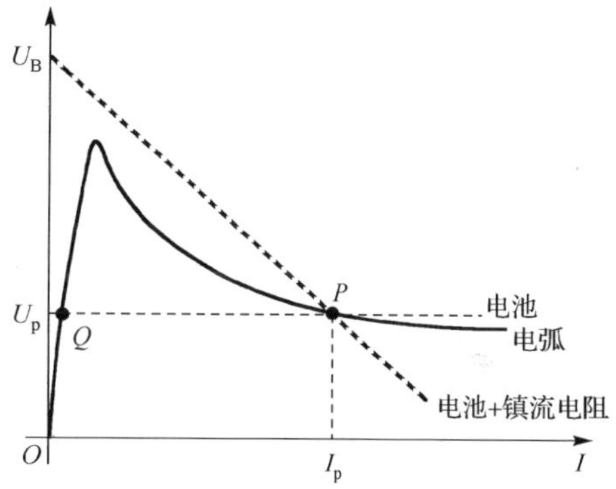

图 6-3　完整的电弧 U-I 特性线

比照图 6-3，若希望电弧发生装置工作在 P 点，假如只是简单地将两个电极连接到一个恒压电源(如一块电池)上，这样得到的电弧是不稳定的。这是因为，如果电流稍微增大，比 I_p 稍大一点，这个电弧现在将需要稍小一些的电压，这个电压比电源提供的端电压值 U_p 小；因此在电压 U_p 驱动下电流将继续增大，直到电源的极限，或者烧毁。反之，任何负方向的电流波动，都将导致弧电流快速地回退到稳定的工作点 Q 处，而此处是电流极小的状态。

一个解决方案是插入一个串联电阻 R_B (镇流电阻)，同时将电源的开路电压提高到 U_B 。现在电弧区所能得到的电压变成了 $U_B - R_B I$ ，电源的 U-I 线从上方切开电弧的 U-I 线，如图 6-3 中倾斜的短划虚线所示。重复前述分析，就发现现在 P 变成了稳定工作点。当然，在镇流电阻上耗散了功率 $I_p(U_B - U_p)$ ，这部分是无效功。然而，交流电(AC)驱动的电弧中，串接电感线圈可以实现高效率的镇流，如熟知的照明用荧光灯灯座中的“镇流线圈”。

作为替代方法，可使用电流可调的电源，只要它的调节速率足够高，工作范围足够宽。对于太空应用，采用高频固态开关调节器，能够以最小的损失(效率>90%)稳定电弧。一个串接电感线圈也有助于抑制波动谱中的高频分量。

6.3　平行气流中的狭长电弧

这是电弧推力器中出现的构型，如图 6-4 所示，自阴极以下气流呈轴对称结构。

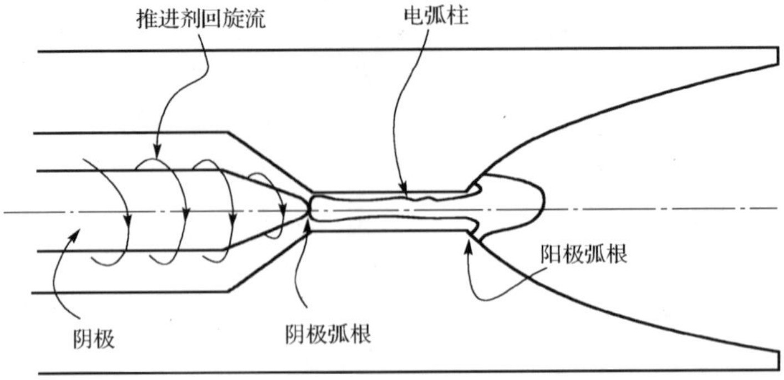

图 6-4　平行流中的电弧

在气流中的电弧，通过电弧内部热传导而到达其边缘的热量，被外围的气体以对流方式带走。与电弧接触的气体，在与电弧同轴流动的过程中被加热，其中一部分达到电离的阈值温度 T_e，成为电弧的一部分。这样，电弧随着距离延伸而径向增长，如同气体流过高温物体表面上时热边界层增长的情形一样。

以 $(\rho u)_e$ 标记电弧边界处（$r = R_a$）的轴向质量流密度。在距离 dx 内，电弧流中“新增”的质量流量就是

$$(\rho u)_e 2\pi R_a \frac{dR_a}{dx} dx$$

加热这部分气体，使它从温度 T_{out} 上升到 T_e 所吸收的热量，是由电弧耗散电功提供的。利用式(6-7)得

$$(\rho u)_e \cdot (2\pi R_a) \frac{dR_a}{dx} \cdot c_p (T_e - T_{out}) = 4\pi k_c \cdot (T_c - T_e) \tag{6-18}$$

为了估计 $(\rho u)_e$，现在进一步假设：在给定的 x 处，量 ρu^2 与 r 无关。这个假设缘于如下的观测结果：在平行无黏流中，量 $p + \rho u^2$ 沿着流线保持为常数，同时 p 本身与半径 r 无关。因此，随着压强 p 的下降，量 ρu^2 反而逐渐增大，且与 r 无关。尽管目前讨论的流动并非严格平行和无黏的，但这个近似(可从二维数值解得到验证)对于目前的分析已足够好。因此有

$$\rho u = \sqrt{\rho \cdot (\rho u^2)} = \frac{\sqrt{p \cdot (\rho u^2)}}{\sqrt{R_g T}} \tag{6-19}$$

式(6-19)表明质量流的大部分必定是占据外围的冷的气体流；因为式中的分子与半径无关，从而 ρu 与流线当地的温度的平方根成反比。由此给出

$$\frac{(\rho u)_e}{(\rho u)_{out}} = \sqrt{\frac{T_{out}}{T_e}} \tag{6-20}$$

现在的问题是如何计算电弧外围冷的缓冲气体的质量流密度 $(\rho u)_{out}$。最简单的可行近似是认为所有的气体流量由均匀的缓冲气流携载，即

$$(\rho u)_{\text{out}} \approx \frac{\dot{m}}{\pi(R^2 - R_{\text{a}}^2)} \tag{6-21}$$

由此给出电弧边界处的流量密度为

$$(\rho u)_{\text{e}} \approx \frac{\dot{m}}{\pi(R^2 - R_{\text{a}}^2)}\sqrt{\frac{T_{\text{out}}}{T_{\text{e}}}} \tag{6-22}$$

代入式(6-18)得

$$\frac{\dot{m}}{\pi(R^2 - R_{\text{a}}^2)}\sqrt{\frac{T_{\text{out}}}{T_{\text{e}}}} \cdot R_{\text{a}} \frac{\mathrm{d}R_{\text{a}}}{\mathrm{d}x} \cdot c_p(T_{\text{e}} - T_{\text{out}}) \approx 2k_{\text{c}} \cdot (T_{\text{c}} - T_{\text{e}}) \tag{6-23}$$

回顾式(6-6)，电弧核心与边界处的温度差取决于弧电流 I 和弧半径 R_{a}，给出

$$\frac{\dot{m}}{\pi(R^2 - R_{\text{a}}^2)}\sqrt{\frac{T_{\text{out}}}{T_{\text{e}}}} \cdot R_{\text{a}} \frac{\mathrm{d}R_{\text{a}}}{\mathrm{d}x} \cdot c_p(T_{\text{e}} - T_{\text{out}}) \approx 2k_{\text{c}} \frac{I}{\pi R_{\text{a}}\sqrt{2ak_{\text{c}}}} \tag{6-24}$$

整理得到弧半径沿轴线的发展方程为

$$\frac{R_{\text{a}}^2}{(R^2 - R_{\text{a}}^2)} \cdot \frac{\mathrm{d}R_{\text{a}}}{\mathrm{d}x} \approx \sqrt{\frac{2k_{\text{c}}}{a}} \frac{I}{\dot{m}c_p(T_{\text{e}} - T_{\text{out}})}\sqrt{\frac{T_{\text{e}}}{T_{\text{out}}}} \tag{6-25}$$

再次应用 I^* 与 r_{a} 进行无量纲化，并引入新的无量纲距离 x^*：

$$x^* = \frac{x}{x_{\text{ref}}};\quad x_{\text{ref}} = \frac{\dot{m}c_p}{2\pi k_{\text{c}}}\sqrt{\frac{T_{\text{w}}}{T_{\text{e}}}} \tag{6-26}$$

为什么取这种形式的 x^* 呢？注意参考电流的定义式(6-10)，式(6-25)右端整理为

$$\sqrt{\frac{2k_{\text{c}}}{a}} \frac{I}{\dot{m}c_p(T_{\text{e}} - T_{\text{out}})}\sqrt{\frac{T_{\text{e}}}{T_{\text{out}}}} = \frac{R \cdot I}{\sqrt{2ak_{\text{c}}}\pi R(T_{\text{c}} - T_{\text{w}})} \cdot \frac{2\pi k_{\text{c}}}{\dot{m}c_p}\sqrt{\frac{T_{\text{e}}}{T_{\text{w}}}}\sqrt{\frac{T_{\text{w}}}{T_{\text{out}}}}\frac{(T_{\text{e}} - T_{\text{w}})}{(T_{\text{e}} - T_{\text{out}})} \tag{6-27}$$

得到关于无量纲弧半径 r_{a} 沿轴线无量纲距离 x^* 的发展方程为

$$\frac{r_{\text{a}}^2}{(1 - r_{\text{a}}^2)} \cdot \frac{\mathrm{d}r_{\text{a}}}{\mathrm{d}x^*} = I^* \frac{(T_{\text{e}} - T_{\text{w}})}{(T_{\text{e}} - T_{\text{out}})}\sqrt{\frac{T_{\text{w}}}{T_{\text{out}}}} \tag{6-28}$$

因为 $T_{\text{e}} \gg T_{\text{w}}$，且 $T_{\text{w}} \approx T_{\text{out}}$，据此对式(6-28)从边界 $r_{\text{a}}(0) = r_{\text{a}0}$ 处积分得

$$x^* = \frac{1}{I^*}\left(\ln\sqrt{\frac{1 + r_{\text{a}}}{1 - r_{\text{a}}}} - r_{\text{a}}\right)\Bigg|_{r_{\text{a}}(0)}^{r_{\text{a}}(x^*)} \tag{6-29}$$

对于 $r_{\text{a}} \ll 1$ 的情况，式(6-29)等号右侧括号中的部分可用泰勒级数近似为 $r_{\text{a}}^3/3$，这指示电弧半径在接近上游(阴极)端的区域是快速增长的，因此允许近似地取 $r_{\text{a}}(0) \approx 0$，对长度的影响甚微。

剩下的重要问题是确定压强(要么是来自上游的总压 p_{t}，要么是约束管出口处的压强 p_{ce})，要求它在给定电流和约束管几何参数条件下实现流量 $\dot{m}$。对此，回忆前面假设：外层冷的气流携载全部的流量，并且它是未受扰动的，因为电弧热量还没有穿透进去。于是这是

在约束管 $\pi(R^2-R_a^2)$ 内亚声速的理想气体流动，并且若初始的喷管扩张足够充分，它将在约束管的出口达到声速状态。根据上游条件，用总压 p_t 和总温 T_t 表示临界状态的质量流量为

$$\dot{m}=\Gamma\frac{p_t}{\sqrt{R_g T_t}}\pi(R^2-R_{a,L}^2) \tag{6-30}$$

式中，系数 Γ 取值为

$$\Gamma=\sqrt{\gamma\left(\frac{2}{\gamma+1}\right)^{\frac{\gamma+1}{\gamma-1}}} \tag{6-31}$$

$R_{a,L}$ 代表电弧在约束管出口 $x=L$ 位置的半径。再次引入无量纲的质量流量：

$$\dot{m}^*=\frac{\dot{m}}{\dot{m}_{ref}},\quad \dot{m}_{ref}=\Gamma\frac{p_t}{\sqrt{R_g T_t}}\pi R^2 \tag{6-32}$$

式(6-30)用无量纲参数表示为

$$\dot{m}^*=1-r_{a,L}^2 \tag{6-33}$$

上述方程可用于设计或者分析模式。

(1)“设计”模式：给定 p_t、T_t、I、$\dot{m}$、R 等，找出需要的约束管长度 L（或者给定 L，要求 R）；

(2)“分析”模式：给定 T_t、I、$\dot{m}$、L、R 等，找出总压 p，进而可以确定推力。

示例

对于 H_2，取电弧中的电导率系数为 $a=0.8\text{S/(m}\cdot\text{K)}$，$T_c=7000\text{K}$，$k\approx 7\text{W/(m}\cdot\text{K)}$，以及 $c_p\approx 5\times10^4\text{J/(kg}\cdot\text{K)}$，若约束管的尺寸为 $R=1.25\text{mm}$，$L=8\text{mm}$，缓冲气体温度为 $T_t\approx T_w\approx 500\text{K}$，找出在工作状态参数为 $\dot{m}=0.1\text{g/s}$，$I=100\text{A}$ 的室压 p_t。由式(6-10)得

$$\begin{aligned}&I_{ref}=\pi\times1.25\times10^{-3}\text{m}\times\sqrt{2\times0.8\text{S/(m}\cdot\text{K)}\times7\text{W/(m}\cdot\text{K)}}\times(7000-500)\text{K}=85.4\text{A}\\&I^*=100\text{A}/85.4\text{A}=1.171\end{aligned} \tag{6-34}$$

由式(6-26)得

$$\begin{aligned}&x_{ref}=\frac{1}{2\pi}\times\frac{10^{-4}\text{kg/s}\times5\times10^4\text{J/(kg}\cdot\text{K)}}{7\text{W/(m}\cdot\text{K)}}\times\sqrt{\frac{500\text{K}}{7000\text{K}}}=0.0304\text{m}\\&x^*=8\text{mm}/30.4\text{mm}=0.263\end{aligned} \tag{6-35}$$

由式(6-29)得

$$0.263=\frac{1}{1.171}\left(\ln\sqrt{\frac{1+r_{a,L}}{1-r_{a,L}}}-r_{a,L}\right) \tag{6-36}$$

可以解得 $r_{a,L}=0.805$，由式(6-33)得

$$\dot{m}^*=1-(0.805)^2=0.352;\quad \dot{m}_{ref}=\frac{\dot{m}}{\dot{m}^*}=\frac{0.1\text{g/s}}{0.352}=0.284\text{g/s} \tag{6-37}$$

最后，$\Gamma(\gamma=1.4)=0.6847$，由式(6-32)得

$$\dot{m}_{\text{ref}} = 0.284\text{g}/\text{s} = \frac{0.6847 p_{\text{t}}}{\sqrt{\frac{8.314}{0.002} \frac{\text{J}}{\text{kg}\cdot\text{K}} \times 500\text{K}}} \pi \times (1.25 \times 10^{-3}\text{m})^2 \Rightarrow p_{\text{t}} = 1.202\text{atm} \qquad (6\text{-}38)$$

根据文献[1]，在上述条件下的实验测量值为 $p_{\text{t}} = 1.16\text{atm}$ ，模型预测值与之相当吻合。对于其他条件，重复上述计算得到结果如表 6-1 所示。

表 6-1　室压随推进剂流量变化的计算结果

$\dot{m}/(\text{g/s})$	I/A	$R_{\text{a}}/R(\text{calc})$	$p_{\text{t}}/\text{atm(calc)}$	$p_{\text{t}}/\text{atm(data)}$
0.1	100	0.805	1.20	1.16
0.2	100	0.686	1.60	1.80
0.3	100	0.616	2.05	2.55
0.1	60	0.717	0.87	0.97
0.1	150	0.870	1.74	1.28

如所预期，符合只是近似的，但是趋势完全一致。注意增大流量如何使电弧半径减小(更大的缓冲层密度，相近的被加热质量下更小的半径增长)。压强随着电流的增大也预测到了，但是模型夸大了这种效应。

6.4　电压与功率计算

轴向电场仍然与电弧半径关联， $E^* = 1/r_{\text{a}}$ ，在约束管内累积的电压为

$$U_{\text{con}} = \int_0^L E\text{d}x = E_{\text{ref}} x_{\text{ref}} \int_0^{L^*} E^* \text{d}x^* \qquad (6\text{-}39)$$

改变积分变量到 r_{a} ， $\text{d}x^* = \text{d}r_{\text{a}} / (\text{d}r_{\text{a}} / \text{d}x^*)$ ：

$$U_{\text{con}}^* = \frac{U_{\text{con}}}{E_{\text{ref}} x_{\text{ref}}} = \int_0^{r_{\text{a},L}} \frac{1}{r_{\text{a}}} \frac{r_{\text{a}}^2}{I^*(1-r_{\text{a}}^2)} \text{d}r_{\text{a}} \qquad (6\text{-}40)$$

积分结果为

$$U_{\text{con}}^* = \frac{1}{2I^*} \ln\left(\frac{1}{1-r_{\text{a},L}^2}\right) \qquad (6\text{-}41)$$

对电弧推力器建模的一个困难是确定电弧接触喷管壁的准确位置，这在很大程度上还是一个没有从理论上解决的问题。但是实验中通常观察到接触点恰好在约束管出口的下游，在流动的超声速部分。在这里，将只针对电压降的处理需要建立一个粗略的模型。

采用如下假设：在约束管出口之外，电弧的增大仅是由于通常的流动膨胀。

$$R_{\text{a}}(x > L) \approx R_{\text{a},L} \frac{R_{\text{N}}(x)}{R_{\text{c}}} \qquad (6\text{-}42)$$

同时，轴向电场仍满足式(6-4)，则在喷管扩张区的电势差为

$$\Delta U_{\text{noz}} = 2\sqrt{\frac{2k_{\text{c}}}{a}} \int_L^{x>L} \frac{\text{d}x}{R_{\text{a}}(x)} \qquad (6\text{-}43)$$

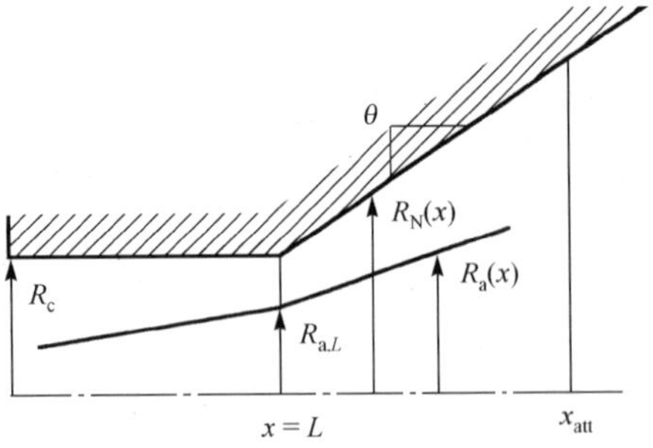

图 6-5　电弧接触喷管的位置

喷管扩张角固定，几何形状为 $dx = dR_N / \tan\theta$，θ 为喷管扩张半角(图 6-5)，结合式(6-42)给出

$$\Delta U_{noz} \cong 2\sqrt{\frac{2k_c}{a}}\frac{1}{r_{a,L}\tan\theta}\ln\left(\frac{R_{N,att}}{R_c}\right) \tag{6-44}$$

若能得到 $R_{N,att}$ 或者 x_{att} 的经验值，即可求得 ΔU_{noz}。

此外，在电弧的近阳极区，电子穿越冷的壁面边界层，这里的电阻很大(尽管欧姆加热确实提高此处的电子温度)。由此，必存在附加的压降，这一点也无法在本模型中反映。近似的经验值是

$$\Delta U_{an} = \begin{cases} 25\text{V} & （水冷却铜阳极） \\ 0\sim 10\text{V} & （非冷却阳极） \end{cases} \tag{6-45}$$

最后，在近阴极尖端区域也存在类似的压降，但是数值要小一些，这是由于从阴极上发射出来的电子需要获得足够高的能量来启动电离过程。这个阴极压降等于 1/2～1 倍的气体电离势：

$$\Delta U_{ca} = 6\sim 12\text{V} \tag{6-46}$$

示例

继续沿用 6.3 节的例子：H_2，$R_c = 1.25\text{mm}$，$L = 8\text{mm}$，$\dot{m} = 0.1\text{g/s}$，$I = 100\text{A}$，$T_t \approx T_w \approx 500\text{K}$。已经计算得到 $r_{a,L} = 0.805$，$I^* = 1.171$。假设喷管半张角 $\theta = 20°$，观测到电弧阳极弧根在喷管中的附着点位于约束管出口下游 4mm 处。

$$\frac{R_{N,att}}{R_c} = 1 + \frac{4\tan 20°}{1.25} = 2.165 \tag{6-47}$$

还得到 $x_{ref} = 0.0304\text{m}$，以及

$$E_{ref} = \frac{2}{R_c}\sqrt{\frac{2k_c}{a}} = 6693\text{V/m} \tag{6-48}$$

由式(6-41)～式(6-46)计算：

$$U_{con} = \frac{6693\text{V/m}\times 0.0304\text{m}}{2\times 1.171}\ln\left(\frac{1}{1-0.805^2}\right) = 90.7\text{V}$$

$$U_{noz} = 2\times\sqrt{\frac{2\times 7\text{W/(m}\cdot\text{K)}}{0.8\text{S/(m}\cdot\text{K)}}}\times\frac{1}{0.805\tan 20°}\ln(2.165) = 22.1\text{V}$$

$$\Delta U_{an} \approx 25\text{V}$$

$$\Delta U_{ca} \approx 8\text{V}$$

由此得到总电压为 $U = 145.8\text{V}$；文献[1]给出的实验结果是 148V。推力器吸收的功率是给定电流与计算的电压的乘积，$P = UI = 14.58\text{kW}$。

对于其他条件，重复上述计算，取阳极、阴极尖端压降合计约 33V，得到结果如表 6-2 所示。

表 6-2　各部位压降随推进剂流量变化的结果

$\dot{m}$ / (g/s)	I/A	U_{con}/V	U_{noz}/V	U_{tot}/V	U_{tot}/V(data)
0.1	100	90.7	22.1	145.8	148
0.2	100	110.5	25.9	169.4	180
0.3	100	124.3	28.8	186.2	203
0.1	60	104.5	24.8	162.3	160
0.1	150	81.9	20.4	135.3	142

6.5　推力计算

约束管出口附近、电弧附着点之后的截面上，气体温度是极不均匀的，并且这一温度分布特性将沿流管"遗传"下去。从这一点开始，每一流管都将理想地膨胀直到喷管出口压强 p_e。由于起始点具有一致的压强和马赫数(尽管温度不一样)，故出口压强也一样，马赫数亦相同。总的面积比(喷管出口/约束管出口)为

$$\frac{A_e}{A_{ce}} = \frac{1}{M_e}\left[\left(1+\frac{\gamma-1}{2}M_e^2\right)\frac{2}{\gamma+1}\right]^{\frac{\gamma+1}{2(\gamma-1)}} \tag{6-49}$$

式中，M_e 为出口马赫数。出口压强与滞止压强的联系为

$$\frac{p_t}{p_e} = \left(1+\frac{\gamma-1}{2}M_e^2\right)^{\frac{\gamma}{\gamma-1}} \tag{6-50}$$

用出口平面上的参数计算推力：

$$F = (\rho_e u_e^2 + p_e)A_e = p_e A_e(1+\gamma M_e^2) \tag{6-51}$$

按照热火箭推力系数的定义，表示为

$$c_F = \frac{F}{p_t A_{ce}} = \frac{p_e}{p_t}\frac{A_e}{A_{ce}}(1+\gamma M_e^2) \tag{6-52}$$

可以验证，这个表达式与相同出口马赫数或者面积比的普通热火箭喷管的推力系数一样(因为只是膨胀性能)。

然而，有趣的事情在于比冲 I_{sp} 或者特征速度 $c^* = I_{sp}/c_F$。质量流量用约束管出口截面(声速面)上的参数计算为

$$\dot{m} = \left(\int \rho u \mathrm{d}A\right)_{ce} = p_{ce}\sqrt{\frac{\gamma}{R_g}}\int\frac{\mathrm{d}A_{ce}}{\sqrt{T_{ce}}} \tag{6-53}$$

用面积加权平均的方式$\left(\langle\psi\rangle = \frac{1}{A}\int\psi \mathrm{d}A\right)$表示为

$$\dot{m}=\left(\int\rho u\mathrm{d}A\right)_{\mathrm{ce}}=p_{\mathrm{ce}}A_{\mathrm{ce}}\sqrt{\frac{\gamma}{R_{\mathrm{g}}}}\left\langle\frac{1}{\sqrt{T_{\mathrm{ce}}}}\right\rangle \tag{6-54}$$

对于给定的 p_{t} 和 A_{ce}，$F=c_F p_{\mathrm{t}} A_{\mathrm{ce}}$，与出口温度均匀的情形一样。但是式(6-54)表明流量受到温度分布不均匀性的影响，因此比冲 $I_{\mathrm{sp}}=F/\dot{m}$ 也受到影响。作为比较，考察受到均匀加热的气流，这里每单位质量利用了与非均匀受热的气流相同的功率，因此得到的均匀温度为非均匀气流的质量平均温度，即有 $\sqrt{T_{\mathrm{uf}}}=\left\langle\sqrt{T_{\mathrm{ce}}}\right\rangle$。这个假想的火箭具有比冲 $I_{\mathrm{sp,uf}}$，并且

$$\frac{I_{\mathrm{sp}}}{I_{\mathrm{sp,uf}}}=\frac{\dot{m}_{\mathrm{uf}}}{\dot{m}}=\frac{1/\sqrt{T_{\mathrm{uf}}}}{\left\langle\dfrac{1}{\sqrt{T_{\mathrm{ce}}}}\right\rangle}=\frac{1}{\left\langle\sqrt{T_{\mathrm{ce}}}\right\rangle\cdot\left\langle\dfrac{1}{\sqrt{T_{\mathrm{ce}}}}\right\rangle} \tag{6-55}$$

利用施瓦兹积分不等式可以一般性地证明，式(6-55)分母的项 $\left\langle\sqrt{T_{\mathrm{ce}}}\right\rangle\cdot\left\langle 1/\sqrt{T_{\mathrm{ce}}}\right\rangle\geqslant 1$。因此，电弧推力器总是获得比均匀加热低的比冲。这是一个推进领域非常一般性的原理的证明：当出流均匀时，单位输入功率产生最大的推力。

作为示例，设约束管出口截面中心的 1/2 面积上气流温度为 10000K，剩余部分的温度为 1000K，于是 $\left\langle\sqrt{T_{\mathrm{ce}}}\right\rangle=(\sqrt{10000}+\sqrt{1000})/2=65.8113883$，但是截面上平均的 $\left\langle 1/\sqrt{T_{\mathrm{ce}}}\right\rangle$ 为

$$\left\langle\frac{1}{\sqrt{T_{\mathrm{ce}}}}\right\rangle=\left(\frac{1}{\sqrt{10000}}+\frac{1}{\sqrt{1000}}\right)\Big/2=0.0208113883$$

$$\frac{I_{\mathrm{sp}}}{I_{\mathrm{sp,uf}}}=\frac{1}{65.8113883\times0.0208113883}=0.730$$

这表明产生了显著的比冲损失。

示例

回到前述的氢电弧推力器条件：$\dot{m}=0.1\mathrm{g/s}$，$I=100\mathrm{A}$，给定面积比为 $A_{\mathrm{e}}/A_{\mathrm{ce}}=100$，使用 $\gamma=1.35$ 表征部分加热的气流，由式(6-49)计算出口马赫数 $M_{\mathrm{e}}=6.338$；已经得到 $p_{\mathrm{t}}=1.20\mathrm{atm}$，计算出 $p_{\mathrm{e}}=0.0003887\mathrm{atm}$，于是推力 $F=1.0677\mathrm{N}$。

文献[1]给出的实验结果：$P=100\mathrm{A}\times148\mathrm{V}=14.8\mathrm{kW}$，$F=0.751\mathrm{N}$。模型给出过高的推力估计，可能与忽略了摩擦损失、边界层的阻塞等有关，在这种推力器中小雷诺(Reynolds)数下这些因素并非微不足道。

效率计算为

$$\eta=\frac{1}{2}\dot{m}I_{\mathrm{sp}}^2/P=\frac{1}{2}\frac{\dfrac{F^2}{\dot{m}}}{P}=\frac{1}{2}\times\frac{(1.0677\mathrm{N})^2}{10^{-4}\mathrm{kg/s}\times1.48\times10^4\mathrm{W}}=0.385$$

比冲计算为

$$I_{\mathrm{sp}}=\frac{F}{\dot{m}g}=\frac{1.0677\mathrm{N}}{10^{-4}\mathrm{kg/s}\times9.81\mathrm{m/s^2}}=1088\mathrm{s}$$

对于其他条件，重复上述计算，得到结果如表 6-3 所示。

表 6-3　推力器性能参数随推进剂流量变化的计算结果

$\dot{m}$/(g/s)	I/A	F/N(calc)	F/N(meas)	η / (calc)	I_{sp}/s(calc)
0.1	100	1.07	(0.75)	0.385	1088
0.2	100	1.42	(1.07)	0.563	725
0.3	100	1.82	(1.37)	0.819	619
0.1	60	0.77	(0.64)	0.312	789
0.1	150	1.55	(0.85)	0.563	1578

总体上预测的推力比测量数值都偏大，尤其是最后一行的大电流预测参数看来偏差太大。

参 考 文 献

[1] Glocker B, Auweter-kurtz M, Kurtz H L, et al. Medium power arcjet thruster experiments[C]// AIAA90-2531. 21st International Electric Propulsion Conference. 1990. Orlando FL.

思考与练习题

6-1　电弧推力器中，更容易受到烧蚀损坏的是阴极还是阳极，为什么？

6-2　对于某 H_2 工质电弧推力器，约束管部分半径 1.5mm，长度为 10mm，质量流量 $\dot{m}=0.1\text{g/s}$，电流 $I=120\text{A}$，$T_t \approx T_w \approx 500\text{K}$。试计算电弧在等截面约束段的电压降。

第 7 章　离子推力器

7.1　引　　言

离子推力器是目前两种发展得最好的电推进装置类型之一，其发展历史可上溯到 20 世纪 50 年代。1964 年 7 月，美国在一个亚轨道飞行器上验证了电子轰击式离子推力器的太空运行可行性[1]。离子推力器的发展得益于对物理实验室中使用的各种类型的离子源的不断改进，这些改进是在太空应用的高效、轻质及长寿命的要求驱动下取得的。

在 1973 年出版的 *Physics of Electric Propulsion*[2]一书中，讨论了多种类型的离子推力器，其区别主要在于离子产生机制。但是到今天，只有电子轰击式离子推力器、(欧洲的)射频离子推力器[3]、(日本的)微波离子推力器[4]得到实际应用，它们都采用惰性气体(氙、氪)作为工质。其他有趣的概念，如铯接触电离推力器等，大多被遗弃。另外，一种新型的装置——场发射静电推力器，加入了离子推力器的名册簿。

在上述同一时期，电子轰击式离子推力器本身也不断完善。最初推力器电离室呈相对深的圆柱筒形，腔内是由外部缠绕通电线圈产生的均匀磁场，原初电子由简单的金属丝式热阴极产生；发展到现在，推力器电离室的轴向长度变短，内部是由永磁体产生的极不均匀的磁场，采用具有等离子体桥的中空阴极作为原初电子源与中和器。文献[2]中引述的典型离子生成代价是：对 Hg，400～600eV，推进剂质量利用率 80%；而最近发展的环会切磁场推力器，使用氙作为推进剂，已经在与其先驱相同的质量利用率下，使离子生成代价降低到 116eV。这样的降低使采用无环境污染惰性气体的离子推力器达到高性能(比冲 3000s，工质利用率超过 80%)的设计目标成为可能。现在，这个领域的主要技术改进焦点是寿命(以在太空工作的小时数计算)与集成问题，而不是费用、物理原理或者其他重大的技术障碍。美国国家航空航天局(National Aeronautics and Space Administration，NASA)正在为其需要大速度增量(ΔV)的行星探测任务发展更大功率(数十 kW)和更高比冲(7000～8000s)的离子推力器，而实验室验证的电子轰击式离子推力器寿命已经可以达到 30000h。

7.2　工 作 原 理

离子推力器纯粹应用静电场加速重的带电离子，磁场只在电离室中起辅助作用。

根据电磁场理论，每一单位面积上的静电力(或者每一单位体积中的能量)只有 $\varepsilon_0 E^2/2$ 的量级，其中 $\varepsilon_0 = 8.8542\times10^{-12}$ F/m 为真空介电常数，E 是电场强度。由于真空击穿或者有限真空度导致短路的限制，典型的可保持最大电场强度在 10^6 V/m 量级，因此最大静电力密度约为 5N/m^2。推力密度小是静电场加速推力器的主要缺点之一。相比之下，在自感应磁场的磁等离子体推力器中，推力密度在 10^4 N/m^2 量级；在化学火箭发动机中，典型气压是 $10^6\sim10^7$ N/m^2。因此，离子推力器应该在简单性与效率方面补偿这些缺点。

离子推力器的主要组件在图 7-1 中表示出来。中性推进剂进入电离室，在这里发生电离的机制可以有几种(电子轰击、接触电离、射频电离等)。在稳定状态下，电离室内的气体可能只是弱电离的，但是离子会被选择性地提取出来。作为初步假设，可以认为只有离子和电子离开电离室。离子被大的电势差加速，这个电势差作用在穿孔的板(栅极)之间，它同时阻止电子穿过栅极。来自电离室的电子由阳极收集起来，这些电子的一部分需要在加速栅极的下游馈注给离子流。为达此目的，必须迫使电子进入加速器的大的负电势中(离子束也在这个电势的作用中)，这就需要通过某种电子发射装置(热灯丝、离子桥等)。净效应是产生一束随机混合(但不复合)的离子和电子的射流，平均效果上是电中性的，即等离子体束。粒子束动量流量的反作用形成装置的推力。

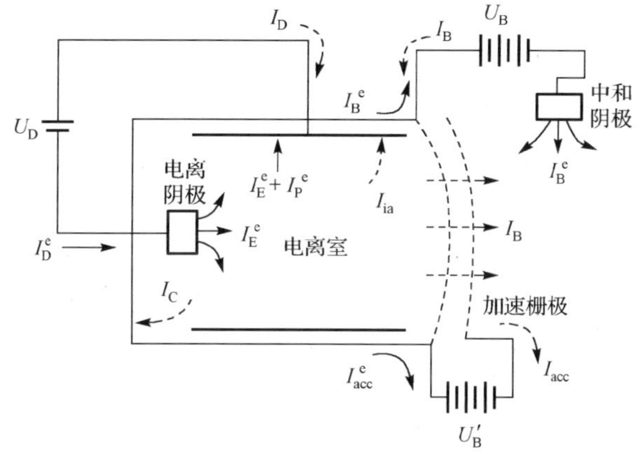

图 7-1　电子轰击式离子推力器中粒子流与电连接结构简化示意图

图 7-1 中，I_B 是离子束电流；I_E^e 是电离室阴极发射电子电流；I_P^e 是工质电离电子电流；I_D 是电离室电源放电电流；I_C 是到达电离室阴极电势面的离子电流；I_{ia} 是到达电离室阳极的离子电流；I_{acc} 是被加速栅极捕获的离子电流。注意图 7-1 中，当完美工作时，加速栅极既不收集离子也不收集电子，它的电源只施加一个静电场而不消耗功率。另外，连接中和器的电源必须输送在幅值上与离子束电流相等的电子电流，并且必须提供跨越这两端的全部电势降。因此，理想情况下中和器电源和等离子体放电室电源将消耗这个装置的全部电功率。

总之，在一台静电离子推力器中，主要的功能单元是电离室、加速栅极、中和器以及所需要的各电源。设计改进的绝大部分努力已经集中在电离室上，它控制着损失，也就是推力器的效率；其次是电源，它决定着推力器的质量和部件的数量。当然，加速栅极也是一个必不可少的部件，大部分努力都花费在减少偏斜离子对它的侵蚀、改善它的准直与提取能力等方面。有一个时期曾经认为中和器是一个关键项目，但是经验表明，只要设计得好，它不会出任何问题。

7.3　离 子 生 成

7.3.1　电子轰击式电离室中的物理过程

在电子轰击式电离室中，中性气体被直流放电(带电粒子定向运动现象)部分电离，放电电极的相对位置是需要特殊设计的。其中，所有阳极的功能均是接收电离过程中产生的电子

(图 7-1)。引起中性气体电离的原初电子则可以用不同的阴极产生，它可以是一段简单加热的钨丝，或者是一个长寿命的中空阴极管。阳-阴极电位差 U_D 选择在推进剂气体的电离截面的峰值附近，为电离能的 3～4 倍(对大部分气体，为 30～50V)。放电路径上的电势分布是极不对称的：电势降的绝大部分发生在阴极附近很薄的鞘层内，而整个等离子体团接近等电势，略微高于阳极的电势(通常阳极电流密度低于电子饱和水平，因此生成一个电子减速电压降)。

电离事件中，一部分是由接近单一能量水平(能量与 eU_D 相同量级)的原初电子引起的，另一部分是热化电子(能量呈麦克斯韦分布)引起的。热化电子由经历过一次电离碰撞的原初电子，以及在电离事件中脱离原子的价电子构成，通常只有几电子伏特的平均温度，因此只有少数的高能电子才具有超过电离能的能量，对电离过程有贡献。放电室自持工作状态下，热化电子的数密度明显超过原初电子，因此实际上两者的贡献处于相同量级。

设计希望两种电子最终被吸附到阳极上之前，在电离室内的停留时间尽量长。这个目标是采用合适构型的约束磁场来实现的。图 7-2～图 7-4 展示三种不同的磁场构型，其中只有后两种在今天还具有实际价值。应该注意到，磁场强度可能为 10～2000G($1G=10^{-4}T$)，这依赖类型和位置。

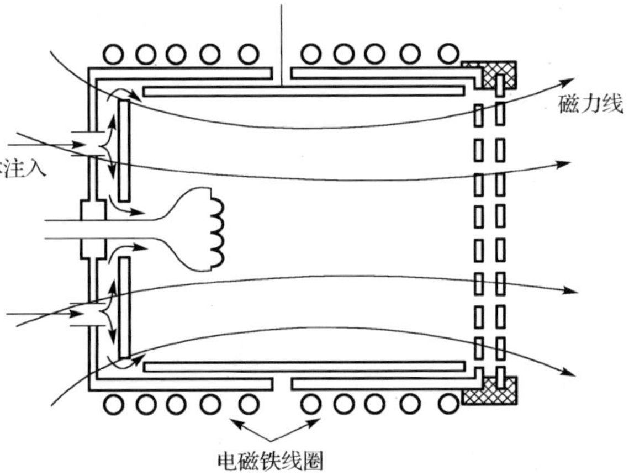

图 7-2　早期采用轴向磁场和热灯丝阴极的电离室示意图

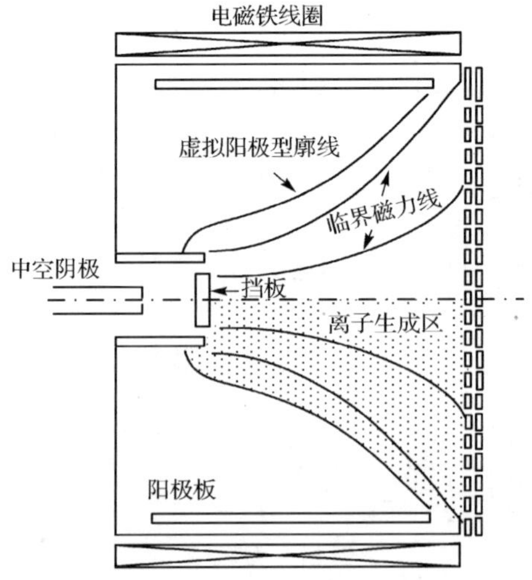

图 7-3　中空阴极被磁屏蔽的中等程度发散磁场电离室示意图

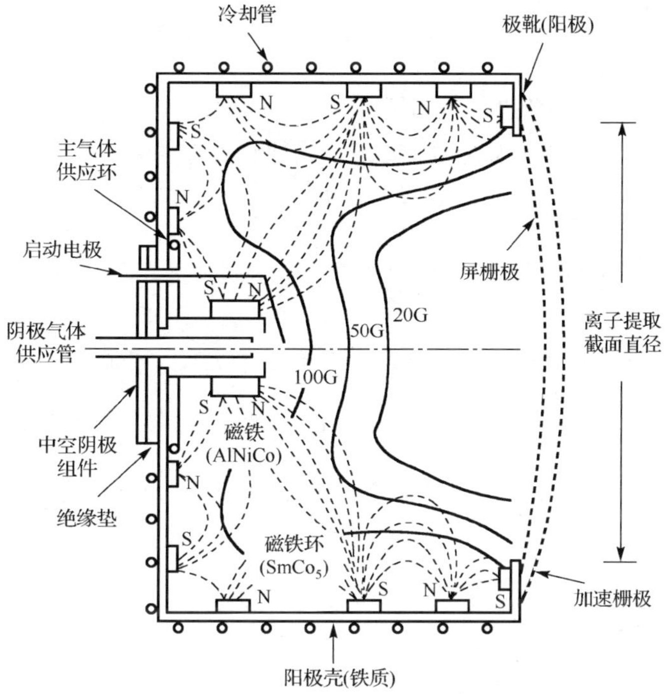

图 7-4　腔体为阳极的环会切磁场电离室示意图

放电室中活跃区域产生的离子只受到磁场很弱的影响，因此它们随机游走，在到达壁面的某个部位之前很少与中性原子发生碰撞。由于壁面(或者阴极本身)相对于等离子体都是负电位的，离子进入负电位鞘层的速度与所谓“玻姆速度”，或者称为“等温双极声速”处于相同量级：

$$u_B = \sqrt{\frac{k \cdot T_e}{m_i}} \tag{7-1}$$

并且在严格意义上的鞘层内进一步加速。那些恰巧到达提取孔鞘层的离子就成为离子束的一部分，但是那些到达固体壁面并与之相撞的离子都具有与鞘层相当的能量，它们常引起溅射和响声，并被中和，以中性成分的状态返回等离子体中，在其中它们再次面临电离或者激发过程。

7.3.2　损失的种类

既然电子-离子的复合对推力器的推力产生没有贡献，就希望以最小的能量代价产生离子。这个代价有一个极限最小值，这就是每个束离子的电离能，汞(Hg)是 10.5eV，氩(Ar)是 15.8eV，氙(Xe)是 12.1eV。而实际上，每个束离子的能量代价是 100～400eV 或更大。额外能量损失的源可以从前述部分对电离过程的描述中识别出来。

(1) 部分原初电子没有与中性原子发生电离碰撞，直接到达阳极并且释放了它们的能量(能量大小与 eU_D 相同量级)。

(2) 热电子到达阳极并且带有数电子伏特的能量。

(3) 落到阴极电势面上的离子将自身的动能损失给阴极电势表面，并且它们也损失了使它们电离的能量。

(4) 亚稳态的受激原子在与壁面的碰撞中损失了激发能。

(5) 短期存在的受激发原子发出电磁辐射，这种能量通常直接损失。

与上述类别不同的一种能量损失是用于加热阴极电子发射器的能量，或者对于汞(Hg)还包括加热汽化器和腔壁的能量。最后，并非所有注入的气体都以离子(其份额值η_u称为“工质利用率”)的形式离开推力器，在最好的情况下，η_u的值在75%～95%。

检查工质利用率η_u与电离室内等离子体的电离度α之间的关系很有益。若n_e为等离子体中心处的电子(对一阶电离过程等价的也是离子的)数密度，被提取的离子通量近似为

$$\Gamma_i = n_e \cdot u_B \cdot \phi_s \cdot \exp^{\left(-\frac{1}{2}\right)} \approx n_e \cdot u_B \cdot \phi_s \tag{7-2}$$

式中，u_B依式(7-1)计算；ϕ_s是开孔所占屏栅极的面积份额；$\exp^{\left(-\frac{1}{2}\right)}$是速度$u_B$处的离子数密度相对于中心处的比例。因为冷的离子(相对于电子而言)达到玻姆速度(离子声速)时，其所处位置的电势相对于等离子体为$-kT_e/(2e)$，该处离子数密度为$n_e \exp\left(\frac{e}{kT_e}\cdot\frac{-kT_e}{2e}\right) = n_e \cdot \exp^{\left(-\frac{1}{2}\right)}$。对于等离子体，取$\exp^{\left(-\frac{1}{2}\right)} \approx 1$对结果没有影响。

通过相同总面积上的中性粒子的通量，是单方向上的粒子随机通量与开孔面积的乘积：

$$\Gamma_n = n_n \cdot \frac{\overline{c_n}}{4} \cdot \phi, \quad \overline{c_n} = \sqrt{\frac{8}{\pi}\frac{kT_n}{m_i}} \tag{7-3}$$

式中，$\overline{c_n}$是中性粒子的平均热速度；T_n是中性气体温度；ϕ是栅极组合的开孔面积份额，反映这样的事实：中性粒子与离子不同，不会向加速栅极的开孔聚焦，因而运动方向是随机的。若以ϕ_s、ϕ_a分别表示屏栅极和加速栅极的几何开孔面积份额，它们满足关系式：

$$\frac{1}{\phi} = \frac{1}{\phi_s} + \frac{1}{\phi_a} - 1 \tag{7-4}$$

由离子与中性粒子的通量比的关系式整理得

$$\frac{\alpha}{1-\alpha} = \frac{\phi}{\phi_s\sqrt{2\pi}}\sqrt{\frac{T_n}{T_e}}\frac{\eta_u}{1-\eta_u} \tag{7-5}$$

式中，$\alpha = n_e/(n_e+n_n)$，$\eta_u = \Gamma_i/(\Gamma_i+\Gamma_n)$。作为示例，利用J系列氙离子推力器的数据[5]。若$\phi_s = 0.67$、$\phi_a = 0.24$，因此$\phi = 0.215$；若取$T_e = 70000\text{K} = 6.03\text{eV}$，$T_n = 400\text{K}$（电离室壁面温度)，以及$\eta_u = 0.8$(通常的工作点)，即得到$\alpha = 0.0372$，这就是说，以3.72%的离子密度份额保证了80%的离子通量份额。

7.3.3 电子扩散与约束

在磁通量密度为B的磁场中，电子的回旋半径(拉莫半径)为

$$r_L = \frac{mu}{eB} \tag{7-6}$$

一个能量为6eV的电子在100G的磁场中，回旋半径只有1mm(用电子的平均热运动速

率 $\overline{c}_e \approx 1.64\times10^6\,\text{m/s}$ 计算）；即使能量高达 30～50eV 的原初电子，在同样磁场中的回旋半径也只有 2～3mm。

使用钐-钴磁铁，在会切处的磁通量密度可以达到 0.2～0.4T，离子的回旋半径可以与会切的尺度相比拟，离子也是部分约束的。

示例：

$$B = 0.2\text{T} \quad u_i \approx 250\text{m/s} \quad \text{Xe}: \ r_{\text{L-i}} = \frac{2.180\times10^{-25}\text{kg}\times250\text{m/s}}{1.602\times10^{-19}\text{C}\times0.2\text{T}} = 1.7\text{mm} \tag{7-7}$$

通过这些数字，能够想象到的画面是：电子被磁力线紧密地导引着，但是它们沿着这些磁力线有很大的机动性，除了在端点——提取器或者负鞘层——在这里它们将沿着磁力线反射回去。终止于阳极的磁力线如同电子的“排水沟”一样，引导电子流出——上面仅余低能的被反射回来的电子。因此，与实际阳极相交的最外侧的磁力线围成的面形成了“虚拟阳极”（图 7-3），因为到达这个面的电子具有很高的阳极捕获率。类似地，“临界场线”划定阴极（原初）电子可以直接到达的区域。次生电子在如图 7-3 所示的阴影区域产生，这是由原初电子从直接可到达区域扩散出来时产生的。于是，原初电子与次生电子都必须进一步扩散到虚拟阳极表面，然后才被收集。类似的概念适用于会切磁场构型，如图 7-4 所示。很明显，在会切磁场构型中只有非常接近会切点的区域才能起到活跃阳极的作用，“虚拟阳极”具有复杂的多扇形构型。

如果横跨磁力线的扩散仅受经典碰撞机制控制，那么它将是极其缓慢的。下面进行分析。

对上一节所用同一示例（J 系列氙离子推力器[5]），应用：

$$\Gamma_i = \frac{I_B}{e\dfrac{\pi}{4}D^2} \tag{7-8}$$

代入参数 $I_B = 4.06\text{A}$ 以及 $D = 28.3\text{cm}$，用方程(7-2)计算出 $n_e = 2.85\times10^{17}\,\text{m}^{-3}$，因此通过 α，得出 $n_n = 7.38\times10^{18}\,\text{m}^{-3}$。估计离子与中性粒子之间有效的碰撞截面为 $Q_{in} = 10\cdot(\pi a_0^2) \approx 10^{-19}\,\text{m}^2$（氢原子半径为 $a_0 = 5.29\times10^{-11}\,\text{m}$），则离子的平均自由程为 $\lambda_i = 1/(n_n\cdot Q_{in}) = 1.36\text{m}$，因此离子与中性粒子之间的碰撞确实是稀少的。

电子-离子碰撞截面近似为 $Q_{ei} = 6.5\times10^{-17}/T_e^{\,2}(\text{eV}) = 1.79\times10^{-18}\,\text{m}^2$，电子平均自由程是 1.96m，可见带电粒子之间的碰撞同样稀少。

对于 6eV 的电子（平均热动速率 $\overline{c}_e \approx 1.64\times10^6\,\text{m/s}$），如果它处在弱电离气体中且无磁场存在，如前面数据，平均自由程 $\lambda_e = 1\sim2\text{m}$；按照经典碰撞机制给出的标量扩散系数为

$$D_{\text{o,class}} \approx \frac{kT_e}{m\nu} = \frac{\langle u^2\rangle}{3\nu} \approx \frac{1}{3}\lambda_e\overline{c}_e \approx 5\times10^5\,\text{m}^2/\text{s} \tag{7-9}$$

式中，$\nu \approx \overline{c}_e/\lambda_e \approx 10^6\,\text{s}^{-1}$ 是碰撞频率。

当它处在强度为 100G 的磁场中时，回旋半径 $r_L \approx 1\text{mm}$。由于电子在围绕磁力线做回旋运动时不断经历碰撞，每次碰撞后会改变运动方向，从而导致回旋中心移动。这种移动是垂直于磁力线的、随机的，由此导致横跨磁力线的扩散过程。上述移动距离的平均值为一个回旋半径，由于电子平均自由程与回旋半径之比 $\lambda_e/r_L = \overline{c}_e/(r_L\cdot\nu) = \omega_c/\nu \approx 1000$，因此横跨磁力线的扩散是缓慢的。在磁场中的横向扩散系数表示为

$$D_{\text{cross}} = \frac{D_{\text{o,class}}}{1+(\omega_{\text{c}}/\nu)^2} \approx \frac{D_{\text{o,class}}}{(\omega_{\text{c}}/\nu)^2} = \frac{\pi}{8} r_{\text{L}}^2 \cdot \nu \approx 0.5\text{m}^2/\text{s} \tag{7-10}$$

注意到扩散系数可写为 $D=(\Delta x)^2/\tau$，其中 Δx 是随机步长，$\tau = 1/\nu$ 是每步的时间长度，因此粗略来讲，电子横向扩散通过 $l = 1\text{cm}$ 距离的时间为 $t \approx l/r_{\text{L}} \cdot (1/\nu) \approx 10^{-5}\text{s}$。作为比较，原初电子(能量约 50eV)在两次电离碰撞之间的时间为

$$t_{\text{ion}} = (Q_{\text{ion}} \cdot n_{\text{n}} \cdot \nu)^{-1} = (10^{-20}\text{m}^2 \times 10^{19}\text{m}^{-3} \times 5\times10^6\text{m/s})^{-1} \approx 2.0\times10^{-6}\text{s} \tag{7-11}$$

这表示磁场对原初电子确实起到了很好的约束作用。

但实验表明，伴随放电的微扰动具有大幅度提高电子散射率的效应，因此会增强横向扩散。玻姆首次建议了广泛应用的经验公式：

$$D_{\perp} = \frac{kT_{\text{e}}}{16\text{e}B} \tag{7-12}$$

这个公式是不加推导提出的，其系数 16 前应乘一个不确定性因子 $\alpha = 2 \sim 3$，文献[6]和[7]证实了式(7-12)对于所研究的离子推力器工况的有效性。对于 6eV 的电子在 100G 的磁场中，应用式(7-12)给出 $D_{\perp} \approx 37\text{m}^2/\text{s}$，70 倍于经典数值。这样通过 1cm 距离的时间将缩短到 10^{-6}s，与电离的时间处在同一量级。如图 7-4 中的等值线所示，在会切型约束磁场电离室内，外缘部分的磁场超过了 100G 的水平(实际上在所用的钐-钴永磁体的表面，磁通量密度高达 3000G)。

因此，电子能够在整个放电的“离子生成核心”区域快速扩散，但是在接近外壁时，它们的扩散就相当程度地慢下来，这样导致了高效率的电离过程。

7.3.4　离子产生速率

从微观状态看，每单位体积中的离子产生速率，应表示为中性粒子的各种可电离的激发态与其相应电离速率系数乘积之和。对同一个可电离的激发态，还需要区分适用于原初电子和热化电子的速率系数。在文献[8]中，其结果综合写为 $n_{\text{m}}\nu_{\text{i}}$，而电离频率 ν_{i} 表示为

$$\nu_{\text{i}} = \sum_j n_j \left[\frac{n_{\text{p}}}{n_{\text{m}}} P_j^{\text{i}}(E_{\text{p}}) + Q_j^{\text{i}}(T_{\text{m}}) \right] \tag{7-13}$$

式中，E_{p} 是原初电子能量；T_{m} 是热化电子温度；n_{p} 和 n_{m} 分别是原初电子和热化电子的数密度；n_j 是中性粒子的第 j 个可电离激发态的数密度；P_j^{i} 和 Q_j^{i} 分别是由原初电子和热化电子引发的第 j 个可电离激发态的电离速率系数。这些系数的表达式在文献[8]中以各种电离截面的形式给出。对于整体建模，更方便的办法是引入离子生成的活跃空间 V_{p}（m^3），定义一个“离子生成电流”：

$$I_{\text{p}} = \text{e} \cdot n_{\text{m}} \cdot \nu_{\text{i}} \cdot V_{\text{p}} \tag{7-14}$$

不同种类原子的电离计算是类似的，并且也适用于多电荷离子的电离现象[6,7]。文献[6]给出了在各种推进剂中的双离子电流的预测关联式，并给出与实验数据的比较。实验数据和理论都表明，双、单电荷离子通量的比值 $r = I^{++}/I^{+}$，对于一种给定的推进剂，仅仅是推进剂利用效率 η_{u} 的函数。图 7-5 中的数据引自文献[5]，适合于首次由 Sovey[9]引进的环会切构

型离子推力器，显示所有惰性气体几乎落在同一条曲线上，汞有更高的双离子份额。图 7-5 中给出的推进剂利用效率是采用测量到的总束电流计算的，可能大于 1。

$$\eta_u = \frac{I_B}{I_{TOT}} = \frac{I^+ + I^{++}}{e\dot{m} / m_i} \tag{7-15}$$

实际的带电与不带电的粒子的通量之比为

$$\eta_u = \frac{\dot{n}_+ + \dot{n}_{++}}{\dot{n}_{TOT}} = \frac{I^+ + \frac{1}{2} I^{++}}{I_{TOT}} \tag{7-16}$$

因此应该给采用束电流计算的推进剂利用效率数值添加一个校正因子：

$$\beta = \frac{1 + \frac{1}{2} r}{1 + r} \tag{7-17}$$

类似地，双离子的存在也减小了推力，减小的因子是[5]

$$\alpha = \frac{1 + \frac{1}{\sqrt{2}} r}{1 + r} \tag{7-18}$$

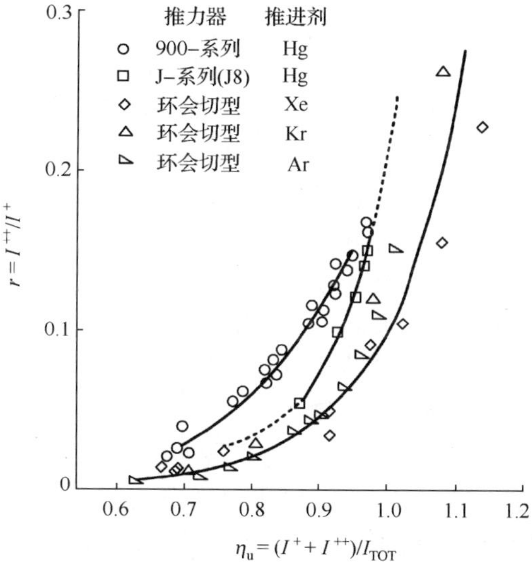

图 7-5　双、单电荷离子电流比率作为测量的推进剂效率的函数

在这部分的最后，讨论器件的电荷通量平衡，包括外壳–阴极–屏栅极(这些部分连成一体并处于阴极电位)和阳极。这对于后续章节的建模是有用的。

等离子体中总的离子电流生成速率称为 I_P，同时产生等幅值的电子电流，这些电子必须通过阳极来抽空。此外，阳极还必须抽空阴极发射的电子电流 I_E。这两部分合起来构成“放电电流”：

$$I_D = I_P + I_E \tag{7-19}$$

放电电源在阳极和阴极之间维持电压U_D和电流I_D，因此消耗电功率$U_D I_D$。

在所生成的离子电流(I_P)中，一股电流I_B被提取出来形成离子束电流，同时一小股电流I_{acc}被加速栅极截获。要被平衡的就是那些损失到阴极电势面(阴极-屏栅极-外壳)的离子电流：

$$I_C = I_P - I_B - I_{acc} \tag{7-20}$$

通过放电电源回到阴极电势结构的电子电流是I_D。电子也被排出放电电源：通过阴极本身被发射出去的I_E；以及通过中和器电源，这部分被送到中和器的电子电流等于离子束电流I_B；还有一小部分通过加速栅极电源来中和截获的离子电流I_{acc}。设置总的正向电荷增益速率为0，即

$$(I_P - I_B - I_{acc}) - I_D + I_E + I_B + I_{acc} = 0 \tag{7-21}$$

完全符合电荷平衡。

7.4　离子提取和加速

7.4.1　离子提取

为了阻挡那些没有对准加速孔的离子的侵蚀，在电离腔的等离子体与加速栅极(accelerator grid)之间增加一层屏栅极(screen grid)，屏栅极的孔与加速栅极的孔之间一一对正。屏栅极的材料通常是高熔点金属或者碳基材料，置于悬浮电位或者与等离子体发生器的阴极同电位，使游离出来撞到屏栅极的离子动能小，引起的溅射小。

由屏栅极和加速栅极的一对相互对准的孔形成的离子提取和加速通道示意性地表示在图7-6[10]中。由强阴性加速栅极产生的静电场(典型值屏栅极相对共地端电位为1000V，加速栅极电位相对共地端为–180V)，穿过屏栅极的孔稍微渗透到等离子体中。这是有利的，原因在于等离子体表面的这种凹陷提供了一种聚焦效应，有助于减少直接撞击到加速栅极上的离子数目。其结果是产生了成百上千的离子束的阵列，它们经过一小段距离后在下游被中和。图7-6中的电势分布表明，屏栅极的电势稍微低于腔中等离子体电势。典型情况是等离子体电势接近电离室的阳极电势，而屏栅极处于阴极的电势(低30～60V，将在后面给出)。由此保证那些在提取栅极附近随机游荡的离子沿着它的加速电场方向下滑，同时电子(即使那些具有阴极-阳极电势差全部能量的电子)约束在电离室内部。远下游的电势基本上等于中和器的电势，只要它的电子发射能力足够强。可以发现这个电势是高于加速栅极的，目的是阻止中和器的电子穿过加速系统而回流。此外，使"总电压"U_T大于"净电压"U_N，系统的离子提取能力提高了，但是被加速离子的最终速度没有改变(如果U_N是固定的)。在某些设计中，增加了第三个栅极("减速栅极")，来更加精密地限定和控制U_N，并且中和器被设定到大约与这第三个栅极相同的电势。三栅极离子推力器的电连接结构如图7-7所示。在这个推力器构型中，高压偏置电源(称为"屏栅极电源")连接到放电室的阳极和共地端之间。

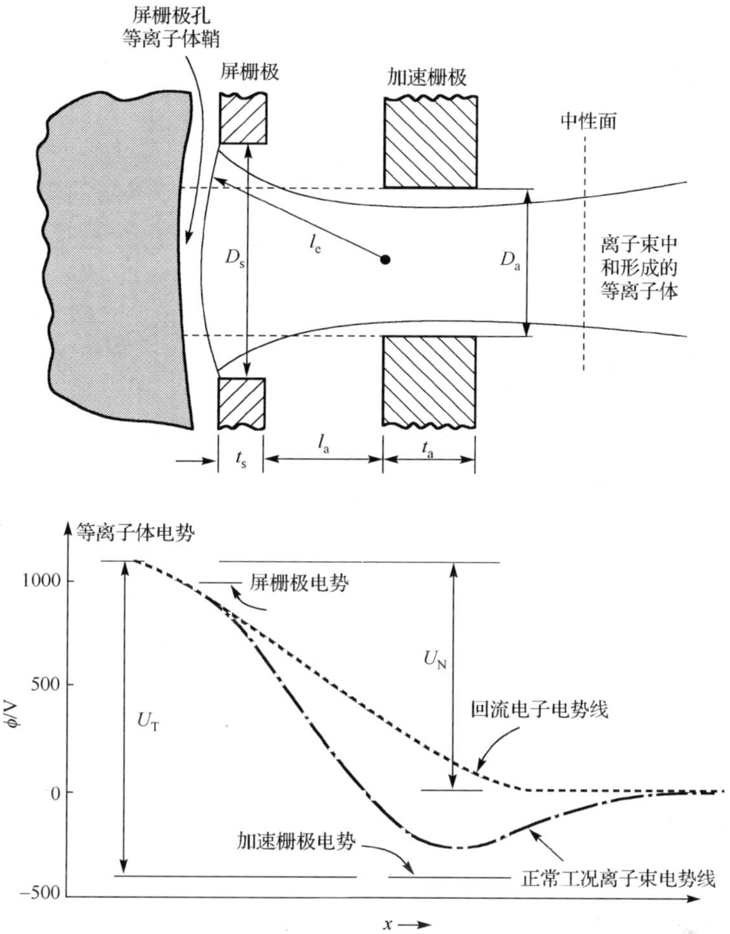

图 7-6　经典的双栅极加速系统构型与电势分布

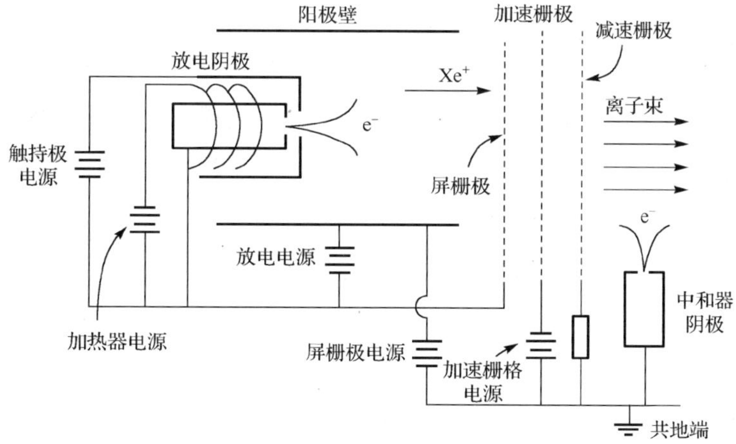

图 7-7　改进的三栅极离子推力器电连接结构示意图

7.4.2　离子加速一维模型

分析离子提取与加速通道中电场与流场三维结构是很困难的。然而，将具有三维结构的离子束流理想化成单一等效的一维束流，却是简单和有启发意义的，其结果就是经典的Child-Langmuir 空间电荷限制的电流方程(Child 与 Langmuir 各自导出该方程)。方程推导参考图 7-8，描述中采用 u 表示速度。

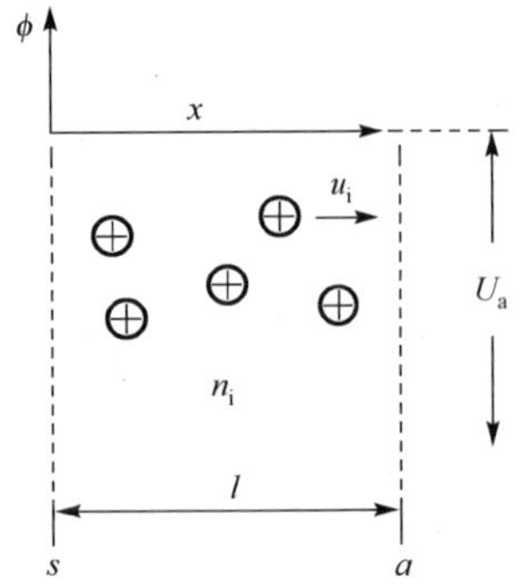

图 7-8　理想化的一维提取和加速系统

(1) 根据一维假设，电场只沿着轴线方向；电位移散度即电位移在轴线方向的梯度等于自由电荷的体密度 $\varepsilon_0(\mathrm{d}E/\mathrm{d}x)=\mathrm{e}\cdot n_i$；电势沿电场强度的负方向升高，$E=-(\mathrm{d}\phi/\mathrm{d}x)$。故加速间隙中的电势方程为

$$\frac{\mathrm{d}^2\phi}{\mathrm{d}x^2}=-\frac{\mathrm{e}n_i}{\varepsilon_0} \tag{7-22}$$

(2) 离子(电流密度)连续性方程：

$$\mathrm{e}n_i u_i = j = \mathrm{const} \tag{7-23}$$

(3) 离子在静电场中的自由降落速度：

$$u_i=\sqrt{\frac{2\mathrm{e}(-\phi)}{m_i}} \tag{7-24}$$

组合上述方程得到一个关于 $\phi(x)$ 的二阶非线性微分方程，其边界条件是

$$\phi(0)=0,\quad \phi(x=l)=-U_a \tag{7-25}$$

此外，还强制在屏栅极处的电场为 0，即

$$\left(\frac{\mathrm{d}\phi}{\mathrm{d}x}\right)_{x=0}=0 \tag{7-26}$$

这是因为(假如离子源产生离子的速率足够大)，一个相对负的屏栅极电场将吸取更多的离子，这将在屏栅极与加速栅极之间的空隙中增加“在运输状态”的正空间电荷，从而将减弱所呈现的负屏栅极电场。当这个电场被驱使到接近 0 时，离子流增大的过程将停止(正电场将阻塞离子流)。在这一物理点上，栅极提取的电流密度达到一个最大值，这称为“空间电荷限制”。

三个边界条件加上后，积分方程(7-22)、式(7-24)得到电势分布 $\phi(x)$ 与电流密度 j，结果是

$$\phi(x)=-U_a\left(\frac{x}{l}\right)^{4/3} \tag{7-27}$$

$$j=\frac{4\sqrt{2}}{9}\varepsilon_0\left(\frac{\mathrm{e}}{m_i}\right)^{1/2}\frac{U_a^{3/2}}{l^2} \tag{7-28}$$

$$E(x)=\frac{4}{3}\frac{U_a}{l}\left(\frac{x}{l}\right)^{1/3} \tag{7-29}$$

[求解提示：引入中间变量 $\theta=\sqrt{-\phi}$ ，得到 $\phi'=-2\theta\cdot\theta'$ ，以及 $\phi''=-2(\theta')^2-2\theta\cdot\theta''$ ；由此得到等效方程为： $\theta^2\cdot\theta''+\theta\cdot(\theta')^2-j\sqrt{m_\mathrm{i}/(2\mathrm{e})}/(2\varepsilon_0)=0$ 。]

方程(7-29)尤其表明，在 x=0 处电场为 0(强制条件)，并且在 $x=l$ ，加速栅极处电场为 $E=(4/3)U_\mathrm{a}/l$ 。这允许计算间隙中单位面积离子束流上净的电作用力，这就是作用在“板”的两表面上的电压力之差：

$$\frac{F}{A}=\int_0^l\rho_\mathrm{ch}E\mathrm{d}x=\int_0^l\varepsilon_0\frac{\mathrm{d}E}{\mathrm{d}x}E\mathrm{d}x=\frac{1}{2}\varepsilon_0E^2\bigg|_0^l=\frac{1}{2}\varepsilon_0\left(\frac{4}{3}\frac{U_\mathrm{a}}{l}\right)^2=\frac{8}{9}\varepsilon_0\frac{U_\mathrm{a}^2}{l^2}\tag{7-30}$$

式中， ρ_ch 是电荷体密度，电荷密度与空间电场关联为 $\rho_\mathrm{ch}=\nabla\cdot(\varepsilon_0\boldsymbol{E})$ 。假设在其他区域没有力作用于离子(经过加速栅极之后的电势是平坦的)，此即推力器单位面积上产生的推力。

有趣的是，利用经典的火箭推力公式也能得到相同的结果。单位面积上的质量流量：

$$\frac{\dot{m}}{A}=j\frac{m_\mathrm{i}}{\mathrm{e}}\tag{7-31}$$

离子流出的速度为

$$u_\mathrm{i}=\sqrt{2\frac{\mathrm{e}U_\mathrm{a}}{m_\mathrm{i}}}\tag{7-32}$$

因此推力密度为

$$\frac{F}{A}=\frac{\dot{m}}{A}u_\mathrm{i}=j\frac{m_\mathrm{i}}{\mathrm{e}}\cdot\sqrt{2\frac{\mathrm{e}U_\mathrm{a}}{m_\mathrm{i}}}=\underbrace{\frac{\cancel{m_\mathrm{i}}}{\cancel{\mathrm{e}}}\frac{4\sqrt{2}}{9}\varepsilon_0\sqrt{\frac{\mathrm{e}}{\cancel{m_\mathrm{i}}}}\frac{U_\mathrm{a}^{3/2}}{l^2}}_{=j}\cdot\sqrt{\frac{2\cancel{\mathrm{e}}\cdot U_\mathrm{a}}{\cancel{m_\mathrm{i}}}}=\frac{8}{9}\varepsilon_0\frac{U_\mathrm{a}^2}{l^2}\tag{7-33}$$

将得到的 Child-Langmuir 空间电荷限制的电流方程(7-28)代入式(7-33)恰好是式(7-30)的结果。

对于一种给定的推进剂(m_i)和比冲($c=u_\mathrm{i}$)，作用在加速器上的电压是固定的：

$$U_\mathrm{a}=\frac{m_\mathrm{i}c^2}{2\mathrm{e}}\tag{7-34}$$

由方程(7-30)可见，增大推力密度的途径之一是减小栅极间隙。如前所述，这条途径受到最终的弧击穿，甚至，栅极形状翘曲或者变形导致的机械短路的限制。对于直径 10～50cm 的推力器，栅极间隙要保持在 0.5～1mm。

增大推力密度的另一条途径是增大离子的质量 m_i ，这样就可以提高加速电压[方程(7-34)]，允许装配的栅极间隙稍大些；假如栅极间隙仍可以控制得小，就可以得到更大的推力[方程(7-30)]。除了提高推力密度，更大的离子质量也会降低给定离子生成代价 $\Delta\phi$ 在总消耗能量中的比例，因而提高推力器的效率。

现在返回方程(7-28)，想象一个直径为 D 的束流，预测的离子电流为

$$I=\frac{\pi}{4}\frac{4\sqrt{2}}{9}\varepsilon_0\left(\frac{\mathrm{e}}{m_\mathrm{i}}\right)^{1/2}\left(\frac{D}{l}\right)^2U_\mathrm{T}^{3/2}=P\cdot U_\mathrm{T}^{3/2}\tag{7-35}$$

式中，P 称为提取系统的“导流系数”。方程(7-35)表明，导流系数应该以无量纲数 $(D/l)^2$ 为

尺度来缩放，如此使得两个大小不一样的系统能提取相同的电流，如其中一个是另一个尺寸的两倍，但是它们的直径与栅极间隙保持相同的比例。

7.4.3　减速栅极的影响

离子穿过加速栅极以后的减速(通过减速栅极或者中和器电势的相对提高)的效应，可以方便地集成在这个一维模型中。对于通常的构型，屏栅极-加速栅极两者的间隙仍然控制离子电流[如方程(7-28)中，U_{T}替换U_{a}，l_{a}替换l]。这是因为在加速栅极和真实的或者虚拟的减速栅极之间的第二个间隙(符号表示为l_{d})中，平均的离子速度很高(因此平均的离子密度低)，故这里不存在静电壅塞。加速-减速电势的分布图像示意性地表示在图 7-9 中，注意减速栅极间隙中电势斜率是正值。更具体而言，方程(7-28)仍然控制着电流，只要：

$$\frac{l_{\mathrm{d}}}{l_{\mathrm{a}}}<\left(1+2\sqrt{R}\right)\sqrt{1-\sqrt{R}};\quad R=\frac{U_{\mathrm{N}}}{U_{\mathrm{T}}} \tag{7-36}$$

(例如，对于$l_{\mathrm{d}}=l_{\mathrm{a}}$的间隙，在$R=0\sim0.75$内所有取值都满足上述条件；在更大的$R$值时，第二个间隙限制电流)。因此，由方程(7-28)，推力的结果是$F/A=\dot{m}c/A$，这里$\dot{m}/A$没有改变，但是c变了，它正比于$\sqrt{U_{\mathrm{N}}}$。因此，这种构型下的推力密度表示为

$$\begin{aligned}\frac{F}{A}&=j\frac{m_{\mathrm{i}}}{\mathrm{e}}u_{\mathrm{i}}=\frac{4\sqrt{2}}{9}\varepsilon_0\frac{U_{\mathrm{T}}^{3/2}}{l_{\mathrm{a}}^2}\sqrt{\frac{\mathrm{e}}{m_{\mathrm{i}}}}\cdot\frac{m_{\mathrm{i}}}{\mathrm{e}}\cdot\sqrt{\frac{2\mathrm{e}U_{\mathrm{N}}}{m_{\mathrm{i}}}}\\&=\frac{8}{9}\varepsilon_0\frac{U_{\mathrm{T}}^{3/2}U_{\mathrm{N}}^{1/2}}{l_{\mathrm{a}}^2}=\frac{8}{9}\varepsilon_0\left(\frac{U_{\mathrm{T}}}{l_{\mathrm{a}}}\right)^2R^{1/2}=\frac{8}{9}\varepsilon_0\left(\frac{U_{\mathrm{N}}}{l_{\mathrm{a}}}\right)^2R^{-3/2}\end{aligned} \tag{7-37}$$

式(7-37)中最后的形式表明，对于给定比冲(从而给定电压U_{N})，减小$R=U_{\mathrm{N}}/U_{\mathrm{T}}$的数值可以增大推力密度。实现这个效果在于增大了所能提取的通量限制的第一个间隙的离子流密度。

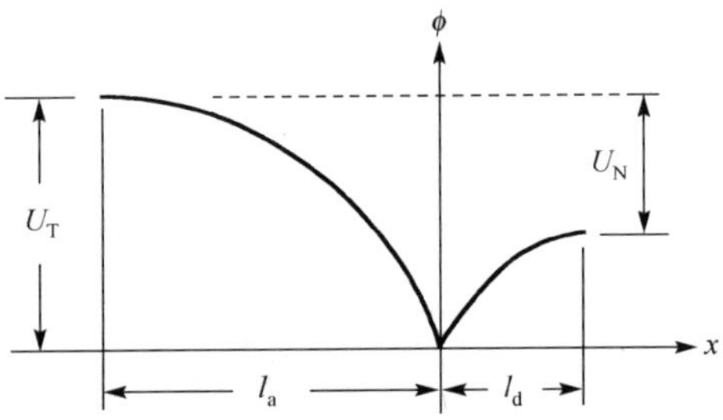

图 7-9　加速-减速间隙内的电势分布

如图 7-9 所示，对于气隙中任一位置$0<x<l_{\mathrm{d}}$，写出其中电场量满足的泊松方程为

$$\frac{\mathrm{d}^2\phi}{\mathrm{d}x^2}=-\frac{\mathrm{e}n_{\mathrm{i}}}{\varepsilon_0}=-\frac{j}{\varepsilon_0\cdot u_{\mathrm{i}}}=-\frac{j}{\varepsilon_0\cdot\sqrt{u_0^2-\dfrac{2\mathrm{e}\phi}{m_{\mathrm{i}}}}} \tag{7-38}$$

式中，u_0是离子到达加速栅格时获得的速度。注意电流密度为常数，式(7-38)两边对$\mathrm{d}\phi$积分得

$$\frac{1}{2}\left(\frac{\mathrm{d}\phi}{\mathrm{d}x}\right)^2=-\frac{j}{\varepsilon_0}\int_0^{\phi}\frac{\mathrm{d}\phi}{\sqrt{u_0^2-\dfrac{2\mathrm{e}\phi}{m_{\mathrm{i}}}}}+C \tag{7-39}$$

注意：在减速栅格处电势的空间梯度不必要等于 0。现在改变积分变量：

$$u=\sqrt{u_0^2-\frac{2\mathrm{e}\phi}{m_{\mathrm{i}}}}\Rightarrow\phi=\frac{m_{\mathrm{i}}}{2\mathrm{e}}(u_0^2-u^2)\Rightarrow\mathrm{d}\phi=-\frac{m_{\mathrm{i}}}{\mathrm{e}}u\cdot\mathrm{d}u \tag{7-40}$$

$$\frac{1}{2}\left(\frac{\mathrm{d}\phi}{\mathrm{d}x}\right)^2=C-\frac{j}{\varepsilon_0}\int_{u_0}^{u}\frac{-\frac{m_\mathrm{i}}{\mathrm{e}}\not{u}\,\mathrm{d}u}{\not{u}}=C-\frac{j\cdot m_\mathrm{i}}{\mathrm{e}\varepsilon_0}(u_0-u)=C-\frac{j\cdot m_\mathrm{i}}{\mathrm{e}\varepsilon_0}\left(u_0-\sqrt{u_0^2-\frac{2\mathrm{e}\phi}{m_\mathrm{i}}}\right) \quad (7\text{-}41)$$

利用加速栅格处的给定电势数值表示离子获得的速度：

$$u_0^2=\frac{2\mathrm{e}U_\mathrm{T}}{m_\mathrm{i}} \quad (7\text{-}42)$$

对式(7-41)积分给出减速间隙大小与加速-减速电势分布的关系：

$$\left(\frac{\mathrm{d}\phi}{\mathrm{d}x}\right)^2=2C-\frac{2j}{\varepsilon_0}\sqrt{\frac{2m_\mathrm{i}}{\mathrm{e}}}\left(\sqrt{U_\mathrm{T}}-\sqrt{U_\mathrm{T}-\phi}\right)$$

$$\Rightarrow \mathrm{d}x=\frac{\mathrm{d}\phi}{\sqrt{2C-\frac{2j}{\varepsilon_0}\sqrt{\frac{2m_\mathrm{i}}{\mathrm{e}}}\left(\sqrt{U_\mathrm{T}}-\sqrt{U_\mathrm{T}-\phi}\right)}}$$

$$\Rightarrow l_\mathrm{d}=\int_0^{\phi=U_\mathrm{T}-U_\mathrm{N}}\frac{\mathrm{d}\phi}{\sqrt{2C-\frac{2j}{\varepsilon_0}\sqrt{\frac{2m_\mathrm{i}}{\mathrm{e}}}\left(\sqrt{U_\mathrm{T}}-\sqrt{U_\mathrm{T}-\phi}\right)}} \quad (7\text{-}43)$$

在极限情况下，第二个间隙也变成壅塞状态，这时减速栅格处的电场强度 $E_x=0$（如同在没有减速栅格的情况下，l_d 即下游鞘层的厚度），利用这个边界条件得

$$\left.\frac{\mathrm{d}\phi}{\mathrm{d}x}\right|_{x=l_\mathrm{d},\phi=U_\mathrm{T}-U_\mathrm{N}}=0\Rightarrow C=\frac{j}{\varepsilon_0}\sqrt{\frac{2m_\mathrm{i}}{\mathrm{e}}}(\sqrt{U_\mathrm{T}}-\sqrt{U_\mathrm{N}}) \quad (7\text{-}44)$$

于是，有

$$l_\mathrm{d}=\int_0^{\phi=U_\mathrm{T}-U_\mathrm{N}}\frac{\mathrm{d}\phi}{\sqrt{\frac{2j}{\varepsilon_0}\sqrt{\frac{2m_\mathrm{i}}{\mathrm{e}}}(\sqrt{U_\mathrm{T}-\phi}-\sqrt{U_\mathrm{N}})}} \quad (7\text{-}45)$$

再次改变积分变量 $\mathrm{d}\phi\to\mathrm{d}u$：

$$u=\sqrt{\frac{2\mathrm{e}(U_\mathrm{T}-\phi)}{m_\mathrm{i}}}\Rightarrow\phi=U_\mathrm{T}-\frac{m_\mathrm{i}}{2\mathrm{e}}u^2\Rightarrow\mathrm{d}\phi=-\frac{m_\mathrm{i}}{\mathrm{e}}u\cdot\mathrm{d}u \quad (7\text{-}46)$$

$$l_\mathrm{d}=\int_{\sqrt{\frac{2\mathrm{e}U_\mathrm{T}}{m_\mathrm{i}}}}^{\sqrt{\frac{2\mathrm{e}U_\mathrm{N}}{m_\mathrm{i}}}}\frac{-\frac{m_\mathrm{i}}{\mathrm{e}}u\mathrm{d}u}{\sqrt{\frac{2j}{\varepsilon_0}\frac{m_\mathrm{i}}{\mathrm{e}}\left(u-\sqrt{\frac{2m_\mathrm{i}U_\mathrm{N}}{\mathrm{e}}}\right)}}=\sqrt{\frac{\varepsilon_0}{2j}\frac{m_\mathrm{i}}{\mathrm{e}}}\int_{u_\mathrm{N}}^{u_\mathrm{T}}\frac{u\mathrm{d}u}{\sqrt{u-u_\mathrm{N}}} \quad (7\text{-}47)$$

积分式(7-47)得

$$\begin{aligned}l_\mathrm{d}&=\sqrt{\frac{\varepsilon_0}{2j}\frac{m_\mathrm{i}}{\mathrm{e}}}\left[2u\sqrt{u-u_\mathrm{N}}\Big|_{u_\mathrm{N}}^{u_\mathrm{T}}-\int_{u_\mathrm{N}}^{u_\mathrm{T}}2\sqrt{u-u_\mathrm{N}}\mathrm{d}u\right]\\&=\sqrt{\frac{\varepsilon_0}{2j}\frac{m_\mathrm{i}}{\mathrm{e}}}\cdot\sqrt{u_\mathrm{T}-u_\mathrm{N}}\cdot\left(\frac{2}{3}u_\mathrm{T}+\frac{4}{3}u_\mathrm{N}\right)\end{aligned} \quad (7\text{-}48)$$

即

$$l_{\mathrm{d}}=\frac{\sqrt{2}}{3}\sqrt{\frac{\varepsilon_0}{j}\frac{m_{\mathrm{i}}}{\mathrm{e}}}\cdot\sqrt{u_{\mathrm{T}}-u_{\mathrm{N}}}\cdot(u_{\mathrm{T}}+2u_{\mathrm{N}}) \tag{7-49}$$

根据 u_{T} 与 u_{N} 的定义：

$$u_{\mathrm{T}}=\sqrt{\frac{2\mathrm{e}U_{\mathrm{T}}}{m_{\mathrm{i}}}},\quad u_{\mathrm{N}}=\sqrt{\frac{2\mathrm{e}U_{\mathrm{N}}}{m_{\mathrm{i}}}} \tag{7-50}$$

$$\begin{aligned} l_{\mathrm{d}}&=\frac{2^{\frac{1}{2}+\frac{1}{4}+\frac{1}{2}}}{3}\sqrt{\frac{\varepsilon_0}{j}}\cdot\left(\frac{m_{\mathrm{i}}}{\mathrm{e}}\right)^{\frac{1}{2}-\frac{1}{4}-\frac{1}{2}}\cdot\sqrt{U_{\mathrm{T}}^{\frac{1}{2}}-U_{\mathrm{N}}^{\frac{1}{2}}}\cdot\left(U_{\mathrm{T}}^{\frac{1}{2}}+2U_{\mathrm{N}}^{\frac{1}{2}}\right)\\ &=\frac{2\cdot 2^{\frac{1}{4}}}{3}\sqrt{\frac{\varepsilon_0}{j}}\cdot\left(\frac{\mathrm{e}}{m_{\mathrm{i}}}\right)^{\frac{1}{4}}\cdot\sqrt{U_{\mathrm{T}}^{\frac{1}{2}}-U_{\mathrm{N}}^{\frac{1}{2}}}\cdot\left(U_{\mathrm{T}}^{\frac{1}{2}}+2U_{\mathrm{N}}^{\frac{1}{2}}\right) \end{aligned} \tag{7-51}$$

回忆离子电流为

$$j=\frac{4\sqrt{2}}{9}\varepsilon_0\sqrt{\frac{\mathrm{e}}{m_{\mathrm{i}}}}\frac{U_{\mathrm{T}}^{\frac{3}{2}}}{l_{\mathrm{a}}^2}\Rightarrow l_{\mathrm{a}}=\frac{2\cdot 2^{\frac{1}{4}}}{3}\sqrt{\frac{\varepsilon_0}{j}}\left(\frac{\mathrm{e}}{m_{\mathrm{i}}}\right)^{\frac{1}{4}}\cdot U_{\mathrm{T}}^{\frac{3}{4}} \tag{7-52}$$

得到减速-加速间隙长度之比为

$$\frac{l_{\mathrm{d}}}{l_{\mathrm{a}}}=\frac{\sqrt{U_{\mathrm{T}}^{\frac{1}{2}}-U_{\mathrm{N}}^{\frac{1}{2}}}\cdot\left(U_{\mathrm{T}}^{\frac{1}{2}}+2U_{\mathrm{N}}^{\frac{1}{2}}\right)}{U_{\mathrm{T}}^{\frac{3}{4}}} \tag{7-53}$$

引入比例系数 $R=U_{\mathrm{N}}/U_{\mathrm{T}}$，就得

$$\frac{l_{\mathrm{d}}}{l_{\mathrm{a}}}=\left(1-R^{\frac{1}{2}}\right)^{\frac{1}{2}}\cdot\left(1+2R^{\frac{1}{2}}\right) \tag{7-54}$$

7.4.4　实际栅极提取能力

尽管一维模型在确定许多主宰效应与参数方面可以发挥重要作用，它的定量预测能力是有限的。三维效应，如屏栅极(提取器)与加速栅极孔的直径之比、有限的栅极厚度、电势在整个束流截面的分布等(图 7-6)，都不能在一维模型中考虑。上游等离子体变化的效应也是如此，如等离子体鞘的厚度，它会随着电离放电强度而变化。此外，对于小的数值 $R=U_{\mathrm{N}}/U_{\mathrm{T}}$，不能期望(截面平均的)离子束电势能够接近加速栅极那么大的负电势，特别对于非常浅的孔、薄的栅极构型，且 l/D 同样也很小的情况。因此，可以预期单个孔的导流系数具有如下的函数形式：

$$P=P\left(\frac{l}{D_{\mathrm{s}}},\frac{D_{\mathrm{a}}}{D_{\mathrm{s}}},\frac{t_{\mathrm{a}}}{D_{\mathrm{s}}},\frac{t_{\mathrm{s}}}{D_{\mathrm{s}}},R,\frac{U_{\mathrm{D}}}{U_{\mathrm{T}}}\right) \tag{7-55}$$

式中，D 是栅极孔直径；t 是栅极厚度；下标 s 和 a 分别表示屏栅极与加速栅极；U_D 是放电电压，在电子轰击式离子发生器中，它控制着等离子体的状态。文献[11]对一个使用氩工质的电子轰击离子源的双栅极提取器的这些依变关系进行了研究，其中放电电压 $U_D = 45V$，$U_D / U_T = 0.1$，实验中以离子撞击加速栅极的电流与离子束电流的比值相对于基准状态的增幅达到 0.005 为最大离子提取状态来计算导流系数。若干结论归纳如下。

(1) 改变屏栅极孔的直径 D_s=1.0mm、1.5mm、2.0mm，同时保持所有比例系数(l / D_s、t_a / D_s、D_a / D_s 等)为常数，在维持准直性的前提下直到 $D_s \approx 0.5mm$，到最大 $l / D_s = 1.2$ 范围内，D_s 所引起的单个孔的导流系数变化都很小。这证实了导流系数对屏栅极孔直径 D_s 本身的独立性。

(2) 在所研究的参数范围 $t_s / D_s = 0.13 \sim 0.38$，$t_a / D_s = 0.13 \sim 0.51$，对于导流系数的影响，加速栅极厚度 t_a 与屏栅极厚度 t_s 本身也同样相对不重要。

(3) 减小 $R = U_N / U_T$ 总是导致导流系数下降，尽管在大的间隙-直径比(l / D_s)时影响趋于消失。间隙-直径比很大时，加速栅极的负电势更容易影响离子。在 R 值较小时，R 的数值开始变得不敏感时对应的 l / D_s 值较大。这些现象表明 l / D_s 值较大时才接近一维假设的状态。

(4) 导流系数通常随 D_a / D_s 增大而增大。但是当 R 接近 1 时，$D_a / D_s = 1$ 的加速孔径只能在间隙-直径比 $l / D_s > 0.4$ 内维持正常工作(因为电子回流强度太大)，这时更大的导流系数出现在 $D_a / D_s \approx 0.8$ 且 $l / D_s \approx 0.1$ 的状态点。

(5) 增大 U_D / U_T，即增大等离子体密度，看来倾向于抹平孔鞘的轮廓，这会减弱束流的聚焦，导致更多离子直接撞击到屏栅极上，反过来迫使束电流下降。

(6) 对于设计目的，这时给定的是 U_N 而不是 U_T，修正的导流系数形式 $I / U_N^{3/2}$ (在文献[11]中称为“电流参数”)更有用。如方程(7-35)所示，这个参数随着 R 的–3/2 次幂成比例变化，使得低的 R 值更有利(强加速-减速设计)。在小 R 值时，观察到这种趋势，但是由于所提及的其他因素的影响，当 R 趋近 1 时这个趋势反过来了，如图 7-10 所示。当间隙-直径比很小时，这个趋势尤其明显，此时在 R=0.7～0.8 出现一个最大提取点，所对应的电流与 R≈0.2 一样大。然而，如图 7-10 所示，在小 R 值时，工作曲线给出电流大小与间隙-直径比无关[这与方程(7-35)给出的一维预测形成明显反差]，于是在这个区域，电流既独立于栅极间隙 l 也独立于屏栅极孔径 D_s。这给出了一条方便地使用小 R 值的设计路径：在良好的尺寸控制允许条件下选定最小的栅极间隙 l，然后减小 D_s 直到最小的实际可行的值(或许小到 0.5mm)。这将允许单位面积上有更多的孔(如果孔的间隔与其大小成比例变化)，因此对应单位栅极面积上更大的电流。由于这种状况，文献[11]推荐小 R 值的设计。

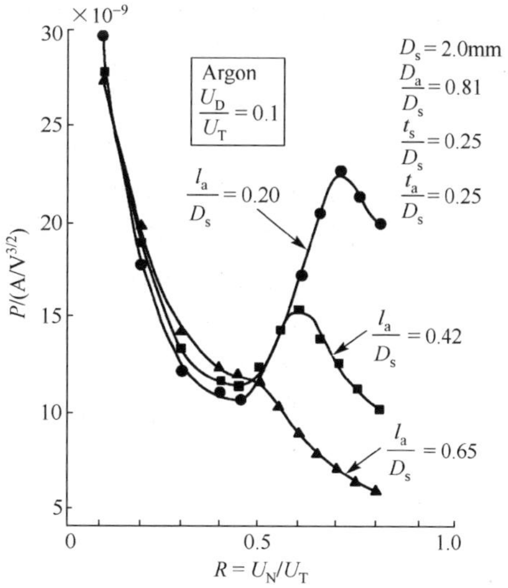

图 7-10　栅极间隙及净-总电压比对导流系数的影响

观察到真实装置的电流提取能力在一定程度上偏离 Child-Langmuir 定律的预测数

值，从直径 30cm 的 J 系列推力器数据中能得出对这种偏离度的正确评价，如文献[5]中的示例。在这种情况下的参数是：冷态下栅极间隙 $l_a = 0.5\text{mm}$，钼栅极板厚度 $t_a = t_s = 0.38\text{mm}$，屏栅极及加速栅极孔直径分别为 $D_s = 1.9\text{mm}$，$D_a = 1.14\text{mm}$，总共 14860 个孔(按照屏栅极开孔面积份额为 0.67 估算)。参照 Xe 的数据，$U_N / U_T = 0.7$，$U_D = 31.2\text{V}$，$U_B = 1200\text{V}$，此时束电流为 $I_B = 4.06\text{A}$（文献[5]中表 3）。该文献给出对各种推进剂(Ar、Xe、Kr)的束电流关联式是

$$I_B = \frac{17.5\left(\dfrac{U_T}{1000}\right)^{2.2}}{\alpha\sqrt{M}} \pm 25\% \tag{7-56}$$

式中，α 是双电荷离子修正因子，文献[5]采用的最小值为 $\alpha = 0.973$；M 是分子量(以原子质量单位为单位，$M_{Xe} = 131.293$)。注意 2.2 次幂代替了考虑提取电压影响的 1.5 次幂。对于讨论的例子，这个关联式给出 $I_B = 5.436\text{A}$，在误差带的外边界。

根据文献[5]所给尺寸与电压数据，对每个孔运用 Child-Langmuir 定律，其中取间隙 $l_a = 0.5\text{mm}$，屏栅极孔的直径为 $D_s = 1.9\text{mm}$，注意 $U_B = U_N - U_D$，得单孔电流为 3.99mA，总电流为 $I_B = 59.3\text{A}$，即比实验测量值高出近 14 倍。文献[12]和[13]给出一个近似的三维修正方法：在 Child-Langmuir 定律中以 $(l_a + t_s)^2 + D_s^2 / 4$ 代替 l_a^2，这样得到 $I_B = 8.84\text{A}$，仍然是实验测量值的两倍。有趣的是，如何将文献[11]的数据外推到 J 系列推力器上。应用文献[11]图 6a 中的导流系数测量数据，对应 $D_s = 2\text{mm}$，$R = 0.8$，$D_a / D_s = 0.81$，$U_D / U_T = 0.05$ 的曲线上，读出当 $l_a / D_s = 0.5/1.9 \approx 0.263$ 时，导流系数近似为 $P = 4.8\times10^{-9}\ \text{A/V}^{3/2}$。将这个系数应用于 J 系列推力器的当前状态：$D_a / D_s = 0.6$，$U_D / U_T = 0.018$，$R = 0.7$，得 $I_B = 4.8\times10^{-9}\times[(1200+31.2)/0.7]^{1.5}\times14860 \approx 5.26(\text{A})$，这样得到的数值确实与关联式(7-56)一样准确。

在本节最后部分，讨论两种限制因素对导流系数的影响。

(1) 离子直接撞击栅极。在束电流较小状态，栅极只收集到少量的偏离电流，这来自加速间隙中离子-中性粒子碰撞引起的电荷交换：每一次这样的碰撞发生后，新生成的低速离子很容易被加速到栅极上。然而，当束电流增大到某个确定的极限值之外时，栅极电流会急剧增长。这是由于此工况下屏栅极栅格孔处的等离子体鞘层的“聚焦”性能变差，束边沿的离子被大量拦截。由于高能离子是非常有效的溅蚀媒体，这导致一种极具破坏性的工作模式。例如，文献[11]中所报道的全部导流系数值都是撞击限制的，即用离子撞击加速栅极的电流与离子束电流的比值相对于基准状态的增幅达到 0.005 时的离子束电流计算导流系数。

(2) 电子回流。对于 R 接近于 1 的情形，加速栅极的负电势对中和器电子所形成的阻碍作用弱化，在 R 的某个阈值之外，电子会逆着加速栅极的电势回到电离室。这会导致屏栅极破坏，空间电荷畸变，以及中和器电源短路。文献[11]将实验数据与 Kaufman 给出的如下理论估计式进行对比：

$$R_{\max} = 1 - \frac{0.2}{\left(\dfrac{l_e}{D_a}\right)\exp\left(\dfrac{t_a}{D_a}\right)} \tag{7-57}$$

式中，$l_e = \sqrt{(l_a + t_s)^2 + D_s^2 / 4}$。上述估计式给出的 R_{max} - $l_e / D_a \cdot \exp(t_a / D_a)$ 曲线与实验数据变化趋势符合，但稍微有点保守。

7.5　鞘层厚度与栅极孔尺寸估计

鞘层是其中的带电粒子分布严重偏离电中性的区域，从等离子体到鞘层之间的过渡区域称为“预鞘层”，如图 7-11 所示。

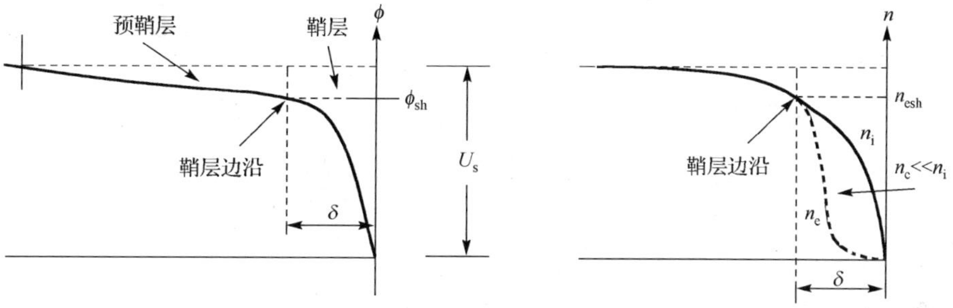

图 7-11　预鞘层及鞘层内的电势与粒子数密度分布

在预鞘层内，电子数密度的分布服从玻尔兹曼定律，根据附录式(B-4)给出的鞘层边界处电势，该处电子数密度为

$$n_{esh} = n_{e\infty} \exp\left(-\frac{1}{2}\right) = 0.606 n_{e\infty} \tag{7-58}$$

因此流向鞘层的离子电流满足：

$$j_i \simeq e n_{esh} \sqrt{\frac{kT_e}{m_i}} = \exp\left(-\frac{1}{2}\right) \cdot e n_{e\infty} \sqrt{\frac{kT_e}{m_i}} \simeq \frac{1}{2} e n_{e\infty} \sqrt{\frac{kT_e}{m_i}} \tag{7-59}$$

根据第 6 章给出的间隙中电荷限制的离子运动形成的 Child-Langmuir 电流为

$$j_i = \frac{4\sqrt{2}}{9} \varepsilon_0 \sqrt{\frac{e}{m_i}} \frac{U_s^{\frac{3}{2}}}{\delta^2} \tag{7-60}$$

由此得

$$\frac{4\sqrt{2}}{9} \varepsilon_0 \sqrt{\frac{e}{m_i}} \frac{U_s^{\frac{3}{2}}}{\delta^2} \simeq e \cdot n_{esh} \sqrt{\frac{kT_e}{m_i}} \tag{7-61}$$

即有

$$\delta^2 \approx \frac{4\sqrt{2}}{9} \varepsilon_0 \frac{U_s^{\frac{3}{2}}}{\sqrt{ekT_e}} \frac{1}{n_{esh}} = \frac{4\sqrt{2}}{9} \frac{\varepsilon_0 kT_e}{e^2 n_{esh}} \left(\frac{eU_s}{kT_e}\right)^{\frac{3}{2}} \tag{7-62}$$

得到鞘层厚度的估计值：

$$\delta \simeq \underbrace{\left|\frac{4\sqrt{2}}{9\exp\left(-\dfrac{1}{2}\right)}\right|^{1/2}}_{1.018} \cdot \underbrace{\sqrt{\frac{\varepsilon_0 kT_e}{e^2 n_{e\infty}}}}_{\lambda_D} \cdot \left(\frac{eU_s}{kT_e}\right)^{\frac{3}{4}} \tag{7-63}$$

对于电子温度 $T_e \approx 3\text{eV}$ 以及电子数密度 $n_{e\infty} \approx 3\times10^{11}\text{cm}^{-3}$ 的等离子体，其中的德拜长度为

$$\lambda_D = \sqrt{\frac{\varepsilon_0 kT_e}{e^2 n_{e\infty}}} = 69\sqrt{\frac{T_e(\text{K})}{n_{e\infty}(\text{m}^{-3})}} \approx 69\times\sqrt{\frac{3\times11600}{3\times10^{17}}}\text{m} = 2.4\times10^{-5}\text{m} = 24\mu\text{m} \tag{7-64}$$

对于非偏置的壁面(绝缘体)，没有净电流到达壁面，即 $j_i = j_e$。由于电子电流可估计为

$$j_e = \frac{1}{4}\sqrt{\frac{8kT_e}{\pi m_e}}en_{e\infty}\cdot\exp\left(-\frac{eU_s}{kT_e}\right) \tag{7-65}$$

因此这种壁面上的鞘层是非常薄的，其厚度可估计为

$$\frac{eU_s}{kT_e} = \frac{1}{2}+\frac{1}{2}\ln\left(\frac{m_i}{2\pi m_e}\right) \Rightarrow \delta = 5.18^{\frac{3}{4}}\lambda_D \sim 3\lambda_D$$

$$\left[\text{Ar}: p=18, n=22, \ln\left(\frac{m_i}{2\pi m_e}\right) = \ln\left(\frac{1836\times18+1838\times22+17}{2\pi}\right) = 9.367\right] \tag{7-66}$$

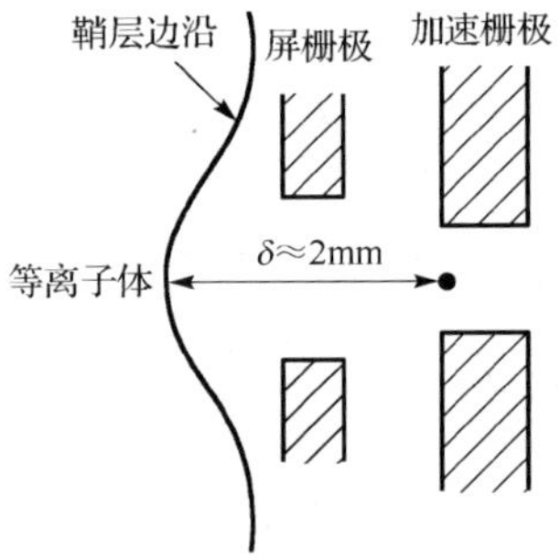

图 7-12　鞘层厚度与栅格孔尺寸相对大小示意图

离子推力器的加速通道可以看作极端的鞘层，其中 $n_e \approx 0$。对于强阴性(如电势为–1000V)加速器栅格，其产生的静电场穿过屏栅极的空隙渗透到等离子体中，加速栅格前的鞘层厚度估计为

$$\left.\begin{aligned} U_s &\approx 1000\text{V} \\ \frac{kT_e}{e} &\approx 3\text{V} \end{aligned}\right\} \Rightarrow \delta \simeq 78\lambda_D \simeq 1.872\text{mm} \tag{7-67}$$

这个尺寸接近于屏栅极的孔直径尺寸，如图 7-12 所示。

如果栅格孔的直径比鞘层的厚度大得多，等离子体将沿着栅格孔逃逸；而如果栅格孔的直径比鞘层的厚度小得多，离子将直接损失到栅格板上。

7.6　推进剂选择

正如前面讨论中暗示，理想的推进剂应该有大的分子量、低的一阶电离能和对于一阶电离最大的截面(但是要求对于二阶以及更高阶的电离截面最小化)，并且它应该易于存储和操作，有良好的材料相容性和对人类安全性。汞有很多适合的特点，但是它的二阶电离阈值偏低、对人类肌体有毒和化学活性强。同样的描述大部分也适用于铯，但是由于处理困难而只用于接触电离推力器[2]。对羽流产生的原子污染航天器外表面的关注使人们排除了汞(以及其

他任何的液态金属)，寻找更安全的替代品。分子气体由于在放电中存在电离和激发成分的多样性而倾向于排除，因此惰性气体成为自然的选择，尤其是氙。氙是自然存在的最重的、同时也是最容易电离的惰性气体。出于价格低廉的角度考虑，氩也是可选的推进剂。

表 7-1 为这些推进剂的物理和操作性质的比较，附加这些性质对推力器工作的影响。这些材料大部分取自文献[5]、[14]和[15]。以氙为推进剂的推力器总体性能与汞的相近，只在某些推力水平上汞稍微好一些[14]。文献[5]也发现了这些特点，同时还指出了效率与比冲、分子量的平方根以及双电荷离子对推力的影响因子 α 的乘积之间的独特相关性，尽管这种相关性在一定程度上取决于其他参数的选择。

表 7-1　推进剂的物理与操作性质比较

性质	Hg	Ar	Xe	影响
一阶电离能/eV	10.43	15.8	12.13	Hg 最好，电离损失小
二阶电离能/eV	29.2	27.6	33.3	高数值导致更少二价离子
三阶电离能/eV	63.4	45	65.5	都足够高
一阶激发能/eV	4.8	11.7	8.39	Hg 更多辐射
二阶激发能/eV	4.6	13.2	8.28	Hg 中空阴极更有效
三阶激发能/eV	5.4	14.1	9.4	Hg 中空阴极更有效
原子量/u	200.59	39.9	131.3	给定比冲，Hg 加速电压最低；给定推力，Hg 电流最小
沸点/℃	356.58	−189.2	−107+/−3	只有 Hg 是地球上可液态存储的
存储条件	液体，$\rho=13.6\text{g/cm}^3$	压缩气体或低温液体	近临界，35℃和 60bar 下 $\rho=0.5\text{g/cm}^3$	Hg 与 Xe 储箱紧致，Ar 储箱体积大
化学活性/毒性	高	无	无	Xe、Ar 更安全；Al、Cu 通常的锡焊可用
费用	中等	低	高	大规模系统成问题
(相对)溅射屏蔽	1	4	2	Xe、Ar 存在更大的腐蚀，尽管二价离子很少
推进剂流量控制	简单，通过汽化温度控制	复杂，通过集气腔或伺服针阀控制		Xe、Ar 推进剂系统更重，尽管取消了加热器
电能变换		无需在管路上设加热器或汽化器		Xe、Ar 可靠性更高，损失也小

注：1bar=10^5Pa

参 考 文 献

[1] Cybulski R J, Shellhammer D M, Loveli R R, et al. Results from SERT Ⅰ Ion Rocket Flight Test[R]. NASA TND-2718.

[2] Jahn R L. Physics of electric propulsion[M]. New York: McGraw-Hill Book Company. 1968.

[3] Groh K H, Loeb H W, Mueller J, et al. RIT-35 RF-ion thruster: design and performance[C]// AIAA-87-1033. 19th International Electric Propulsion Conference. 1987.

[4] Funaki I, Kuninaka H, Toki K. Plasma diagnostics and numerical modeling of a microwave ion engine[C]// AIAA98-3341. 34th AIAA/ASME/SAE/ASEE Joint Propulsion Conference & Exhibit. 1998.

[5] Rawlin V K. Operation of the J-series thruster using inert gas[R]. NASA TM-82977.

[6] Kaufman H R, Robinson R S. Plasma processes in inert-gas thrusters[C]// AIAA79-2055. 14th International

Electric Propulsion Conference. 1979.

[7] Brophy J R, Wilbur P J. Electron diffusion through the baffle aperture of a hollow cathode thruster[C]// AIAA 79-2060. 14th International Electric Propulsion Conference. 1979.

[8] Longhurst G R, Wilbur P J. Plasma properties and performance prediction for mercury ion thrusters[C]// AIAA 79-2054. 14th International Electric Propulsion Conference. 1979.

[9] Sovey J S. Improved ion containment using a ring-cusp ion thruster[C]// AIAA 82-1928. 16th International Electric Propulsion Conference. 1982.

[10] Kaufman H R, Robinson R S. Ion source design for industrial applications[C]// AIAA81-0668. 15th International Electric Propulsion Conference. 1981.

[11] Rovang D C, Wilbur P J. Ion extraction capabilities of two-grid accelerator systems[R]. NASA CR-174621.

[12] Kaufman H R. Accelerator system solution for electron-bombardment ion sources[C]// AIAA75-430. AIAA 11th Electric Propulsion Conference. 1975.

[13] Wilbur P J, Beattie J R, Hyman J. An approach to the parametric design of ion thrusters[J]. Journal of Propulsion and Power, 1990, 6(5): 575-583.

[14] Beattie J R, Kami S. Advanced technology 30 cm. diameter mercury ion thruster[C]// AIAA 82-1910. 16th International Electric Propulsion Conference. 1982.

[15] Herman D A. Status of the NASA's Evolutionary Xenon Thruster (NEXT) long-duration test after 30352 hours of operation[C]// AIAA-2010-7112. 46th Joint Propulsion Conference and Exhibit. 2010.

思考与练习题

7-1 考夫曼型和环会切型离子推力器，磁场、阴极构型及其附近电势分布，各有什么特点？

7-2 已知离子推力器的推力和面积，试推导其比冲与加速电压的关系。

7-3 一台 Xe 离子推力器的工作参数如下：净加速电压 $U_a = 600\text{V}$，栅极间距 $d = 3\text{mm}$，单孔直径 $D = 2\text{mm}$，栅极上孔的总数量 n=2500（已知 Xe 的摩尔质量 M=131.3g/mol）。试求该推力器的性能参数：(1)单孔上的推力密度；(2)比冲和总推力；(3)羽流喷射功率。

7-4 有无外加磁场，碰撞过程对电子扩散运动所起的作用是否一样，为什么？

7-5 鞘层的边界都有哪些特征？对于加速栅格和绝缘壁面而言，其鞘层厚度相差数十倍的根本原因是什么？

第 8 章　电子轰击式放电室零维模型

8.1　引　　言

目前研究较透彻的直流电子轰击式离子推力器，其等离子体发生器的示意性结构如图 8-1 所示，由采用阳极电势壁的放电室与中空阴极电子源构成。为了提高产生离子的效率，采用多磁极环会切磁场覆盖阳极壁，主要机制是通过磁场约束高能电子，延长其损失到阳极壁之前的运动路径。阳极壁的正电势对等离子体的离子形成约束作用。

通常需要数个电源来使等离子体发生器工作，图 8-2 是简化的典型电连接示意图。阴极加热器首先工作，使阴极内衬层升温到发射热电子的状态，只要等离子体放电被激发就关断加热器电源。触持极电源的阳极板覆盖在中空阴极电子流出孔周围，辅助阴极电子出流，同时阻止放电室离子对阴极的轰击。放电电源的电极分别是放电室的阳极和中空阴极，通常工作在电流调节模式。

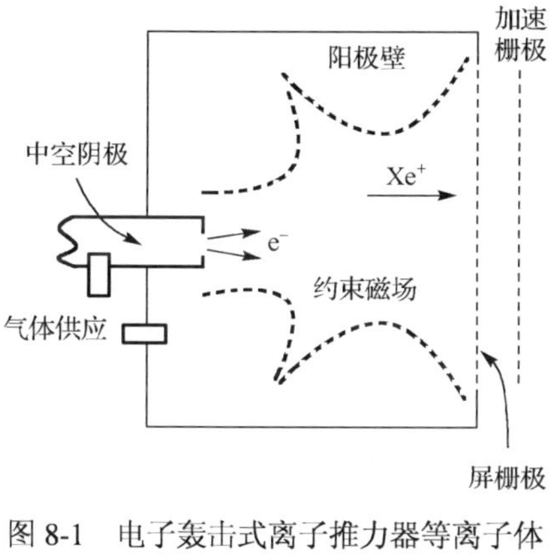

图 8-1　电子轰击式离子推力器等离子体发生器结构示意图

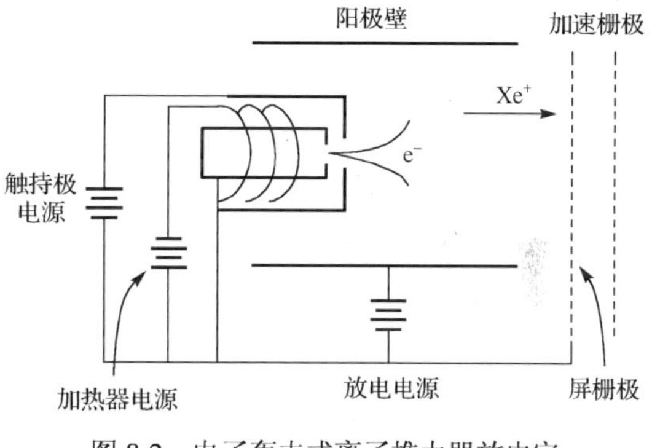

图 8-2　电子轰击式离子推力器放电室电连接示意图

1984 年年底，Brophy 和 Wilbur[1]完成一个电子轰击式离子推力器放电室性能模型。这个模型利用体平均的粒子和能量平衡，给出代数方程描述的性能参数之间的依变关系如下。

(1) 束离子能量代价随推进工质利用效率的变化。

(2) 放电室等离子体性质参数的平均值作为工作点参数(工质利用率、束离子电流)的函数。这样的性质参数包括原初电子密度、原初-热化电子密度比、热化电子温度、离子束中双-单电荷离子流的比率等。

由于将放电室内等离子体看成均匀的，这个模型是零维的，其优点是不需要等离子体数据作为输入，同时具有足够的通用性和精确度，到今天仍然具有实用价值。2006 年，Goebel 和 Katz[2]对此模型进行了部分拓展，仍采用近均匀等离子体假设。

8.2　放电室内带电粒子流与功率平衡

以整个内壁作为阳极、多磁极环会切磁场放电室内完全的带电粒子流示意图如图 8-3 所示。

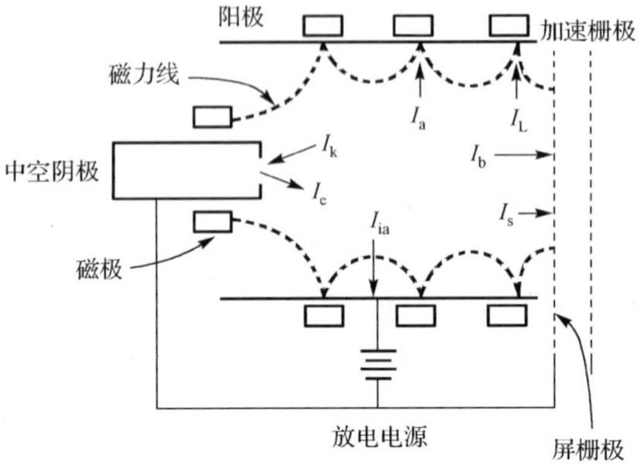

图 8-3　电子轰击式离子推力器放电室内粒子流向示意图

定义电流变量及其符号如下：

I_b——穿过屏栅极孔离开放电室的束离子电流；

I_e——放电室中空阴极发射的原初电子电流；

I_k——损失到中空阴极的离子电流；

I_s——损失到屏栅极(放电室电源阴极电势面)的离子电流；

I_d——通过放电电源的电流；

I_L——直接损失到阳极的原初电子电流；

I_a——损失到阳极电势面的等离子体(热化)电子电流；

I_{ia}——损失到阳极电势面的离子电流；

I_p——放电室等离子体中离子的产生速率(以等效电流计算)。

对粒子流动与能量转移过程作如下假设。

(1) 放电室内气体放电过程是稳态的；等离子体是低压、弱电离、光学薄的，对应中性气体数密度在 $n_n = 10^{18} \sim 10^{19}\,\mathrm{m}^{-3}$，而电子(近似的也是离子)数密度在 $n_e = 10^{16} \sim 10^{17}\,\mathrm{m}^{-3}$；热化电子(能量呈麦克斯韦分布)的平均能量在 $T_e = 1 \sim 10\mathrm{eV}$，原初电子的能量接近单一数值，$T_e = 30 \sim 50\mathrm{eV}$。

(2) 忽略电子与离子、电子与原子的弹性碰撞导致的电子能量损失(因为能量损失与其质量比成正比，约 5×10^{-4})，也忽略电子与离子的非弹性碰撞导致的电子能量损失(因为相对于原子，离子数密度很低，约 5×10^{-2})。

(3) 原初电子的行为只有两种：一是直接损失到阳极上；二是与原子发生非弹性碰撞导致原子电离或激发，原初电子蜕化成热化电子。忽略原初电子与基底电子碰撞导致的热化。

(4) 电子被等离子体鞘层约束，只能损失到阳极电势面上；而离子在等离子体边界上损失的途径包括流出，或与电子复合而以原子状态返回等离子体区域。在等离子体内部不存在离子-电子复合事件。

(5) 中性原子密度在放电室内处处均匀；经过栅格孔流出的中性原子通量由自由分子流确定。

气体放电产生的离子电流的连续方程：

$$I_p = I_b + I_k + I_s + I_{ia} \tag{8-1}$$

经过放电室阳极向放电电源回流的电子电流连续方程：

$$I_d = I_a + I_L - I_{ia} \tag{8-2}$$

从放电室电源阴极流出的电子电流连续方程：

$$I_d = I_k + I_s + I_e \tag{8-3}$$

放电室等离子体的电子流入-流出平衡方程：

$$I_e + I_p = I_a + I_L \tag{8-4}$$

中空阴极发射的电子运动到阳极的电势变化如图 8-4 所示。U_d 是放电室的放电(使中空阴极发射的电子成为原初电子)电源电压；U_c 是中空阴极等离子体相对于阴极的电势(实际是触持极电源的作用效果)；U_p 是放电室等离子体相对于其阳极壁鞘层的电势，ϕ 是鞘层相对于阳极壁的电势。

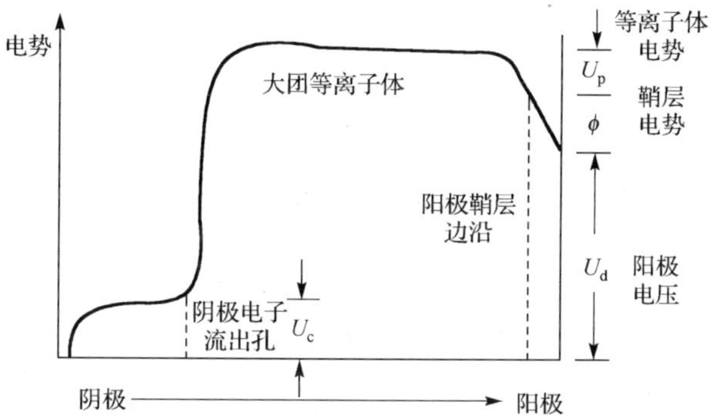

图 8-4　电子从中空阴极运动到阳极的电势变化示意图

考虑放电室内稳态等离子体的功率平衡。中空阴极发射的电子束进入等离子体时输入功率为

$$P_{in} = I_e(U_d - U_c + U_p + \phi) \tag{8-5}$$

原初电子束携带的这些功率，通过电离、激发碰撞的途径，部分沉积到等离子体中；根据假设，忽略原初电子与基底电子碰撞导致的热化。等离子体的能量损失途径包括离子流向阳极、阴极和屏栅极复合后以中性原子状态返回等离子体，离子穿过屏栅极孔离开放电室，原初电子和热化电子流向阳极面。

引入如下的电离化学参数符号与定义：

U^+——单个离子的电离能电势；

U_j^*——能级 j 的激发能电势；

I_j^*——能级 j 的激发速率(按照等价电流计算)；

ε_{e}——损失到阳极壁面的热化电子群的平均能量电势。

在预鞘层的电子群中，只有部分电子能够到达阳极壁面，这些电子朝向阳极壁的动能必须大于鞘层势垒，用速度分量表示为 $u_z > \sqrt{2\mathrm{e}\phi / m_{\mathrm{e}}}$ 。据此计算热化电子流向阳极壁面损失的功率为

$$
\begin{aligned}
P_{\mathrm{e}} &= n_{\mathrm{e}\infty}\int_{-\infty}^{+\infty}\mathrm{d}u_x\int_{-\infty}^{+\infty}\mathrm{d}u_y\int_{\sqrt{2\mathrm{e}\phi/m_{\mathrm{e}}}}^{+\infty}u_z\left(\frac{m_{\mathrm{e}}u^2}{2}\right)\left(\frac{m_{\mathrm{e}}}{2\pi kT_{\mathrm{e}}}\right)^{\frac{3}{2}}\exp\left(-\frac{m_{\mathrm{e}}u^2}{2kT_{\mathrm{e}}}\right)\mathrm{d}u_z \\
&= \underbrace{\frac{1}{4}\mathrm{e}n_{\mathrm{e}\infty}\sqrt{\frac{8kT_{\mathrm{e}}}{\pi m_{\mathrm{e}}}}\exp\left(-\frac{\mathrm{e}\phi}{kT_{\mathrm{e}}}\right)}_{=I_{\mathrm{a}}}\cdot\left(2\frac{kT_{\mathrm{e}}}{\mathrm{e}}+\phi\right)
\end{aligned} \tag{8-6}
$$

因此，损失到阳极壁面的热化电子群的平均能量电势可表示为

$$\varepsilon_{\mathrm{e}} = 2\frac{kT_{\mathrm{e}}}{\mathrm{e}}+\phi \tag{8-7}$$

穿过鞘层离开等离子体的离子，其在鞘层边沿的速度为玻姆速度 $u_{\mathrm{B}} = \sqrt{kT_{\mathrm{e}} / m_{\mathrm{i}}}$ 。根据离子被加速获得的动能，估计鞘层边沿相对于等离子体的电势降为

$$U_{\mathrm{p}} \approx \frac{1}{2}\frac{kT_{\mathrm{e}}}{\mathrm{e}} \tag{8-8}$$

现在可以写出等离子体的放电功率平衡方程如下：

$$
\begin{aligned}
(I_{\mathrm{e}}-I_{\mathrm{L}})(U_{\mathrm{d}}-U_{\mathrm{c}}+U_{\mathrm{p}}+\phi) &= I_{\mathrm{p}}U^{+}+\sum I_j^*U_j^*+\varepsilon_{\mathrm{e}}(I_{\mathrm{d}}+I_{\mathrm{ia}}-I_{\mathrm{L}}) \\
&\quad +(I_{\mathrm{k}}+I_{\mathrm{s}})(U_{\mathrm{d}}+U_{\mathrm{p}}+\phi)+(I_{\mathrm{ia}}+I_{\mathrm{b}})(U_{\mathrm{p}}+\phi)
\end{aligned} \tag{8-9}
$$

引入记号 $\sum I_j^*U_j^* \triangleq I^*U^*$ ，则束离子电流表示为

$$
\begin{aligned}
I_{\mathrm{b}} &= \frac{(I_{\mathrm{d}}-I_{\mathrm{L}})\left(U_{\mathrm{d}}-U_{\mathrm{c}}+U_{\mathrm{p}}-\dfrac{2kT_{\mathrm{e}}}{\mathrm{e}}\right)-I_{\mathrm{p}}U^{+}-I^*U^*}{U_{\mathrm{p}}+\phi} \\
&\quad -\frac{(I_{\mathrm{k}}+I_{\mathrm{s}})(2U_{\mathrm{d}}-U_{\mathrm{c}}+2U_{\mathrm{p}}+2\phi)+I_{\mathrm{ia}}\left(U_{\mathrm{p}}+2\phi+\dfrac{2kT_{\mathrm{e}}}{\mathrm{e}}\right)}{U_{\mathrm{p}}+\phi}
\end{aligned} \tag{8-10}
$$

现在给出单位束离子电流能量成本定义为

$$\varepsilon_{\mathrm{b}} = \frac{I_{\mathrm{d}}U_{\mathrm{d}}+I_{\mathrm{ck}}U_{\mathrm{ck}}}{I_{\mathrm{b}}} \approx \frac{I_{\mathrm{d}}U_{\mathrm{d}}}{I_{\mathrm{b}}} \tag{8-11}$$

式中，I_{ck} 是中空阴极触持极上的电流；U_{ck} 是其电源电压。与放电电源输出功率相比，触持极电源输出功率可忽略。

根据定义，除了可测量的电学量，计算束离子电流能量代价需要先确定等离子体电子温度 T_{e} 以及电流量 I_{p} 、 I^* 、 I_{k} 、 I_{ia} 、 I_{L} 等。

8.3　离子与激发态原子的产率

离子由原初电子和处于能量分布函数尾部的高能热化电子与中性原子碰撞而产生，产率表示为

$$I_p = e \cdot n_n n_p \langle u_p \sigma^+ \rangle V + e \cdot n_n n_e \langle u_e \sigma^+ \rangle V \tag{8-12}$$

式中，V 表示放电气团的体积；括号项$\langle \cdot \rangle$表示电离截面(σ^+)在电子速度分布空间上的平均值，其结果通常称为“电离反应速率系数”。

类似地，放电中总的受激发原子产率表示为

$$I^* = e \cdot n_n n_p \langle u_p \sigma^* \rangle V + e \cdot n_n n_e \langle u_e \sigma^* \rangle V \tag{8-13}$$

原子受电子碰撞的电离截面σ^+或者激发截面σ^*与电子的能量状态有关，细致计算可参照图 8-5(取自文献[2]中附录 D)的数据曲线，图例标注的是数据提供者及类别。

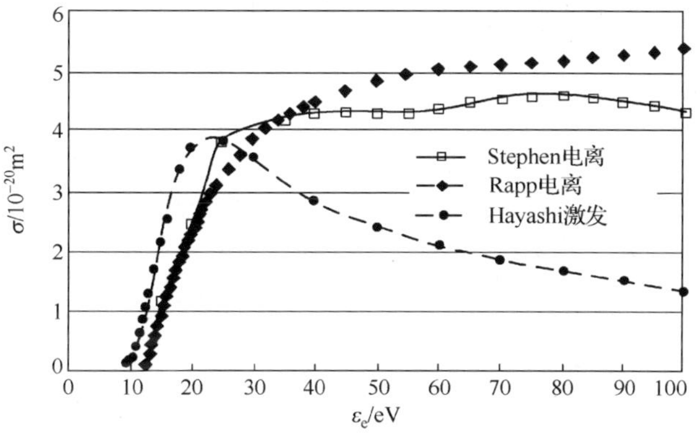

图 8-5　电子与氙原子碰撞的激发与电离截面随电子能量变化

对于原初电子，可看成单能态的，取对应的截面积与速度乘积即得到激发或者电离反应速率系数；对于速度呈麦克斯韦分布的热化电子，需要按照电子的速度分布函数进行积分计算。由热化电子产生电离，单位体积内发生这类事件的频率为

$$n_n n_e \langle u_e \sigma^+ \rangle = n_n \int_0^\infty n_e f_e(c) c \sigma^+(c) 4\pi c^2 dc \tag{8-14}$$

式中，c 是速度变量；$f_e(\cdot)$ 是数密度分布比例函数，满足归一化条件：

$$1 = \int_0^\infty f_e(c) 4\pi c^2 dc \tag{8-15}$$

电离截面$\sigma^+(c)$满足以下条件：

$$\sigma^+(c) = 0 \quad \left(c < c^+ = \sqrt{\frac{2eU^+}{m_e}} \right) \tag{8-16}$$

按照上述方法获得的热化电子导致氙原子激发与电离的反应速率系数随等离子体电子温度变化曲线如图 8-6 所示[2]。

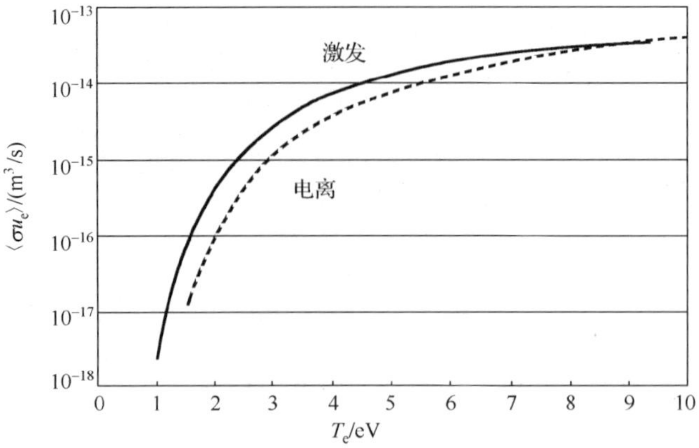

图 8-6　麦克斯韦分布电子与氙原子碰撞的激发与电离反应速率系数

上述计算中需要原初电子、热化电子以及中性原子的数密度。

8.4　电子的生存方程

那些直接损失到阳极的原初电子在放电室内的平均生存时间估计为

$$\tau_p = \frac{V}{u_p A_p} \tag{8-17}$$

式中，V 是放电气团的体积；A_p 是原初电子在阳极上的损失面积；u_p 是原初电子速度。由此估计原初电子直接损失到阳极上之前的平均飞行路径长度是 $L = \tau_p u_p$，这个长度是原初电子绕约束磁场的磁力线运动的螺旋路径长度。

记原初电子在热运动中发生非弹性碰撞(电离或激发)的平均自由程为 $\lambda = 1/(n_n \sigma_{tot})$，其中原初电子与中性粒子发生非弹性碰撞的总截面是 $\sigma_{tot} = \sigma_p^+ + \sigma_p^*$。那么，原初电子在长度为 $L = \tau_p u_p$ 的飞行路径上平均的非弹性碰撞次数为

$$\mu = \frac{L}{\lambda} = n_n \sigma_{tot} L \tag{8-18}$$

原初电子在损失到阳极之前发生非弹性碰撞的次数(用 n 表示)服从泊松分布：

$$P(n) = \frac{\mu^n}{n!} e^{-\mu} \quad (n = 0, 1, 2, 3, \cdots) \tag{8-19}$$

据此估计原初电子直接损失到阳极的概率为 $P_L = P(n=0) = \exp(-\sigma_{tot} n_n L)$。因此，经过会切区直接损失到阳极的原初电子电流与阴极发射的原初电子电流比例可表示为

$$\frac{I_L}{I_e} = \exp(-\sigma_{tot} n_n L) = \exp\left(-\sigma_{tot} n_n \frac{V}{A_p}\right) \tag{8-20}$$

采用如下形式计算原初电子在阳极上的损失面积 A_p：

$$A_p = 2 r_p L_c = \frac{2}{B} \sqrt{\frac{2 m_e \cdot u_p}{e}} \cdot L_c \tag{8-21}$$

式中，r_p 是原初电子的拉莫半径；B 是阳极会切区的磁通密度；L_c 是磁场会切区的总长度。

由于忽略原初电子与等离子体电子碰撞而热化的损失途径，则原初电子在放电室内的流入-流出连续方程为

$$I_e = n_p n_n \sigma_{tot} u_p e \cdot V + I_e \exp\left(-n_n \sigma_{tot} \frac{V}{A_p}\right) = I_d - I_s - I_k \tag{8-22}$$

忽略回流到阴极的离子流，$I_e \approx I_d - I_s$，得到原初电子的数密度为

$$n_p = \frac{(I_d - I_s)\left[1 - \exp\left(-\sigma_{tot} n_n \frac{V}{A_p}\right)\right]}{n_n \sigma_{tot} u_p e V} \tag{8-23}$$

下面确定中性粒子的数密度，采用推进工质气体质量流量以及利用率的数据：

$$n_n = \frac{\dot{m}}{m_i A_s \cdot \eta_{ns} \eta_c}(1-\eta_u)\frac{4}{c_n} = \frac{4I_b}{c_n e A_s \cdot \eta_{ns} \eta_c} \cdot \frac{(1-\eta_u)}{\eta_u} \tag{8-24}$$

式中，A_s 是屏栅极的开孔面积；η_{ns} 是屏栅极对中性粒子的透过率；$\eta_c \approx 0.5$ 是表征栅格板的有限厚度(非几何上无厚度的面)引起的流导减小因子；η_u 是推进工质气体的质量利用率；c_n 是中性粒子的热运动速率。至此原初电子直接损失比例表示为

$$\frac{I_L}{I_e} = \exp\left[-\frac{4\dot{m}(1-\eta_u)}{m_i A_s c_n \cdot \eta_{ns} \eta_c} \sigma_{tot} \frac{V}{A_p}\right] \tag{8-25}$$

等离子体(热化)电子损失到阳极上的运动受到离子穿透磁场会切区运动的影响，因此热化电子在阳极上的损失区扩展到会切区之外，其损失面积表示为

$$A_a = 4 r_h L_c = 4\sqrt{r_e r_i} \cdot L_c \tag{8-26}$$

式中，r_h 是混合拉莫半径；r_e 是热化电子的拉莫半径；r_i 是离子的拉莫半径，则热化电子损失到阳极的电流为

$$I_a = \frac{1}{4}\sqrt{\frac{8kT_e}{\pi m}} \cdot A_a e \cdot n_e \exp\left(-\frac{e\phi}{kT_e}\right) \tag{8-27}$$

式中，ϕ 是当地等离子体相对于阳极的电势，基本上等于阳极鞘层电势。

8.5　离子在阳极壁上的约束

对于非磁化等离子体，在任何方向上流出等离子体的离子流由玻姆电流确定：

$$I_i = \frac{1}{2} e \cdot n_i \sqrt{\frac{kT_e}{m_i}} \cdot A_i \tag{8-28}$$

式中，n_i 是放电室中心等离子体中离子数密度；A_i 是离子损失总面积。

对于环会切磁场离子推力器的放电室磁场环境，离子是非磁化的，但是在阳极壁边界上，电子是高度磁化的，并会以其静电场影响离子在局部区域的运动。其结果是，在会切区以玻

姆速度流向阳极的离子损失面积应该按照 $A_a = 4r_h L_c = 4\sqrt{r_e r_i} \cdot L_c$ 的混合面积计算；而在会切点之间的区域，由于双极电势的发展，离子流向阳极壁的速度小于玻姆速度。由于会切区仅占整个阳极壁面的很小一部分，这个区域上的离子电流可忽略，只关注会切点之间区域的离子流。综合起来，可采用离子约束因子 f_c 来折算流速降低后的离子流：

$$f_c = \frac{u_i}{u_B} \quad \Rightarrow I_{ia} = \frac{1}{2} e \cdot n_i \sqrt{\frac{kT_e}{m_i}} \cdot A_{as} f_c \tag{8-29}$$

f_c 的取值可参照图 8-7，它是磁铁之间的间隔中线（常称为“鞍点”）上最大横向磁通量密度（记为 B_s）的函数；A_{as} 是阳极暴露给等离子体的总面积。

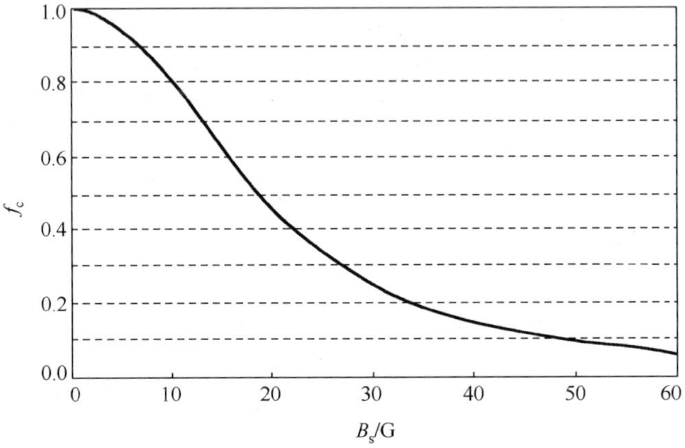

图 8-7　阳极离子电流的约束因子随近壁面鞍点横向磁通量密度的变化

8.6　热化电子的数密度

离开放电室的束离子电流可用穿过屏栅极的离子流表示为

$$I_b = \frac{1}{2} e \cdot n_i u_B A_s \eta_{is} \approx \frac{1}{2} e \cdot n_e \sqrt{\frac{kT_e}{m_i}} \cdot A_s \eta_{is} \tag{8-30}$$

式中，η_{is} 是高加速电压作用于栅格上时屏栅极对离子的透过率。

使根据功率平衡得出的束离子电流与上述根据热运动得出的结果相等，给出关联式：

$$\begin{aligned} &\frac{1}{2} n_e e u_B A_s \eta_{is} (U_p + \phi) + (I_k + I_s)(2U_d - U_c + 2U_p + 2\phi) \\ &+ I_{ia}\left(U_p + 2\phi + \frac{2kT_e}{e}\right) + I_p U^+ + I^* U^* = (I_d - I_L)\left(U_d - U_c + U_p - \frac{2kT_e}{e}\right) \end{aligned} \tag{8-31}$$

利用如下的简化条件：

$$\begin{aligned} &I_s + I_k \approx I_s = \frac{1}{2} e \cdot n_i u_B A_s (1 - \eta_{is}) \\ &U_p + \phi \ll 2U_d - U_c + 2U_p + 2\phi \end{aligned} \tag{8-32}$$

得到等离子体电子数密度计算式为

$$n_e = \frac{(I_d - I_L)\left(U_d - U_c + U_p - \dfrac{2kT_e}{e}\right)}{\dfrac{I_p}{n_e}U^+ + \dfrac{I^*}{n_e}U^* + \dfrac{1-\eta_{is}}{2}e \cdot u_B A_s U' + \dfrac{1}{2}e \cdot u_B A_{as} f_c\left(U_p + 2\phi + \dfrac{2kT_e}{e}\right)} \tag{8-33}$$

式中，$U' = 2U_d - U_c + 2U_p + 2\phi$。如所预期，等离子体电子数密度正比于阴极放电电流扣除直接损失到阳极的分量。这个计算式需要迭代求解，得到数密度之后可由式(8-30)计算束电流。

由离子产出与损失平衡可计算等离子体温度：

$$e \cdot n_n n_p \langle u_p \sigma^+ \rangle V + e \cdot n_n n_e \langle u_e \sigma^+ \rangle V = \frac{1}{2} e \cdot n_i \sqrt{\frac{kT_e}{m_i}} \cdot A_i$$

$$\Rightarrow \frac{\sqrt{\dfrac{kT_e}{m_i}}}{\langle u_e \sigma^+ \rangle + \dfrac{n_p}{n_e}\langle u_p \sigma^+ \rangle} = \frac{2V}{A_i} n_n = \frac{8VI_b}{c_n e A_s A_i \cdot \eta_{ns}\eta_c} \cdot \frac{(1-\eta_u)}{\eta_u} \tag{8-34}$$

8.7　束离子能量成本的计算

根据由功率平衡得出的束离子电流表示式以及单位束离子电流的能量成本定义，得

$$\varepsilon_b = \frac{U_d\left[\dfrac{I_p}{I_b}U^+ + \dfrac{I^*}{I_b}U^* + \dfrac{(I_k + I_s)}{I_b}(2U_d - U_c + 2U_p + 2\phi)\right]}{U_d - U_c + U_p - \dfrac{2kT_e}{e}} + \frac{U_d\left[(U_p + \phi) + \dfrac{I_{ia}}{I_b}\left(U_p + 2\phi + \dfrac{2kT_e}{e}\right)\right]}{U_d - U_c + U_p - \dfrac{2kT_e}{e}} + U_d\frac{I_L}{I_b} \tag{8-35}$$

离子总产率电流与束离子电流之比为

$$\frac{I_p}{I_b} = \frac{e \cdot n_n n_p \langle u_p \sigma^+ \rangle V + e \cdot n_n n_e \langle u_e \sigma^+ \rangle V}{\dfrac{1}{2} n_i e \cdot u_B A_s \eta_{is}} = \frac{2n_n V}{u_B A_s \eta_{is}}\left(\frac{n_p}{n_e}\langle u_p \sigma^+ \rangle + \langle u_e \sigma^+ \rangle\right) \tag{8-36}$$

类似地，受激发态原子总产率电流与束离子电流之比为

$$\frac{I^*}{I_b} = \frac{2n_n V}{u_B A_s \eta_{is}}\left(\frac{n_p}{n_e}\langle u_p \sigma^* \rangle + \langle u_e \sigma^* \rangle\right) \tag{8-37}$$

损失到阴极电势的离子电流与束离子电流之比为

$$\frac{I_s + I_k}{I_b} \approx \frac{I_s}{I_b} = \frac{1-\eta_{is}}{\eta_{is}} \tag{8-38}$$

对于大多数离子推力器的设计参数，会切之间的磁场闭合等值线数值约为 50G，离子约束因子 $f_c \approx 0.1$（图 8-7）。对于各处恒定的离子约束因子，损失到阳极的离子电流与束离子电流之比为

$$\frac{I_{ia}}{I_b} = \frac{\frac{1}{2} n_i e \cdot u_B A_{as} f_c}{\frac{1}{2} n_i e \cdot u_B A_s \eta_{is}} = \frac{A_{as} f_c}{A_s \eta_{is}} \tag{8-39}$$

损失到阳极的原初电子电流与束离子电流之比为

$$\frac{I_L}{I_b} = \frac{n_p e u_p A_p}{\frac{1}{2} n_i e u_B A_s \eta_{is}} = \frac{2u_p}{u_B} \cdot \frac{A_p}{A_s \eta_{is}} \cdot \frac{n_p}{n_e} \tag{8-40}$$

计算束离子能量成本的输入数据归纳如下：①放电电压；②放电室内表面面积以及容积；③磁场构型参数（会切处磁通量密度以及会切之间的闭合等值线强度值）；④栅格面积；⑤栅格透过率；⑥工质气体温度；⑦阴极电压降。

为了计算放电室内等离子体的电子数密度，需要指定放电电流（I_d）或者束离子电流（I_b）；栅格的透过率（η_{is}）通常是用栅格光学模拟程序计算获得的；阴极电压降（U_c）可实验测量或者数值模拟获得。

至此，可给出表征放电室性能的“特征曲线”——单位束离子生成的能量成本随推进剂利用效率的变化曲线。通常保持束离子电流（I_b）和放电电压（U_d）为常数，改变其他参数而获得此曲线。用于调节的参数包括放电电流（I_d）、总的气体流率（$\dot{m}$）、气体在阴极和主放电室之间的分配比例。前面导出的约束关系表明，给定束离子电流（I_b）和推进剂利用效率（η_u），就确定了中性气体数密度[n_n，式(8-24)]和等离子体电子数密度[$n_e \approx n_i$，式(8-30)]；在给定的(I_b,η_u)状态点上，放电电流（I_d）是确定的，从而由式(8-23)确定原初电子数密度（n_p），由式(8-34)确定等离子体温度。

参 考 文 献

[1] Brophy J R, Wilbur P J. Ion thruster performance model[R]. NASA CR174810. 1984.

[2] Goebel D M, Katz I. Fundamentals of electric propulsion: ion and hall thrusters[M]. Jet Propulsion Laboratory, California Institute of Technology. 2008.

思考与练习题

8-1　考虑两种直流式离子推力器构型，一种本体设计为阳极电势，另一种为阴极电势，其放电室中的物理过程有何异同？

8-2　某 Xe 离子推力器放电室中离子损失面积为 200cm^2，等离子体体积为 10^{4}cm^3，中性气体数密度 10^{13}cm^{-3}，电子中 5%为 15eV 的高能原初电子。试计算放电室中电子温度。

第 9 章　霍尔推力器

9.1 引　　言

霍尔推力器也是一种静电场加速离子的推力器，但其推力发生的物理机制比栅格型离子推力器复杂。与栅格型离子推力器不同，霍尔推力器没有独立的等离子体发生器和加速栅格。在霍尔推力器中，沿着气流通道轴向施加静电场来加速离子，在通道中沿着与电场垂直的方向施加磁场来约束电子。磁场-电场耦合使电子的运动径迹发生周向偏转而降低其流向阳极的速度，提高与中性气体原子碰撞电离的效率；电子与离子在同一区域相对运动，减弱了栅格型离子推力器中存在的空间电荷限制导致离子电流密度和推力密度低的问题。

霍尔推力器的发展历史长而奇特。早在 20 世纪 60 年代初期，美国和苏联几乎同时独立地发明了霍尔推力器。但当发现它存在不能完全消除的强电流振荡时，德国因为太空任务需求不迫切而暂时放弃了对它的研究；美国则由于同时期 Kaufmann（考夫曼）型离子推力器的成功开发，也将霍尔推力器的研究搁置。当时美国人认为，高比冲的 Kaufmann 型推力器满足大多数预想的大 ΔV 任务需求，并且在小的和中等 ΔV 任务时，可以用高效率的氢电弧推力器来实现。后来的研究表明，许多重要任务中最优的比冲 I_{sp} 为 1000～2000s，但 Kaufmann 型离子推力器和氢电弧推力器的最高效比冲都不在此范围，因而以最高效比冲执行相应任务的需求在很多年中都未能得到满足。

然而，苏联的霍尔推力器研究一直在进行[1]。在库尔恰托夫研究所，由 Morozov 领导的研究小组在这里不断开发出更高效的构型，最终认识到，电流振荡现象的存在和干扰并不会在本质上影响推力器性能。这种类型的推力器在苏联称为“带有闭环电子漂移的推力器（Thruster with a Closed Electron Drift）”，并且发展了两种相互竞争的构型，分别称为“稳态等离子体推力器（Stationary Plasma Thruster，SPT）”和“带阳极层的推力器（Thruster with Anode Layer，TAL）”。这两种推力器的基本原理是相同的，下面将进行讨论。

苏联的霍尔推力器在 20 世纪 70 年代初达到了实用水平。1971 年其首次在“流星”卫星上使用了一对 SPT-60，到 20 世纪末已经在近 50 个航天器上应用了 200 多个霍尔推力器。霍尔推力器的优点是推力密度大、电源系统简单，但其效率与比冲都低于栅格型离子推力器，并且在苏联解体前这些推力器一直限于相对小的总冲。因为 1500s 是一个其他类型推力器迄今仍难以高效实现的比冲，而霍尔推力器在此参数附近的效率相当高（约 50%），故从 1991 年开始，美国、法国等以与俄罗斯合作的方式重新启动了对霍尔推力器的研究，目标是延长寿命、换用更轻的电子设备等，使其达到更严格的西方标准。通过改进，目前霍尔推力器的寿命已达到近 10000h，其总冲量也与栅格型离子推力器相当。

9.2　构型与工作原理

图 9-1 给出了气体通道壁采用电绝缘材料的霍尔推力器纵截面示意图。它有一个同轴环形腔，腔的上游底板是环形阳极，侧壁为电绝缘；阴极位于环形腔下游出口之外；沿着环形腔的径向施加磁场作用，这个磁场是用环形永磁体或用线圈与软铁轭实现的。大部分推进剂通过阳极上的孔进入同轴环形腔，其余推进剂气体进入中空阴极。电绝缘通道壁的材料通常为六方结构氮化硼(BN)或者硼硅酸盐($BN\text{-}SiO_2$)，这些材料在氙离子轰击下的溅射量少且二次电子发射系数小。

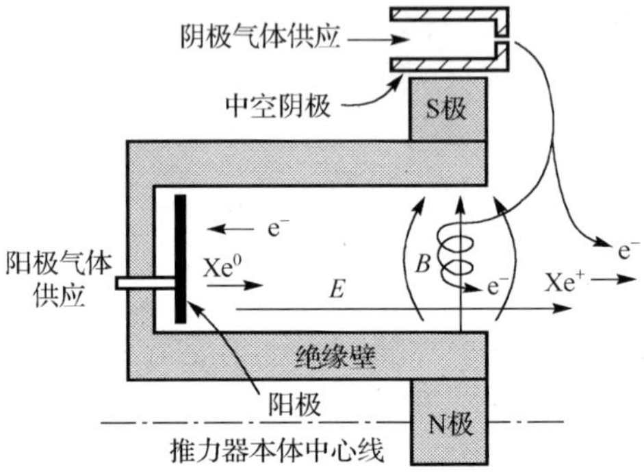

图 9-1　绝缘壁通道霍尔推力器纵截面示意图

以电绝缘通道壁霍尔推力器为例，简要描述其工作过程特征。当在环形腔上游底端的阳极与通道出口外侧的中空阴极等离子体之间建立起轴向电场时，阴极发射的部分电子在电场作用下沿着通道上溯运动。运动路径上存在横向(沿通道径向)磁场，它阻止电子直线运动到阳极，而使电子绕磁力线回转，在通道环面内进行 $\boldsymbol{E}\times\boldsymbol{B}$ 漂移。由电子热速度表征的拉莫半径为

$$r_e=\frac{\overline{c}_e}{\omega_c}=\frac{m_e}{eB}\sqrt{\frac{8kT_e}{\pi m_e}}=\frac{1}{B}\sqrt{\frac{8}{\pi}\frac{m_e}{e}T_{eV}} \tag{9-1}$$

例如，对于电子温度 $T_{eV}=25eV$ 以及径向磁场强度 $B_r=150G$，$r_e=1.3mm$。SPT-100 的通道等离子体长度和宽度分别为[2] $L\approx 22mm$，$h\approx 15mm$，$\omega_c=2.4\times10^5s^{-1}$。在这种情况下，电子拉莫半径远小于通道中等离子体的特征尺度。因为与中性原子发生碰撞及静电场波动，电子的回转与漂移运动不断被打断而向阳极和通道壁面扩散，但电子是高度磁化的，即回转运动频率远大于碰撞频率。因此，径向磁场极大地降低了电子向阳极扩散的轴向平均速度，同时电子向绝缘壁的扩散受到鞘层电场与磁场强度径向分布产生的磁镜作用限制，因此能高效率地电离推进剂气体。

典型的霍尔推力器气体通道中交叉电磁场的分布如图 9-2 所示，其中纵坐标只对电场强度或者磁感应强度自身沿轴向变化的相对强弱有意义，横坐标是相对出口平面的位移。径向磁感应强度在通道出口面上达到最大值，在阳极面附近减弱到接近零。由于强磁场对应着电子轴向扩散运动的强阻滞，这个区域的轴向电场强度也是最大的。因此，离子主要在接近通道出口的等离子体中被静电场加速，排出速度为

$$u_i = \sqrt{\frac{2eU}{m_i}} \tag{9-2}$$

式中，U 是离子生成处的电势(相对于外部阴极等离子体)。由于离子加速区域接近准中性状态，这种类型的推力器中不会引发空间电荷限制，其加速距离可以达到数厘米，而栅格型离子推力器中典型的加速间隙只有 0.5～1mm。这种灵活性是霍尔推力器的主要优点之一，它也消除了栅格型离子推力器中 Child-Langmuir 定律给出的推力密度限制。但相伴而来的是离子束准直性变差，高速离子在通道出口处具有较大径向速度分量，对绝缘壁的轰击侵蚀速度决定着这种推力器的寿命。

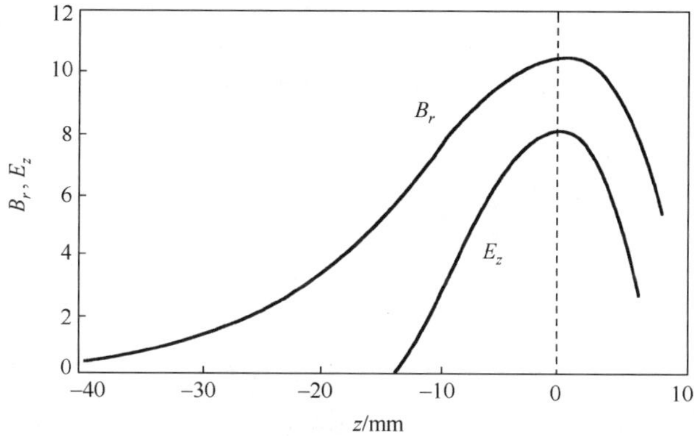

图 9-2　典型霍尔推力器径向磁场与轴向电场沿通道轴向分布示意图

在霍尔推力器中，磁场的奇妙作用还体现在“离子透镜”上。径向的磁场梯度趋向于使离子路径从壁面向通道中央弯折，从而起到“聚焦”效果。

在霍尔推力器中，一个中空阴极既是中性气体放电的电子源，也是离子束中性化的电子源，这是它比栅格型离子推力器结构简单的一个原因。放电电子需要减小到最低程度(这是磁场的职责)，因为将它们加速到阳极电势是该装置的损失机制之一。当然，放电电子的能量并非全部损失在阳极上，其中的大部分在对注入的中性气体进行电离时转移了。

在所谓“带阳极层的推力器”中，如图 9-3 所示，阳极靠近等离子体通道出口，使加速离子的电场区域很薄。但是，这种构型差异并不会使离子产生与加速机制发生本质变化。此外，带阳极层霍尔推力器的通道壁采用导电金属材料，并且通常是磁路的一部分。通道壁置于阴极电势，对电离区域的电子产生排斥作用，可减少电子电流功率损耗。

与电绝缘通道壁霍尔推力器相比，带阳极层霍尔推力器的出口处通道壁部分所采用的材质和设计，决定这种推力器的寿命。阳极正对等离子体的面型与当地磁力线重合，由于环形通道中间是气体供应流道，故剖面中央空隙呈漏斗状(图 9-3)。这种面型利于将中性气体和等离子体约束在通道中央，并减少电子直接撞击到阳极上的损失。在带阳极层霍尔推力器中，典型构型是通道宽度为通道深度的两倍。

“霍尔推力器”这个名字来源于推力作用在推力器的固体部分的机理。如前所述，霍尔推力器是静电加速装置，离子只由静电场进行加速，但由于离子存在于准中性的等离子体中，等离子体中的自由电子将受到一个大小相等、方向相反的静电力，静电力密度幅值为 $f = en_iE = en_eE$ 。如图 9-4 所示，在径向磁场 $\boldsymbol{B}_r$ 的作用下，电子并不会自由地向着阳极加速运动，而是以一个具有回转的周向运动进行"漂移"，其中的回转运动将使它们自身生成与所受到的外加磁场大小相等、方向相反的磁场。认为磁场只有径向分量，且周向均匀，而电场只有轴向分量(记为 z 方向)，则电子周向漂移运动速度($\boldsymbol{u}_\theta$)表示为

$$\boldsymbol{u}_\theta = \frac{\boldsymbol{E} \times \boldsymbol{B}}{B^2} \quad \Rightarrow \quad u_\theta = \frac{E_z}{B_r} \tag{9-3}$$

式(9-3)表明周向漂移运动速度($\boldsymbol{u}_\theta$)是常量。

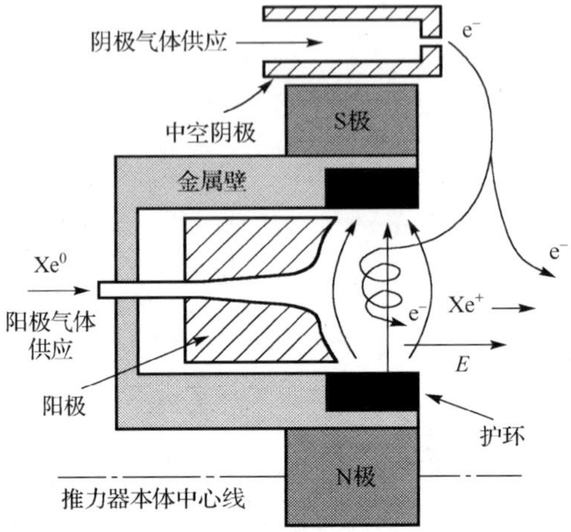

图 9-3　金属导电壁通道霍尔推力器中截面示意图

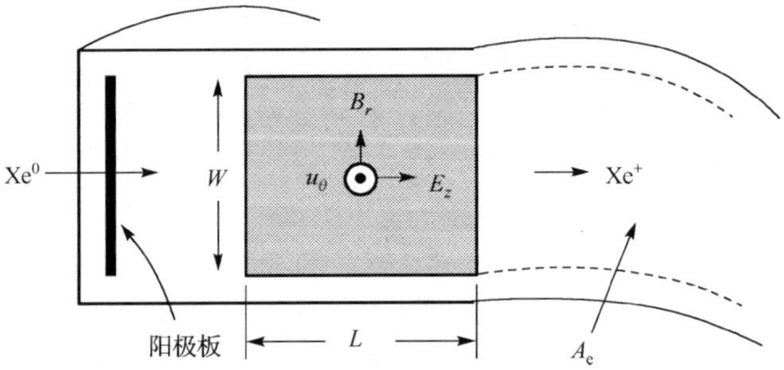

图 9-4　电子的周向漂移运动受力示意图

由于离子的回旋半径远大于装置的长度(对氙离子，对应于加速电压 $U_\mathrm{d} = 150\mathrm{V}$ 的速度以及径向磁场强度 $B_r = 150\mathrm{G}$，$r_\mathrm{i} \approx 1.34\mathrm{m}$)，离子速度集中在轴向分量，因此将引起一个净的周向电流，称为"霍尔电流"，其密度为

$$\boldsymbol{j}_\mathrm{Hall} = -\mathrm{e} \cdot n_\mathrm{e} \cdot \boldsymbol{u}_\theta = -\mathrm{e} \cdot n_\mathrm{e} \frac{\boldsymbol{E} \times \boldsymbol{B}}{B^2} \tag{9-4}$$

对应于等离子体中的霍尔电流 $\boldsymbol{j}_\mathrm{Hall}$，作用于其上的磁力(洛伦兹力)密度为 $\boldsymbol{f} = \boldsymbol{j}_\mathrm{Hall} \times \boldsymbol{B}$。同时，霍尔电流将对磁结构产生一个大小相等方向相反的力，表示为

$$\boldsymbol{f}_\mathrm{str} = \mathrm{e} \cdot n_\mathrm{e} \cdot \boldsymbol{u}_\theta \times \boldsymbol{B} \tag{9-5}$$

电子稳定的周向漂移运动要求该速度分量($\boldsymbol{u}_\theta$)引起的洛伦兹力被电场力平衡：

$$-\not{e}\cdot\boldsymbol{E}-\not{e}\cdot\boldsymbol{u}_{\theta}\times\boldsymbol{B}=\boldsymbol{0} \tag{9-6}$$

结合离子静电力表示式给出

$$\boldsymbol{f}_{\mathrm{str}}=-\mathrm{e}n_{\mathrm{e}}\boldsymbol{E}\approx-\mathrm{e}n_{\mathrm{i}}\boldsymbol{E} \tag{9-7}$$

即，磁结构受到的力大小等于而方向相反于作用在离子上的静电力。这里的关键点在于，结构上所受到的力不是由静电场而是由磁场(这里的电场太弱)通过“霍尔电流”施加的，因此该装置称为“霍尔推力器”。

9.3　推 力 能 力

与栅格型离子推力器不同，霍尔推力器可获得的推力密度没有一个明确的上界。对照图 9-4，认为在整个通道内等离子体和电场都均匀，推力器总推力可表示为

$$F=\iint\limits_{A_{\mathrm{e}}\times L} j_{\mathrm{Hall}}B_{r}\mathrm{d}A\cdot\mathrm{d}z\approx\mathrm{e}\cdot n_{\mathrm{e}}\cdot L\cdot A_{\mathrm{e}}\frac{U_{\mathrm{d}}}{L}=\mathrm{e}\cdot n_{\mathrm{e}}\cdot A_{\mathrm{e}}\cdot U_{\mathrm{d}} \tag{9-8}$$

由于放电电压决定着离子流出速度，故电压更直接地控制比冲。现在假设电压相同，并且可以达到相同的电离度，那么进入加速通道的离子流和电子流将随着质量流量的增加而增大，因此这些自由电子使更大流量的中性流电离的能力将得到保持，结果通过增加推力器中的工质质量流量，就能增加相同倍数的推力。仅从这个角度分析，由于没有空间净电荷发展，工质流量、电流和功率的增长将持续而没有限制。

然而上述推理忽略了碰撞引起的电子轴向扩散效应。

电子在交叉电磁场($\boldsymbol{E}\times\boldsymbol{B}$)中以具有回转的周向运动进行“漂移”，达到稳定状态时，周向漂移运动速度$u_{\theta}=E_{z}/B_{r}$与回转运动平均速度幅值相等(注意实际上回转运动的瞬时速度大小是变化的)。发生与中性原子或离子的碰撞时，电子损失全部动能，然后重新从静止加速到平衡漂移状态。电子在电场中加速，沿着电场方向移动的距离记为 d，则

$$\begin{aligned}&2\cdot\frac{1}{2}m_{\mathrm{e}}\cdot u_{\theta}^{2}\simeq\mathrm{e}E_{z}d\\&\Rightarrow d\approx\frac{m_{\mathrm{e}}}{\mathrm{e}E_{z}}\left(\frac{E_{z}}{B_{r}}\right)^{2}=\frac{E_{z}}{B_{r}}\frac{1}{\dfrac{\mathrm{e}B_{r}}{m_{\mathrm{e}}}}=\frac{E_{z}}{B_{r}}\frac{\nu_{\mathrm{e}}}{\omega_{\mathrm{c}}}\cdot\frac{1}{\nu_{\mathrm{e}}}\end{aligned} \tag{9-9}$$

因此，每次碰撞，电场都会将电子向阳极方向推动约$u_{\theta}/\omega_{\mathrm{c}}$的距离；持续的碰撞使电子以某一等效速度穿过磁障，这个速度约为

$$u_{z}\approx\frac{E_{z}}{B_{r}}\frac{\nu_{\mathrm{e}}}{\omega_{\mathrm{c}}}=u_{\theta}\frac{\nu_{\mathrm{e}}}{\omega_{\mathrm{c}}} \tag{9-10}$$

该速度随着碰撞频率ν_{e}的增加而增大。

记加速区中的电子数密度为n_{e}，这意味着存在“泄漏”电流密度为

$$j_{\mathrm{leak}}=\mathrm{e}n_{\mathrm{e}}u_{z}=\mathrm{e}n_{\mathrm{e}}\frac{E_{z}}{B_{r}}\frac{\nu_{\mathrm{e}}}{\omega_{\mathrm{c}}} \tag{9-11}$$

只要电子和气体质量流量以及气体密度增大，碰撞频率 $\nu_e = n_H \bar{c}_e Q_{eH}$（$n_H$ 是中性原子与离子的总数密度，$\bar{c}_e = \sqrt{8kT_e/(\pi m_e)}$ 为电子平均热动速度，Q_{eH} 为电子与重粒子平均碰撞截面）也增大。由于碰撞频率 ν_e 中有 n_H 这个因子，j_{leak} 将比束离子电流密度 j_b 增加更快。正如后面将进行的讨论，决定整个装置效率的一个因子 η_a（也称为“阳极效率”）取决于泄漏电流：

$$\eta_a = \frac{U_d I_b}{U_d I_a} = \frac{I_b}{I_a} \tag{9-12}$$

式中，I_a 是阳极电流。根据如图 9-5 所示通道中的粒子流，忽略壁面损失时，$I_b = I_a - I_{leak}$，因此：

$$\eta_a = 1 - \frac{I_{leak}}{I_a} = \frac{1}{1 + \dfrac{I_{leak}}{I_b}} \tag{9-13}$$

这表明更大的电子泄漏电流(对应更高的离子流率)会损害效率。同时，式(9-11)也表明，如果这是流量提高带来的唯一问题，那么增大磁场强度(如果可行)将是抑制它的一种方式。数值上，希望保持 $I_{leak}/I_b \leqslant 0.2$。假设构成 I_b 的离子以其最终速度 c 的 1/2 大小穿过磁障，可得

$$\frac{I_{leak}}{I_b} = \frac{u_z}{\dfrac{c}{2}} = \frac{2}{c}\frac{E_z}{B_r}\frac{\nu_e}{\omega_c} \leqslant 0.2 \tag{9-14}$$

即对电子碰撞频率约束为

$$\nu_e \leqslant 0.1 \frac{c B_r \omega_c}{E_z} \tag{9-15}$$

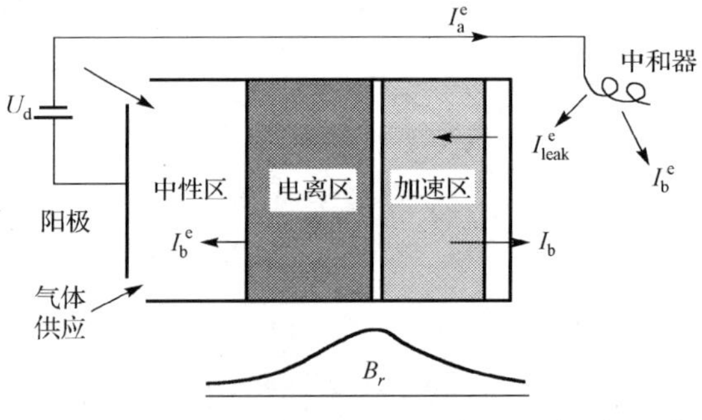

图 9-5　忽略损失到壁面的离子的霍尔推力器通道内粒子流示意图

例如，在 SPT-100 推力器的高磁场强度区，$c = 16000\text{m/s}$，$E_z \approx 5000\text{V/m}$，$B_r \approx 0.02\text{T}$ 以及 $\omega_c = eB_r/m_e \approx 3.5\times10^9 \text{rad/s}$，根据式(9-15)要求 $\nu_e \leqslant 2.2\times10^7 \text{s}^{-1}$。当电子与中性粒子碰撞截面为 $Q_{en} \approx 3\times10^{-19}\text{m}^2$，$T_e \approx 10\text{eV}$，$\bar{c}_e = 2.1\times10^6 \text{m/s}$ 时，可得到该区域内中性粒子数密度的极限值为

$$n_n = \frac{\nu_{en}}{\bar{c}_e Q_{en}} \leqslant 3.5\times10^{19}\text{m}^{-3} \tag{9-16}$$

9.4　推力器效率

在给定推进剂质量流率和推力的情况下，应该使所消耗的电功率最小。回忆效率为

$$\eta = \frac{\frac{\dot{m}c^2}{2}}{P} = \frac{\frac{F^2}{(2\dot{m})}}{P} \tag{9-17}$$

式中，喷气动能流率 $F^2/(2\dot{m})$ 是转化成动能的功率，$P = I_a U_d$ 是实际消耗的电功率。如图 9-5 所示，U_d 是放电电压，I_a^e 是通过电源的电流(也可以称为“阳极电流”，或者“阴极电流”)。在 I_a^e 中，阴极发射的一部分电子电流(I_b^e)与推力器喷射的离子束中和，其余的电子 I_{leak}^e 回流进入推力器。因为假设没有电子损失到推力室壁面上，故电流守恒式为 $I_a = I_b + I_{leak}$。

电连接以及通道内轴线上的电势分布如图 9-6 所示。通常所有的电源连接到相同的参考电极，称为“共阴极”，这个共阴极通常也与推力器壳体或者磁路连通。在通道上游近阳极区域，横向磁场很弱，电子的扩散率很高，该处等离子体的电势与阳极很接近。向下游移动逐渐接近通道出口，横向磁场越来越强，电势下降并接近阴极电势。等离子束与阴极之间的电势差是耦合电压(U_c)，这是从中空阴极中提取电子电流所必需的。对于实验室状态，通常忽略等离子束与电源地之间的电压(通常仅为 10～20V)。

$$U_b = U_d - U_c \approx U_d - U_{cg} \tag{9-18}$$

式中，U_{cg} 是阴极对电源地的电压。

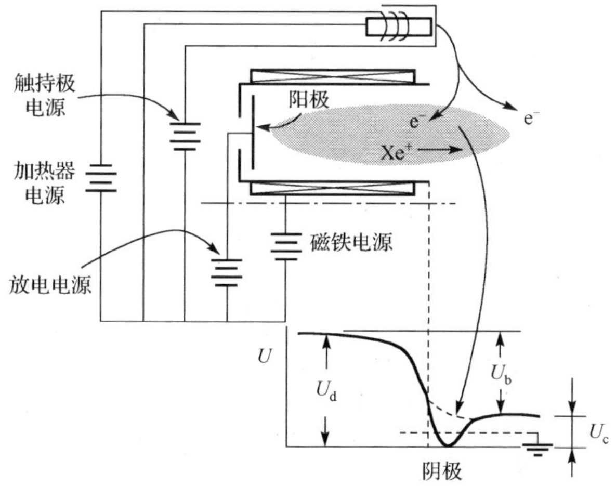

图 9-6　霍尔推力器电连接及通道内轴线上电势分布示意图

推力只由被加速的离子产生。离子产生位置散布在推力器出口平面上游的加速通道不同截面上，因此到推力器出口获得的速度不同。下面用 $\dot{m}_i$ 表示通道出口的离子质量流率，而 $d\dot{m}_i(z)$ 表示某位置坐标 z 处新增加的离子微团质量。故推力表示为

$$F = \int c \cdot \mathrm{d}\dot{m}_{\mathrm{i}}(z) \tag{9-19}$$

式中，电势值为 U 处生成的离子微团的喷射速度为

$$c = \sqrt{\frac{2\mathrm{e}U}{m_{\mathrm{i}}}} \tag{9-20}$$

假设离子束流中的微团 $\mathrm{d}\dot{m}_{\mathrm{i}}(z)$ 是在电势降为 $\mathrm{d}U$ 的区域中产生的，可以定义“电离分布函数” $f(U/U_{\mathrm{d}})$ 如下：

$$\left[\frac{\mathrm{d}\dot{m}_{\mathrm{i}}(z)}{\dot{m}_{\mathrm{i}}}\right] = -f\left(\frac{U}{U_{\mathrm{d}}}\right)\left(\frac{\mathrm{d}U}{U_{\mathrm{d}}}\right) \tag{9-21}$$

或者，引入电势比为 $\varphi = U/U_{\mathrm{d}}$，则“电离分布函数” $f(\varphi)$ 表示为

$$\left(\frac{\mathrm{d}\dot{m}_{\mathrm{i}}}{\dot{m}_{\mathrm{i}}}\right) = -f(\varphi)\mathrm{d}\varphi \tag{9-22}$$

显然，电离分布函数 $f(\varphi)$ 满足归一化条件：

$$\int_0^1 f(\varphi)\mathrm{d}\varphi = 1 \tag{9-23}$$

现在可用电离分布函数表示推力以及推力效率：

$$F = \dot{m}_{\mathrm{i}}\sqrt{\frac{2\mathrm{e}U_{\mathrm{d}}}{m_{\mathrm{i}}}}\int_0^1 \sqrt{\varphi} f(\varphi)\mathrm{d}\varphi \tag{9-24}$$

$$\eta = \frac{(\dot{m}_i)^2 \dfrac{2\mathrm{e}U_{\mathrm{d}}}{m_{\mathrm{i}}}\left[\int_0^1 \sqrt{\varphi} f(\varphi)\mathrm{d}\varphi\right]^2}{2\dot{m}U_{\mathrm{d}}I_{\mathrm{a}}} \tag{9-25}$$

注意到束电流 I_{b} 与离子质量流率 $\dot{m}_{\mathrm{i}}$ 可以关联起来：

$$I_{\mathrm{b}} = \mathrm{e}\frac{\dot{m}_{\mathrm{i}}}{m_{\mathrm{i}}} \tag{9-26}$$

故推力效率表达式可写为

$$\eta = \left(\frac{\dot{m}_{\mathrm{i}}}{\dot{m}}\right)\left(\frac{I_{\mathrm{b}}}{I_{\mathrm{a}}}\right)\left[\int_0^1 \sqrt{\varphi} f(\varphi)\mathrm{d}\varphi\right]^2 \tag{9-27}$$

式中，等号右侧每一项在数值上都小于 1，分别指示不同环节的效率(相似定义亦见文献[3])。

(1) $\dot{m}_{\mathrm{i}}/\dot{m} = \eta_{\mathrm{u}}$：推进剂利用效率，表征中性气体(未电离)流出引起的损失。

(2) $I_{\mathrm{b}}/I_{\mathrm{a}} = \eta_{\mathrm{a}}$：电子回流效率，表征电子回流引起的损失。

(3) $\left[\int_0^1 \sqrt{\varphi} f(\varphi)\mathrm{d}\varphi\right]^2 = \eta_{\mathrm{E}}$：离子非均匀加速引起的损失。

显然，由于电离分布函数 $f(\varphi)$ 满足归一化条件，为使效率大，必要求 $f(\varphi)$ 尽量集中在

$\sqrt{\varphi}$ 取最大值的区域上，即要求绝大部分电离发生在入口处。在期望的这种情况下，$f(\varphi)=\delta(\varphi)$，且 $\eta_E=1$。一种有点悲观的场景是 $f(\varphi)=1$，即 $\mathrm{d}\dot{m}_i(z)/\mathrm{d}z$ 与 $-\mathrm{d}U/\mathrm{d}z$ 成比例[式(9-22)]，即电离率(离子质量流率梯度)正比于电场强度，这时有

$$\eta_E=\left[\int_0^1\sqrt{\varphi}f(\varphi)\mathrm{d}\varphi\right]^2=\left(\int_0^1\sqrt{\varphi}\cdot 1\cdot \mathrm{d}\varphi\right)^2=\frac{4}{9} \tag{9-28}$$

实验给出的数值范围是 $\eta_E=0.6\sim0.9$，表明电离趋向于在通道的前端发生。这正是所期望的状态，因为这个位置正是回流的电子通过在电场中“自由落体”获得最大能量的位置。

因子 $\eta_u=\dfrac{\dot{m}_i}{\dot{m}}$ 与电离份额有关，注意到如下关系：

$$\dot{m}_i=n_e c_i A,\quad \dot{m}=\dot{m}_i+\dot{m}_n=(n_e c_i+n_n c_n)A \tag{9-29}$$

式中，A 是阳极截面面积。推进剂利用效率 η_u 可表示为

$$\eta_u=\frac{\left(\dfrac{n_e}{n_n}\right)\left(\dfrac{c_i}{c_n}\right)}{1+\left(\dfrac{n_e}{n_n}\right)\left(\dfrac{c_i}{c_n}\right)} \tag{9-30}$$

由于离子与中性粒子的速度之比 c_i/c_n 数值很大(中性粒子的速度 c_n 不会超过声速，即最大每秒数百米，而离子的速度 c_i 数值很大，$c_i\simeq I_{sp}\approx 20000\mathrm{m/s}$)，即使电子与中性粒子的数密度之比只有区区百分之几，推进剂利用效率 η_u 的数值也会很大，实验给出的数值范围是 $\eta_u=0.4\sim0.9$。

因子 $\eta_a=I_b/I_a$ 指示的意义需要讨论。注意到绝大部分电离事件是由回流的电子引起的，因此不能单纯追求增大 I_b（$I_{leak}=I_a-I_b$）。需要争取达到的状态应该如下。

(1)使回流的每单位电子引起尽可能多的电离事件。

(2)尽量减少电离所产生的离子-电子对到加速通道壁面上复合的损失。

上述要求可以量化如下：令 β 为每个回流的电子产生的次生电子(同时也就是产生的离子)的数目，记 α 为这些新生的电子-离子对在加速通道壁面上通过复合而损失的份额。由此，对于每一单位的回流电子，引发了 $(1-\alpha)\beta$ 个单位的离子进入束流，也就要求等数目的阴极电子来中和它们。故 η_a 可以表示为

$$\eta_a=\frac{I_b}{I_a}=\frac{(1-\alpha)\beta}{1+(1-\alpha)\beta} \tag{9-31}$$

显然，期望 $\beta\gg1$ 而 $\alpha\ll1$。前者（$\beta\gg1$）意味着利用外加的径向磁场和加速电场，尽可能地延长回流电子飞向阳极的路径。电离效率最高的电子能量通常是30～80eV，而加速电势通常是这个能量上限的2.5倍左右。但是这样的加速电势对于重离子还是不够的，因为重离子需要更高的加速电势才能达到同样的出口速度。

后一个条件($\alpha\ll1$)意味着使能够发生离子-电子复合的绝缘表面面积最小化，一种途径是巧妙安排电场构型，使离子不直接加速撞向壁面。不细致勘测电场等势面的构型，就很难达到上述要求。

参 考 文 献

[1] Brophy J R. Stationary plasma thruster evaluation in Russia[R]. N93-25206. 1992.

[2] Ahedo E, Martinez-Sanchez M. One-dimensional plasma structure in hall thrusters[C]// AIAA 98-8788. 34th AIAA/ASME/SAE/ASEE Joint Propulsion Conference and Exhibit. 1998.

[3] Lentz C A, Martinez-Sanchez M. Transient one dimensional numerical simulation of hall thrusters[C]// AIAA 93-2491. 29th AIAA/ SAE/ASME/ ASEE Joint Propulsion Conference and Exhibit. 1993.

思考与练习题

9-1　霍尔推力器加速通道中，电子运动的物理图景是怎样的？

9-2　为降低离子对壁面侵蚀、延长霍尔推力器的寿命，可以做哪些改进措施？

第 10 章　霍尔推力器稳态一维模型

霍尔推力器的一维模型反映各物理量沿着通道轴线方向的变化，各位置上物理量的幅值是通道径向截面平均的结果，且将离子、电子和中性原子作为独立的流体组分，从宏观角度描述其运动。实验观测和二维模拟都显示：霍尔推力器的通道中，出口上游有一个较长的中性气体导入区，接近出口有个剧烈电离区，而离子加速区与电离区部分重叠并且扩展到通道出口下游。一维模型应该反映上述特征。由于数密度很小(即低压气体)，可以认为中性原子的运动速度为常数；由于 $T_i \ll T_e$，从而不需要单独考虑离子的能量方程；认为通道内流体是等离子体($n_i \approx n_e$)。

如图 9-5 所示，取通道轴向为 z 方向，指向出口的方向为正。首先定义粒子数通量：

$$\Gamma_e = n_e u_e \quad (u_e < 0 \to \Gamma_e < 0) \tag{10-1}$$

$$\Gamma_i = n_e u_i \tag{10-2}$$

$$\Gamma_n = n_n u_n \quad \left(u_n \approx \text{const} \approx \sqrt{\frac{5}{3}\frac{kT_w}{m_i}} \right) \tag{10-3}$$

10.1　控 制 方 程

10.1.1　粒子数守恒方程

忽略粒子在通道壁面的损失，粒子数守恒方程为

$$\frac{d\Gamma_e}{dz} = \frac{d\Gamma_i}{dz} = -\frac{d\Gamma_n}{dz} = n_e \nu_{ion} \tag{10-4}$$

式中，电离频率 ν_{ion} 计算式为

$$\nu_{ion} = n_n \sigma_0 \overline{c}_e \left(1 + 2\frac{kT_e}{E_i}\right) \exp\left(-\frac{E_i}{kT_e}\right) \tag{10-5}$$

其中，σ_0 是碰撞电离截面；E_i 是电离能。对于氙(Xe)：

$$\begin{cases} \sigma_0 \approx 3.6\times 10^{-20}\,\text{m}^2, & E_i = eU_i \\ U_i = 12.1\text{V}, & m_i = 2.17975\times 10^{-25}\,\text{kg} \end{cases} \tag{10-6}$$

对式(10-4)积分得

$$\begin{gathered} \Gamma_i - \Gamma_e = \Gamma_d = \text{const} \\ \Gamma_i + \Gamma_n = \Gamma_m = \text{const} \\ \Gamma_d = \frac{I_a}{A\cdot \text{e}}, \quad \Gamma_m = \frac{\dot{m}}{A\cdot m_i} \end{gathered} \tag{10-7}$$

10.1.2 离子动量方程

作用在每单位体积内的离子气体上的静电力为 eEn_e（来自轴向电场 E）。同时，电离过程也有附带的阻力。对于每次电离事件，一个新生的离子加入离子群体（具有速度 u_i）中，但是其前身中性粒子的速度为 u_n，由此产生的阻力为 $-n_e\nu_{ion}m_i(u_i-u_n)$。离子加速的区域电场很强，因压力梯度、磁力、流体黏性产生的动量交换可以忽略，故取离子动量方程形式为

$$m_i u_i \frac{du_i}{dz} = eE - m_i\nu_{ion}(u_i - u_n) \tag{10-8}$$

10.1.3 电子动量方程

在碰撞因素中首先只考虑电子与中性粒子的碰撞。忽略惯性时，电子在电场力、磁场力、碰撞阻力等共同作用下运动的矢量方程表示为

$$\nabla p_e = -en_e(\boldsymbol{E} + \boldsymbol{u}_e \times \boldsymbol{B}) - m_e\nu_{en}n_e\boldsymbol{u}_e \tag{10-9}$$

式中，电子与中性粒子的碰撞频率相关因素为 $\nu_{en} = n_n\bar{c}_e\sigma_{en}$。回忆图 9-4 中圆柱坐标系方向标记，电子动量方程在通道轴向（z 方向，由阳极板指向出口）投影分量为

$$\left.\begin{aligned} &E_r = E_\theta = 0,\quad E_z = E \\ &B_r = B,\quad B_\theta = B_z = 0 \\ &u_{er} = 0 \end{aligned}\right\} \rightarrow \frac{dp_e}{dz} = -en_e(E - u_{e\theta}B) - m_e\nu_{en}n_e u_{ez} \tag{10-10}$$

回忆式(9-10)给出的轴向扩散与周向漂移速度关系，注意到 z 轴正方向的定义：

$$u_{ez} \approx -u_{e\theta}\frac{\nu_{en}}{\omega_c} \tag{10-11}$$

代回式(10-10)得

$$\begin{aligned} \frac{dp_e}{dz} &= -en_e\left(E + u_{ez}\frac{\omega_c}{\nu_{en}}B\right) - m_e\nu_{en}n_e u_{ez} \\ &= -n_e eE - n_e m_e u_{ez}\left(\frac{\omega_c^2}{\nu_{en}} + \nu_{en}\right) \end{aligned} \tag{10-12}$$

在霍尔推力器的等离子体中，$\nu_{en} \ll \omega_c$，因此式(10-12)括号中的第二项可以忽略。从而量 ω_c^2/ν_{en} 成为表征磁场影响的“等效碰撞频率”，记为

$$\nu_e = \frac{\omega_c^2}{\nu_{en}} \tag{10-13}$$

若同时存在几种真实的碰撞，如 $e-n_1$，$e-n_2$，则在式(10-13)中必须采用 $\nu_{en} = \nu_{en1} + \nu_{en2}$。电子（电子气压强为 $p_e = n_e kT_e$）的动量方程写为

$$\frac{d}{dz}(n_e kT_e) = -n_e(eE + m_e u_{ez}\nu_e) \tag{10-14}$$

对于 SPT 类型的霍尔推力器，通道中等离子体湍动造成的电子“异常扩散”(玻姆扩散)具有与碰撞等效的作用。为了获得修正的途径，考虑一种简单的情况：$T_e = \text{const}$，$E = 0$。方程(10-14)给出

$$\Gamma_e = -\frac{kT_e}{m_e \nu_e}\frac{dn_e}{dz} = n_e u_{ez} \tag{10-15}$$

由此给出扩散率为 $D = kT_e / (m_e \nu_e)$。根据式(10-13)的结果，若存在多种碰撞，则扩散率为

$$D = \frac{kT_e}{m_e \omega_c^2}(\nu_{en1} + \nu_{en2}) \tag{10-16}$$

如果异常扩散占支配地位，根据经验知道：

$$D = D_{Bohm} \approx \alpha_B \frac{kT_e}{eB} \quad \left(\alpha_B \approx \frac{1}{16}\right) \tag{10-17}$$

将此类扩散比拟为一种碰撞效应，如 ν_{en2}，则应该有

$$\alpha_B \frac{kT_e}{eB} = \frac{kT_e}{m_e \omega_c^2}\nu_{en2} \to \nu_{en2} = \omega_c \alpha_B \tag{10-18}$$

因此，如果要求综合考虑经典的 e－n 碰撞和玻姆扩散效应，则等效的碰撞频率为

$$\nu_e = \frac{\omega_c^2}{\nu_{en} + \alpha_B \omega_c} \tag{10-19}$$

10.1.4　电子能量方程

电子内能即其微观动能为 $(3/2)kT_e$，电子气压强为 $p_e = n_e kT_e$，故对流焓通量是 $\Gamma_e (5/2)kT_e$，其梯度等于作用在每单位体积电子气体上的电场功率减去消耗在激发和电离中性粒子事件的功率，能量平衡表示为

$$\frac{d}{dz}\left(\Gamma_e \frac{5}{2}kT_e\right) = -e\Gamma_e E - n_e \nu_{ion} E_i' \tag{10-20}$$

式中，$E_i' = (2 \sim 3)E_i$，即等于实际电离能的 2～3 倍的能量，其中包含电子碰撞激发引起光子发射造成的辐射损失。注意到 $d\Gamma_e / dz = n_e \nu_{ion}$，电子能量方程也可写成

$$\frac{d}{dz}\left[\Gamma_e\left(\frac{5}{2}kT_e + E_i'\right)\right] = -e\Gamma_e E \tag{10-21}$$

10.2　方 程 求 解

10.2.1　导数求解

以 $du_i / dz, dT_e / dz, dn_e / dz, E = -d\phi / dz$ 为变量，按照解线性代数方程组方法得

$$\left(\frac{5}{3}kT_e - m_i u_i^2\right)\frac{du_i}{dz} = \frac{5}{3}m_e \nu_e u_{ez} u_i + \nu_{ion}\left[\frac{5}{3}kT_e + m_i u_i (u_i - u_n) - \frac{u_i}{u_{ez}}\frac{2E_i' + 5kT_e}{3}\right] \tag{10-22}$$

$$\left(\frac{5}{3}kT_e - m_i u_i^2\right)\frac{dn_e}{dz} = -\frac{5}{3}n_e m_e u_{ez}\nu_e - n_e \nu_{ion}\left[m_i(2u_i - u_n) - \frac{2E_i' + 5kT_e}{3u_{ez}}\right] \tag{10-23}$$

$$\left(\frac{5}{3}kT_e - m_i u_i^2\right)k\frac{dT_e}{dz} = -\frac{2}{3}m_e \nu_e u_{ez} m_i u_i^2 - m_i \nu_{ion}\left[\frac{2}{3}kT_e(2u_i - u_n) - \frac{m_i u_i^2 - kT_e}{m_i u_{ez}}\cdot\frac{2E_i' + 5kT_e}{3}\right] \tag{10-24}$$

$$\left(\frac{5}{3}kT_e - m_i u_i^2\right)eE = \frac{5}{3}m_e \nu_e u_{ez} m_i u_i^2 + m_i \nu_{ion}\left[\frac{5}{3}kT_e(2u_i - u_n) - \frac{u_i^2}{u_{ez}}\cdot\frac{2E_i' + 5kT_e}{3}\right] \tag{10-25}$$

这些方程的最重要特征是变量导数的系数中有共同的因子$(5/3)kT_e - m_i u_i^2$。当这个因子取0值时，离子速度达到离子声波的波速，此时：

$$u_i = u_{is} = \sqrt{\frac{5}{3}\frac{kT_e}{m_i}} \tag{10-26}$$

声波扫过时，离子与电子都经历压缩-膨胀过程。它们的运动通过静电作用耦合，因为电子更热，它们提供回复力；离子质量更大，它们提供惯性。由于这个原因，离子能够加速超过其声速值(在氙中的幅值为3000～4000m/s)。有如下两种加速模式。

(1)光滑加速。若方程(10-22)～方程(10-25)的右手一侧在$u_i = u_{is}$时也等于0(可以验证，只要其中一个方程等于0，其他的也必然等于0)。这样给微分方程组施加一个内部条件，以补充边界条件。困难在于不能预先知道出现这种状态的确切位置，数值积分也无法通过这一点，因为每个方程在这一点的导数都呈现0/0的形式，只能运用洛必达(L'Hospital)法则确定有限比值。

(2)突跃加速。若方程(10-22)～方程(10-25)的右手一侧在$u_i = u_{is}$时不等于0，此时导数(包括电场强度E)是局部无限大的，但是可以证明它们的行为与$1/\sqrt{|z - z_s|}$相同，因此这个极值区域是可以积分的。这种状态只可能出现在通道的开放端，如同正常开口的气体管路向真空排气。在这种情况下，可以施加末端条件$u_i = u_{is}(T_e)$。

注意状态(2)也可以出现在入口端。事实上，这种状态确实观察到了。这是因为阳极区会生成负电位的鞘层(电子阻挡层)，以限制对电子的捕获只达到所需要的电流I_a的水平。这个鞘层也吸引离子，这些被吸引的离子以其声波的速度(玻姆边缘准则的一种形式)进入鞘层：

$$u_{\mathrm{i}}(z=0)=\sqrt{\frac{5}{3}\frac{kT_{\mathrm{e}}(0)}{m_{\mathrm{i}}}} \tag{10-27}$$

10.2.2　边界条件

现在已经对霍尔推力器通道内的流速分布有一个大致的判断：存在两个声速点，一个(逆向流动)在入口处，另一个(前向流动)在出口平面或者通道中间的某个位置。这样可以提供两个边界条件，或者一个边界[式(10-27)]加上一个内部光滑声速转变条件。

再考察控制粒子运动的守恒方程组，包括三种粒子的数守恒、电子与离子动量守恒、电子能量守恒方程共 6 个。但是实际上可以认为两个积分常数 Γ_{m} 与 Γ_{d} 是指定的，可以分离出来作为两个附加的边界条件。(应该注意：一旦达到完全电离的状态，同时指定积分常数 Γ_{m} 与 Γ_{d} 就是冗余的；更实际可行的做法是指定 Γ_{m} 和总的外加电压 U_{d}。但是，电压 U_{d} 的大部分变化在通道外的超声速近羽流区，不在本模型分析的范围。)

现在还缺少两个定解条件，这两个条件必定扮演与通道外羽流相联系的角色。在中性气体宏观连续流动中，声速点上、下游的流动是解耦的。但是在当前的霍尔推力器通道中，存在着两种方向相反的流动，特别是其中的电子流，确实将来自通道出口外部的信息带给了通道内声速点上游的等离子体。最明显的是回流电子的平均能量(T_{e})必定随着总的外加电压的提高而增大。因此可以指定通道出口处的电子温度 $T_{\mathrm{e}}(z_{\mathrm{e}})$ (z_{e} 是通道出口位置点 E 的坐标，见图 10-1)来引入外加电压的影响。更敏感的影响是由下游阴极发射的电子中回流进入了通道的份额，这个参数必定取决于阴极本身及其附近羽流区的细节特征。对此还没有确切的模型，姑且指定 $\Gamma_{\mathrm{e}}(z_{\mathrm{e}})/\Gamma_{\mathrm{d}}$ 的值。

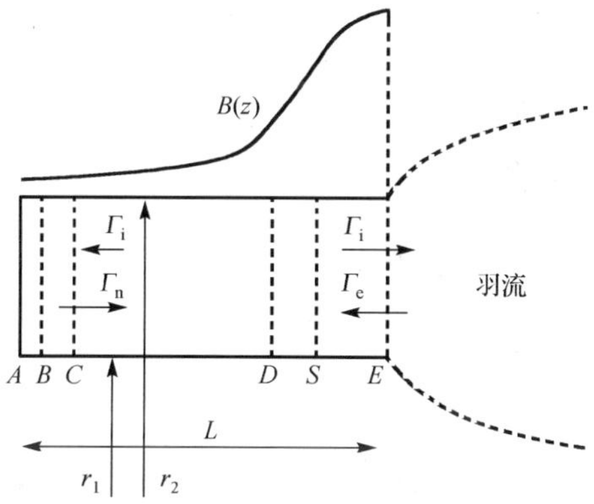

图 10-1　霍尔推力器内流场分区示意图

10.3　放 电 剖 析

由于无法直接求得方程(10-22)～方程(10-25)的解析解，故下面针对不同区域的主要机制忽略次要因素来进一步简化方程组，以达到可求解析解的状态。以从文献[1]摘取的霍尔推力器内流场分区示意图 10-1 作为分区依据。图 10-1 的绘制组合了来自简化解析分析、详细的数值计算以及实验数据比对的结果。图中 L 是通道长度；r_1、r_2 分别是通道内外半径；$B(z)$ 是径向磁场的轴向分布剖面；A 是阳极，E 是通道出口，B 是从空间电荷鞘层到准中性通道流的转变点；S 是出流的离子声速点(可能与 E 重合)。如下的三个区域通常在准中性通道中占据显著位置：阳极前预鞘层 BC，扩散区 CD，电离区 DE。

下面将给出对其中部分区域的分析。作为检验和比对，可参考文献[1]给出的壅塞出口状态与光滑声速转变状态数值积分计算结果，以及文献[2]给出的不稳定效应数值积分计算结果。

10.3.1　阳极前预鞘层与扩散区

在贯通阳极前预鞘层到扩散区的 BCD 中，电离度很小，因为电子穿过电离层时损失了大部分能量，到达此区域时温度 T_e 已经很低了，故可令 $\nu_{ion}=0$。由式(10-22)与式(10-24)相除得

$$\frac{u_i du_i}{k dT_e}=-\frac{5}{2}\frac{1}{m_i}\Rightarrow\frac{1}{2}m_i u_i^2+\frac{5}{2}kT_e=\text{const} \tag{10-28}$$

在 z=0(点 B 处)使用条件式(10-27)得

$$\frac{1}{2}\cdot\frac{5}{3}kT_e(0)+\frac{5}{2}kT_e(0)=\frac{10}{3}kT_e(0)=\text{const} \tag{10-29}$$

在此区域电子温度分布为

$$T_e=\frac{4}{3}T_e(0)-\frac{m_i u_i^2}{5k} \tag{10-30}$$

代回式(10-22)得

$$\left[\frac{4}{3}\frac{kT_e(0)}{u_i^2}-\frac{4}{5}m_i\right]du_i=m_e\nu_e\frac{u_{ez}}{u_i}dz=m_e\nu_e\frac{\Gamma_e}{\Gamma_i}dz \tag{10-31}$$

由于没有电离事件，在此区域 Γ_i 与 Γ_e 是常数，电子碰撞频率 ν_e 也视为常数，得

$$-\frac{4}{3}\frac{kT_e(0)}{u_i}-\frac{4}{5}m_i u_i=C+m_e\nu_e\frac{\Gamma_e}{\Gamma_i}z \tag{10-32}$$

使用 z=0 的条件式(10-27)得

$$C=-\frac{8}{5}m_i u_i(0) \tag{10-33}$$

注意到 $u_i<0$，式(10-32)重写为

$$\left[\frac{u_i}{u_i(0)}\right]^2-2\left[1+\frac{5\Gamma_e m_e\nu_e}{8\Gamma_i m_i|u_i(0)|}\cdot z\right]\left[\frac{u_i}{u_i(0)}\right]+1=0 \tag{10-34}$$

现在定义“预鞘层厚度” z_{ps}：

$$z_{ps}=\frac{8}{5}\left(\frac{\Gamma_i}{\Gamma_e}\right)_0\frac{m_i|u_i(0)|}{m_e\nu_e} \tag{10-35}$$

式(10-34)的解为

$$\frac{u_i}{u_i(0)}=1+\frac{z}{z_{ps}}\pm\sqrt{\left(1+\frac{z}{z_{ps}}\right)^2-1}=\frac{1}{1+\frac{z}{z_{ps}}\mp\sqrt{\left(1+\frac{z}{z_{ps}}\right)^2-1}} \tag{10-36}$$

注意到对于 $z \gg z_{ps}$，“+”解导致 $u_i / u_i(0) \to 2 \cdot z / z_{ps}$，“−”解给出 $u_i / u_i(0) \to z_{ps} / (2z)$。由于 $u_i(0) < 0$，“+”解意味着逆向流动的离子流减速到声波的速度值，这是非物理的图像，故选择合理的“−”解。利用 $n_e = \Gamma_i(0) / u_i$，得到电子数密度为

$$n_e = \frac{\Gamma_i(0) / u_i(0)}{1 + \frac{z}{z_{ps}} - \sqrt{\left(1 + \frac{z}{z_{ps}}\right)^2 - 1}} = \frac{\Gamma_i(0)}{u_i(0)}\left[1 + \frac{z}{z_{ps}} + \sqrt{\left(1 + \frac{z}{z_{ps}}\right)^2 - 1}\right] \tag{10-37}$$

代回式(10-30)给出电子温度分布为

$$\frac{T_e}{T_e(0)} = 1 + \frac{2}{3}\frac{\sqrt{\left(1 + \frac{z}{z_{ps}}\right)^2 - 1}}{1 + \frac{z}{z_{ps}} + \sqrt{\left(1 + \frac{z}{z_{ps}}\right)^2 - 1}} \tag{10-38}$$

使用 $\nu_{ion} = 0$ 的条件容易给出电势分布：

$$\frac{1}{2} m_i u_i^2 + e\phi = \frac{1}{2} m_i u_i^2(0) \tag{10-39}$$

使用解出的速度分布结果式(10-36)得到电势分布：

$$\phi = \frac{5}{3}\frac{kT_e(0)}{e}\frac{\sqrt{\left(1 + \frac{z}{z_{ps}}\right)^2 - 1}}{1 + \frac{z}{z_{ps}} + \sqrt{\left(1 + \frac{z}{z_{ps}}\right)^2 - 1}} \tag{10-40}$$

电场强度分布为

$$E = \frac{-\frac{5}{3}\frac{kT_e(0)}{e \cdot z_{ps}}}{\sqrt{\left(1 + \frac{z}{z_{ps}}\right)^2 - 1}\left[1 + \frac{z}{z_{ps}} + \sqrt{\left(1 + \frac{z}{z_{ps}}\right)^2 - 1}\right]^2} \tag{10-41}$$

上述表达式在 $z \gg z_{ps}$ 的极限值就是扩散区的各参数分布：

$$\begin{gathered} \frac{z}{z_{ps}} \to \infty; \quad \frac{u_i}{|u_i(0)|} \to -\frac{z_{ps}}{2z}; \quad n_e \to \frac{\Gamma_i(0)}{u_i(0)} \cdot \frac{2z}{z_{ps}}; \\ \frac{T_e}{T_e(0)} \to \frac{4}{3}; \quad \phi \to \frac{5}{6}\frac{kT_e(0)}{e}; \quad E \to -\frac{5}{12}\frac{kT_e(0)}{e}\frac{z_{ps}^2}{z^3} \end{gathered} \tag{10-42}$$

图 10-2 为简化模型描绘的阳极前预鞘层与扩散区参数分布。

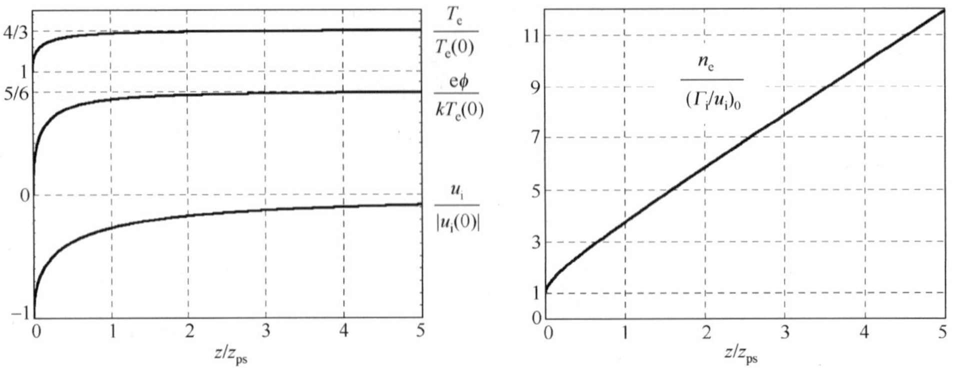

图 10-2 简化模型描绘的阳极前预鞘层与扩散区参数分布

应注意到扩散区电场是非常弱的，仅在最靠近阳极的鞘层内才存在比较显著的电场，离子就是在这个区域加速到声速。在阳极前鞘层以外区域，电子温度达到接近常数值，是鞘层边缘值的 4/3[即 $(\gamma+1)/2$，比热容比 $\gamma=5/3$]。在扩散区内，电子数密度随着距离线性增大：离子需要向阳极所在位置运动以维持准电中性，但是电场太弱不足以驱动它们克服碰撞阻力，必然要求以密度梯度的方式产生扩散来替代电场的驱动作用。

组合预鞘层厚度表达式(10-35)及入口端离子速度表达式(10-27)，扩散区电子数密度渐近表达式改写为

$$n_e \approx \frac{3}{4}\frac{|\Gamma_e(0)|}{kT_e(0)} m_e \nu_e \cdot z \tag{10-43}$$

注意，如果磁场 B 是非均匀的，$\nu_e=\nu_e(z)$，式(10-43)中的因子 $\nu_e \cdot z$ 替换为 $\int_0^z \nu_e(x)\mathrm{d}x$ 即可。

10.3.2 向电离层的过渡

注意到在远离阳极区域电子数密度不可能如式(10-43)所示增长，因为最大值应该在 $\Gamma_m / u_{i,exit}$ 的量级，这是接近完全电离的状态。扩散区的结束点应该以电子温度升高到启动电离的临界数值为标志。最终，向前的电场 E 也将建立起来。但是，同时考虑电子温度 T_e、电势 ϕ 的变化以及发生电离的过程太复杂，故首先考虑电离层内电子温度高到启动电离而电场仍可以忽略的区域。利用电场很弱的条件，由能量方程式(10-21)得

$$\Gamma_e\left(\frac{5}{2}kT_e + E_i'\right) = \text{const} \tag{10-44}$$

利用扩散区内 $T_e=(4/3)T_e(0)$ 以及 $\Gamma_e=\Gamma_e(0)$ 的参数计算出能量流常数：

$$\frac{\Gamma_e}{\Gamma_e(0)} = \frac{\frac{10}{3}kT_e(0)+E_i'}{\frac{5}{2}kT_e+E_i'} \tag{10-45}$$

在扩散区内，电子能量小，$kT_e \ll (2/5)E_i' \simeq E_i$，即使电子温度 T_e 快速上升，如式(10-45)指示，在刚开始时电子数流量 Γ_e 和 $5kT_e/2+E'$ 也应该是缓慢变化的。使用条件 $\nu_e=\text{const}$ 及 $E=0$ 对式(10-14)进行近似积分：

$$n_e kT_e \approx -m_e \Gamma_e \nu_e z \tag{10-46}$$

由式(10-44)得

$$-\frac{\frac{5}{2}k\frac{\mathrm{d}T_e}{\mathrm{d}z}}{\frac{5}{2}kT_e+E_i'}=\frac{1}{\Gamma_e}\frac{\mathrm{d}\Gamma_e}{\mathrm{d}z}=\frac{n_e\nu_{ion}}{\Gamma_e} \tag{10-47}$$

利用式(10-46)得

$$z\mathrm{d}z \approx \frac{k^2T_e\mathrm{d}T_e}{m_e\nu_e\nu_{ion}\left(kT_e+\frac{2}{5}E_i'\right)} \tag{10-48}$$

式(10-48)实际上给出了扩散区向电离层过渡时的电子温度分布，结合式(10-45)和式(10-46)，即可得到该区域的电子数通量和电子数密度分布，进而得到全部解。

在 $kT_e \ll (2/5)E_i' \approx E_i$ 的区域，高能电子所占的份额决定离子生成的频率，这个频率随温度变化剧烈，可用指数律近似，$\nu_{ion}\approx c\mathrm{e}^{-E_i/(kT_e)}$，则式(10-48)给出

$$\frac{k^2T_e\mathrm{d}T_e}{\nu_{ion}}\approx\frac{k^2}{c}T_e\mathrm{e}^{E_i/(kT_e)}\mathrm{d}T_e\approx-\frac{(kT_e)^3}{E_i}\mathrm{d}\left(\frac{1}{\nu_{ion}}\right)\approx-\frac{1}{E_i}\mathrm{d}\left[\frac{(kT_e)^3}{\nu_{ion}}\right] \tag{10-49}$$

因为 $[\mathrm{d}(kT_e)^3]/(\nu_{ion}E_i)$ 是小量，故为形式上得到 $\mathrm{d}[(kT_e)^3/\nu_{ion}]$ 而增加该项。

由于可认为 $kT_e+2E_i'/5\approx\text{const}$，积分式(10-48)可以得

$$z^2\approx\frac{2}{m_e\nu_e\left(kT_e+\frac{2}{5}E_i'\right)E_i}\left[\left.\frac{(kT_e)^3}{\nu_{ion}}\right|_{T_e\approx\frac{4}{3}T_e(0)}-\frac{(kT_e)^3}{\nu_{ion}}\right] \tag{10-50}$$

向电离层过渡使 ν_{ion} 急速升高，z 趋于某渐近值，扩散区的长度近似为

$$L^2\approx\left[\frac{2(kT_e)^3}{m_e\nu_e\nu_{ion}E_i\left(kT_e+\frac{2}{5}E_i'\right)}\right]_{T_e\approx\frac{4}{3}T_e(0)} \tag{10-51}$$

由于扩散区占据通道长度的主要部分，可认为 L 是通道的近似值，并且这个长度值是由扩散区起点的电子温度 T_e 确定的。至此，给定长度 L 和磁场 B 等参数，就可确定阳极鞘层边界处的电子温度 $T_e(0)$、离子速度 $u_i(0)$ 以及其他计算场分布所需要的参数。

图 10-3 给出了对微分方程(10-22)～方程(10-25)完全数值积分结果与近似解析结果(点划线)的比较。应该注意，电子温度 T_e 的上升过程一旦开始，其梯度是很大的，经过

很短的距离就达到峰值 $T_{e\text{-}max} \sim E_i$，在这一点上电离快速发生，因此电离层的主体是很薄的。

考察动量方程(10-22)，假设 $m_e \nu_e u_{ez} u_i \ll kT_e (\nu_{ion})_{max}$。注意到方程(10-22)中右手边(RHS)的中括号项是大于 0 的，因为 $u_{ez} < 0$。因此，在给定上述不等式条件下，方程(10-22)右手边得以跨越 0 值的唯一条件就是 $\nu_{ion} \ll (\nu_{ion})_{max}$。跨越 0 值的状态发生在光滑声速点处，此时方程(10-22)的左手边(LHS)系数也等于 0。在亚声速一侧，LHS > 0，故这种状态必定出现在 $\nu_{ion}[\cdots] > 0$ 这一项占主导地位的区域；相反，在超声速一侧，$\nu_{ion}[\cdots]$ 这一项必定已经变得微乎其微了。这就意味着达到声速点时，离子生成频率 ν_{ion} 已经下降到接近于 0，只有中性粒子已经耗尽即接近完全电离才出现这种状态。

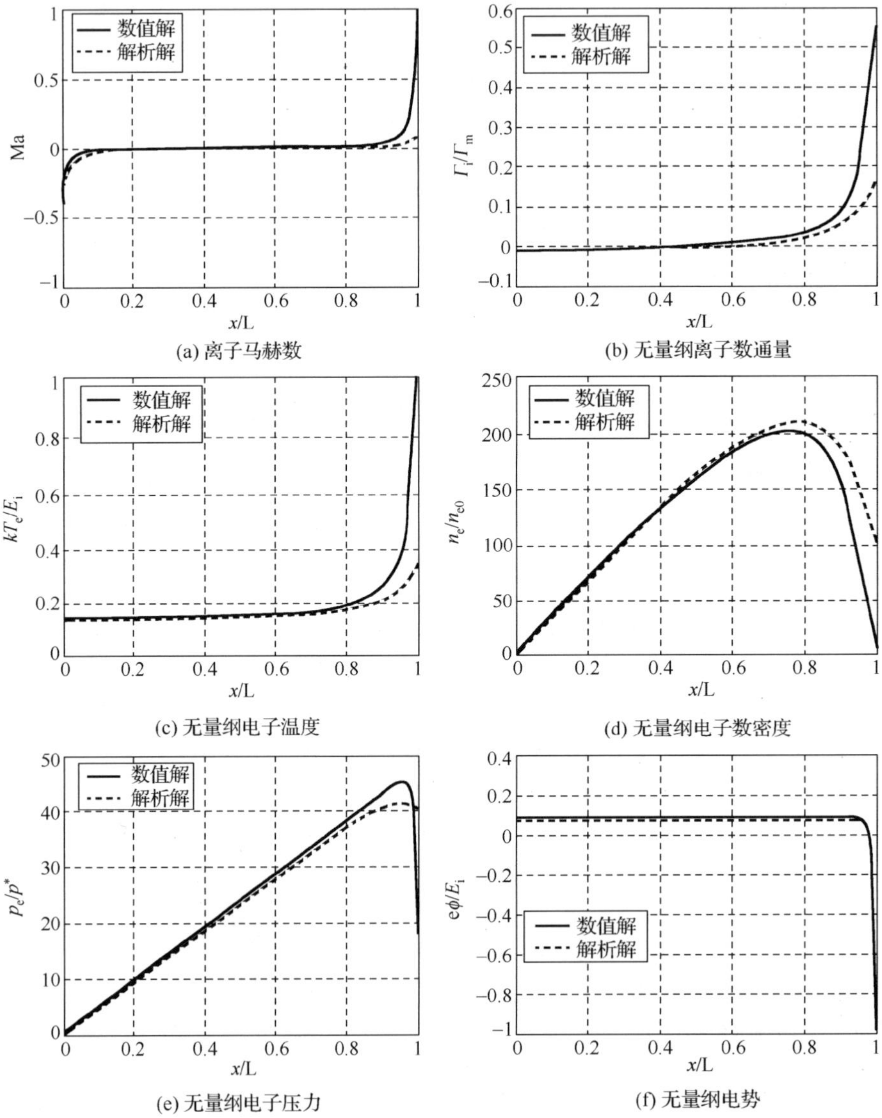

(a) 离子马赫数　(b) 无量纲离子数通量

(c) 无量纲电子温度　(d) 无量纲电子数密度

(e) 无量纲电子压力　(f) 无量纲电势

图 10-3　微分方程组完全数值积分结果与近似解析结果的比较

参 考 文 献

[1] Ahedo E, Martinez-Sanchez M. One-dimensional plasma structure in hall thrusters[C]// AIAA 98-8788. 34th AIAA/ASME/SAE/ASEE Joint Propulsion Conference and Exhibit. 1998.

[2] Lentz C A, Martinez-Sanchez M. Transient one dimensional numerical simulation of hall thrusters[C]// AIAA 93-2491. 29th AIAA/ SAE/ASME/ ASEE Joint Propulsion Conference and Exhibit. 1993.

思考与练习题

10-1　某型霍尔推力器加速通道外径为 15cm，内径为 10cm，等离子体密度为 $5\times10^{17}m^{-3}$，电子温度 T_e 为 20eV，径向磁场 B 为 200G，工作时放电电压为 300V。试计算：(1) 电子拉莫半径；(2) 霍尔电流；(3) 束电流和对应的束流功率；(4) 推力。

第 11 章　磁等离子体推力器

11.1　引　　言

在栅格型离子推力器中，加速离子的静电力的反作用力直接作用到某一电极上，推力器由此获得推力。回忆第 7 章内容，离子推力器的推力密度可表示为

$$\frac{F}{A}=\frac{1}{2}\varepsilon_0 E^2 \tag{11-1}$$

式中，E 是加速离子的电极表面的静电场强。因为真空介电常数$\varepsilon_0=8.85\times10^{-12}\,\text{F/m}$，并且加速通道中电场强度$E\leqslant 2000\text{V/mm}=2\times10^6\,\text{V/m}$，故静电力密度的上限为$20\text{N/m}^2$。由于各种非理想因素的存在，实际所能获得的静电力密度通常只有$1\sim 2\text{N/m}^2$。

尽管也是静电加速推力器，但霍尔推力器的推力密度大约比栅格型离子推力器的高 10 倍。第 10 章已经指出，这得益于加速通道内与离子运动方向相反的电子流的存在，使离子流密度可以超过空间电荷限制的数值。除此之外，在霍尔推力器中还存在磁力传递作用。这是因为当电子向阳极运动时，会受到磁场作用产生霍尔电流，使电子感受到与其所受静电力大小相等而方向相反的磁力，霍尔电流对磁极结构施加同样大小的反推力，这个力的方向与离子对阳极的斥力相同。

推力的主要份额源于磁力的推进方式称为“电磁推进”（也许称为“磁推进”更合适）。对应于静电压力，磁场中存在磁压力，其密度表示为

$$\frac{F}{A}=\frac{1}{2\mu_0}B^2 \tag{11-2}$$

式中，B 是磁通量密度，$\mu_0=4\pi\times10^{-7}\,\text{H/m}$为真空中的磁导率。容易比较通常条件下磁压力与静电压力的大小：即使不使用超导装置，采用普通通电线圈或者永磁体，所产生的磁场也容易达到 0.1T 的量级，此时$B^2/(2\mu_0)\simeq 4000\text{N/m}^2$，相当于前面估算的静电压力密度上限的 200 倍。

在电磁推力器中，当等离子体中的电流较弱时需要外置通电线圈产生较强磁场；而当等离子体中的电流很大时，其自感应的磁场即足够产生显著加速力。磁场可以保持稳态（或至少与等离子体流动的特征时间相比变化很慢），也可以是快速变化的。下面是电磁推力器的一些例子。

(1) 自感应场磁等离子体动力学推力器（Magneto Plasma Dynamic Thruster，MPDT）。这种推力器工作时通过电极在流体工质（液体或者气体）中放电，电流呈稳态或准稳态。由于电流和功率都很大，大电流产生自感应磁场，数厘米直径喷射通道的推力器就可以产生数牛顿的推力（与此比较，产生 0.1N 推力的离子推力器直径约为 30cm，霍尔推力器直径约为 10cm）。

(2) 外加场磁等离子体动力学推力器(Applied Field MPDT，AF-MPDT)。这种推力器中电流相对较弱，磁场的主要部分需由外加线圈产生，仍是稳态或准稳态的。

(3) 固体烧蚀脉冲等离子体推力器(Ablative Pulsed Plasma Thruster，APPT)。主要机理与自感应场磁等离子动力学推力器类似，但 APPT 使用固体推进剂(Teflon，特氟龙)，连接到高压储能电容器上的电极被火花塞放电导通，产生脉冲电弧使推进剂表面烧蚀一薄层。虽然这些脉冲仅持续$10\sim20\mu s$，但相对来说仍嫌长，以致产生的电磁场($-\partial \boldsymbol{B}/\partial t=\nabla\times\boldsymbol{E}$)较弱。由于各种实际原因(大部分为热问题)，APPT 的效率很低(<10%)，但结构简单。

(4) 脉冲感应推力器(Pulsed Inductive Thruster，PIT)。推力器的平面型感应线圈连接到高压储能电容器上，电压通常高达数十 kV，线圈导通后的放电电流在$1\sim2\mu s$内上升到数十 kA，感应涡旋电场使线圈表面的气体电离，并在其中产生与线圈内电流磁场排斥的电流环；线圈和电离气体层之间的斥力使气体层向外喷射，反作用力驱动线圈连同其他组件向前运动。1993 年美国 TRW 公司公布的实验测量结果是：用氨作为工质，线圈放电初始电压 32kV，感应线圈直径 1m，每个脉冲喷注的气体质量是 0.6～10mg，比冲范围 4000～8000s，效率约 50%。其研究表明，为减少通过欧姆加热而流失的能量份额，感应线圈直径越大越好，功率也必须足够大(瞬时功率在 MW～GW)。

下面将仅讨论自感应型磁等离子体动力学推力器。在 R. G. Jahn 领导下，对这种推力器的研究在普林斯顿大学从 20 世纪 60 年代中期持续到 90 年代初期。

11.2　正交电磁场中等离子体加速行为

11.2.1　等离子体受力

按照洛伦兹力方程，在电场强度为 $\boldsymbol{E}$、磁通量密度为 $\boldsymbol{B}$ 的外加电磁场中，电荷量为 q 的单个带电粒子受到的电磁力表示为

$$\boldsymbol{F}=q(\boldsymbol{E}+\boldsymbol{u}\times\boldsymbol{B}) \tag{11-3}$$

式中，$\boldsymbol{u}$ 为粒子的速度；电荷量 q 与运动状态无关；对于非相对论速度($u\ll c$，c 是光速)，力 $\boldsymbol{F}$ 和磁场量 $\boldsymbol{B}$ 都与观察者的直线运动无关，因此电场量 $\boldsymbol{E}$ 在不同参照系中必然不同。记 $\boldsymbol{E}$ 为地面参照系中的场量，$\boldsymbol{E}'$ 为相对于地面以速度 $\boldsymbol{u}_r$ 匀速运动的参照系中的场量，由电磁力的不变性给出

$$\boldsymbol{E}+\boldsymbol{u}\times\boldsymbol{B}=\boldsymbol{E}'+(\boldsymbol{u}-\boldsymbol{u}_r)\times\boldsymbol{B} \tag{11-4}$$

因此从相对于地面以速度 $\boldsymbol{u}_r$ 匀速运动的参照系中观察，电场量表现为

$$\boldsymbol{E}'=\boldsymbol{E}+\boldsymbol{u}_r\times\boldsymbol{B} \tag{11-5}$$

与单个带电粒子不同，整体上呈中性的等离子体团在电磁场中呈现集体行为。如图 11-1 所示，当等离子体团以速度 $\boldsymbol{u}_r$ 沿通道轴向流动时，与流动方向垂直的电场驱使流体团中产生横向电流；而与流动及电场方向都垂直的磁场(在图中穿出纸面)与电流作用，产生推动流体团沿着轴向整体加速的彻体力。

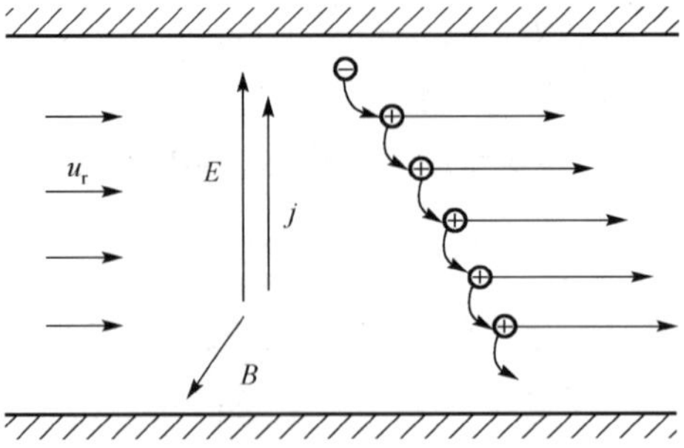

图 11-1　横向电磁场等离子体推力器原理示意图

记等离子体团中第 j 种带电粒子的电荷量为 q_j，数密度为 n_j，平均运动速度为 $\boldsymbol{u}_j$。单位体积的合成电磁力为

$$\boldsymbol{f}=\sum_j n_j q_j(\boldsymbol{E}+\boldsymbol{u}_j\times\boldsymbol{B}) \tag{11-6}$$

由等离子体团的电中性得

$$\sum_j n_j q_j=0 \tag{11-7}$$

$$\boldsymbol{f}=\left(\sum_j n_j q_j \boldsymbol{u}_j\right)\times\boldsymbol{B} \tag{11-8}$$

不同电荷的速度($\boldsymbol{u}_j$)差异导致净电流存在，电流密度矢量 $\boldsymbol{j}$ 的定义为

$$\sum_j n_j q_j \boldsymbol{u}_j=\boldsymbol{j} \tag{11-9}$$

式中，$\boldsymbol{j}$ 的单位为 $\mathrm{A/m^2}$。式(11-8)简化为

$$\boldsymbol{f}=\boldsymbol{j}\times\boldsymbol{B} \tag{11-10}$$

即等离子体团整体上只受磁力的作用。注意方程(11-9)中的 $\boldsymbol{u}_j$ 可以是包括等离子体团参照系在内的任意参照系(但要求满足非相对论条件)中的速度。

11.2.2　广义欧姆定律与霍尔参数

由于电子惯性远小于离子，在大多数情况下等离子体团中的电子对电流的贡献最大，故满足：

$$\boldsymbol{j}\simeq-\boldsymbol{j}_{\mathrm{e}}=-\mathrm{e}n_{\mathrm{e}}\boldsymbol{u}_{\mathrm{e}} \tag{11-11}$$

式中，$\boldsymbol{u}_{\mathrm{e}}$ 是电子组分整体的平均定向运动速度矢量，与其热运动平均速度相比，$|\boldsymbol{u}_{\mathrm{e}}|\ll\bar{c}_{\mathrm{e}}$。

现在对电子组分的平均定向运动作粗略估计。作用于每单位体积内电子的电磁力为

$$\boldsymbol{f}_{\mathrm{e}}=-\mathrm{e}\cdot n_{\mathrm{e}}(\boldsymbol{E}'+\boldsymbol{u}_{\mathrm{e}}\times\boldsymbol{B}) \tag{11-12}$$

由于是在等离子体团参照系中，故取电场符号为 $\boldsymbol{E}'$。在稳态情况下，电子相对于其他组分运

动时受到碰撞阻力，此力与 $\boldsymbol{f}_e$ 平衡。记 ν_e 为电子与其他重粒子的有效碰撞频率，并假设电子发生这种碰撞后，碰撞前的动量全部损失。因此每单位体积内电子受到的平均阻力为

$$\boldsymbol{f}_d = -n_e m_e \boldsymbol{u}_e \cdot \nu_e = \frac{m_e \cdot \nu_e}{e}\boldsymbol{j} \tag{11-13}$$

每单位体积内电子受到的合力为零，得

$$\boldsymbol{j} = \frac{e^2 n_e}{m_e \cdot \nu_e}(\boldsymbol{E}' + \boldsymbol{u}_e \times \boldsymbol{B}) \tag{11-14}$$

由于 $\boldsymbol{u}_e = -\boldsymbol{j}/(en_e)$，因此式(11-4)可变为

$$\boldsymbol{j} = \frac{e^2 n_e}{m_e \cdot \nu_e}\boldsymbol{E}' - \frac{e}{m_e \cdot \nu_e}\boldsymbol{j} \times \boldsymbol{B} \tag{11-15}$$

与第 5 章引入的定义一致，电导率表示为

$$\sigma = \frac{e^2 n_e}{m_e \cdot \nu_e} \tag{11-16}$$

定义霍尔参数为

$$\beta = \frac{eB}{m_e \cdot \nu_e}; \quad \boldsymbol{\beta} = \beta\frac{\boldsymbol{B}}{B} \tag{11-17}$$

利用上述参数，可以将广义欧姆定律写为

$$\sigma \boldsymbol{E}' = \boldsymbol{j} + \boldsymbol{j} \times \boldsymbol{\beta} \tag{11-18}$$

由于电子回旋频率为 $\omega = eB/m_e$，霍尔参数将电子回旋运动频率与碰撞频率关联起来：

$$\beta = \frac{\omega}{\nu_e} \tag{11-19}$$

当带电粒子压强和密度较小(此时粒子间碰撞很少)或者磁场较强(回旋频率较大)时，β 值较大。在 MPD 推力器中，等离子体的 β 值约为 1。作为对比，霍尔推力器中 β 值为 100～1000 量级。

11.2.3　电磁功

外加的电场和磁场对单位体积内的带电粒子所做功的功率为

$$W = \sum_j n_j q_j (\boldsymbol{E} + \boldsymbol{u}_j \times \boldsymbol{B}) \cdot \boldsymbol{u}_j = \boldsymbol{E} \cdot \sum_j n_j q_j \boldsymbol{u}_j = \boldsymbol{E} \cdot \boldsymbol{j} \tag{11-20}$$

式中，利用了矢量混合积 $(\boldsymbol{u}_j \times \boldsymbol{B}) \cdot \boldsymbol{u}_j = 0$。尽管磁场对带电粒子不做功，但是磁力可以通过改变 $\boldsymbol{E}$ 和 $\boldsymbol{j}$(取决于边界条件)间接影响 W。

电磁功的一部分以热的形式沉积于等离子体团，另一部分则转化为等离子体团的机械功。为了说明这一点，观察式(11-21)：

$$W = \boldsymbol{E} \cdot \boldsymbol{j} = (\boldsymbol{E}' - \boldsymbol{u}_{\mathrm{r}} \times \boldsymbol{B}) \cdot \boldsymbol{j} = \boldsymbol{E}' \cdot \boldsymbol{j} + (\boldsymbol{j} \times \boldsymbol{B}) \cdot \boldsymbol{u}_{\mathrm{r}} \tag{11-21}$$

式中，$(\boldsymbol{u}_{\mathrm{r}} \times \boldsymbol{B}) \cdot \boldsymbol{j} = -(\boldsymbol{j} \times \boldsymbol{B}) \cdot \boldsymbol{u}_{\mathrm{r}}$，$\boldsymbol{u}_{\mathrm{r}}$ 是等离子体团的运动速度。利用广义欧姆定律将 $\boldsymbol{E}' \cdot \boldsymbol{j}$ 表示为

$$\boldsymbol{E}' \cdot \boldsymbol{j} = \frac{1}{\sigma}(\boldsymbol{j} + \boldsymbol{j} \times \boldsymbol{\beta}) \cdot \boldsymbol{j} = \frac{j^2}{\sigma} \tag{11-22}$$

得到电磁功的另一种表示式为

$$W = \frac{j^2}{\sigma} + (\boldsymbol{j} \times \boldsymbol{B}) \cdot \boldsymbol{u}_{\mathrm{r}} \tag{11-23}$$

式(11-23)等号右端的第二项即洛伦兹力 $\boldsymbol{j} \times \boldsymbol{B}$ 对以速度 $\boldsymbol{u}_{\mathrm{r}}$ 运动的等离子体团所做机械功的功率；第一项始终大于 0，类似于焦耳热(欧姆加热)。由以上分析可知，热效应不可避免，在一个高效率的加速器中，应当以最小的 j^2 / σ 来获取最大的加速功率 $(\boldsymbol{j} \times \boldsymbol{B}) \cdot \boldsymbol{u}_{\mathrm{r}}$。

11.2.4 磁场的产生

如前面所述，推力器内的磁场可由通电线圈产生，也可由等离子体内部的电流环产生。稳态且无导磁介质情况下，$\boldsymbol{B}$ 和 $\boldsymbol{j}$ 的关系由安培定律给出

$$\mu_0 \boldsymbol{j} = \nabla \times \boldsymbol{B} \tag{11-24}$$

根据斯托克斯公式，通过一定截面的电流与截面内的磁场关联为

$$\iint \boldsymbol{j} \cdot \mathrm{d}\boldsymbol{A} = \oint \frac{\boldsymbol{B}}{\mu_0} \cdot \mathrm{d}\boldsymbol{l} \tag{11-25}$$

即 $\boldsymbol{B} / \mu_0$ 沿某一闭合回路的环量等于该回路所包围的电流之和。当电流仅存在于金属导线中时，利用积分形式的安培定律可到导线周围空间的磁场分布。

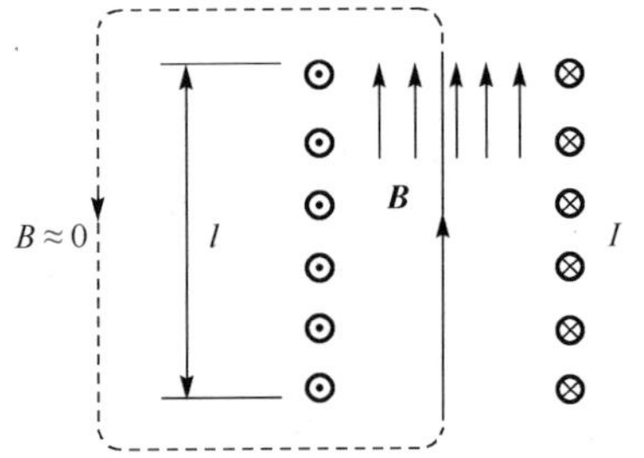

图 11-2 螺线管的磁场积分计算示意图

例如，在单匝导线电流为 I 的一段很长的螺线管中央区域，$\boldsymbol{B}$ 近似均匀，如图 11-2 所示。当螺线管长度为 l 且线圈匝数为 n 时，满足：

$$B = \mu_0 \frac{n}{l} I \tag{11-26}$$

同轴串列排布的一对相同参数螺线管线圈，两个线圈相对面之间的距离等于线圈直径，称为“亥姆霍兹线圈”，两个线圈相对面之间的磁场是轴向近均匀的。

由磁场的本质所决定，磁场散度为 0，即

$$\nabla \cdot \boldsymbol{B} = 0 \tag{11-27}$$

根据安培定律，在稳态且没有电流的区域 $\nabla \times \boldsymbol{B} = 0$，因此可以定义磁能势为 $\boldsymbol{B} = -\nabla \psi$。由于 $\nabla \cdot \boldsymbol{B} = 0$，此势函数 ψ 满足拉普拉斯方程：

$$\nabla^2 \psi = 0 \tag{11-28}$$

需要注意的是，在有电流存在的等离子体中不存在势函数，$\boldsymbol{B}$ 必须通过联立安培定律和欧姆定律以及附加方程($\nabla \cdot \boldsymbol{B}=0$)解出。

现在考虑外磁场中的导电等离子体。在等离子体团中，外磁场 $\boldsymbol{B}_{\text{ext}}$ 和感生磁场 $\boldsymbol{B}_{\text{ind}}$ 同时存在，外磁场由线圈电流产生，感生磁场由等离子体自身电流产生。等离子体电流是由于等离子体团在总磁场 $\boldsymbol{B}$ 中以 $\boldsymbol{u}_{\text{r}}$ 运动产生的；当地面参照系中的外部电场 $\boldsymbol{E}=0$ 时，在等离子体团参照系中的电场即 $\boldsymbol{E}'=\boldsymbol{u}_{\text{r}}\times\boldsymbol{B}$。就数值的量级而言，$E'\simeq u_{\text{r}}B$，忽略霍尔效应(实际上，霍尔效应正是上述附加电场导致电荷累积产生抵抗电场的结果)，得到 $j\sim\sigma u_{\text{r}}B$。

感生磁场分量遵守独立的安培定律，即 $\nabla\times\boldsymbol{B}_{\text{ind}}/\mu_0=\boldsymbol{j}$，(因为线圈导线之外 $\nabla\times\boldsymbol{B}_{\text{ext}}=0$)，其中 $\boldsymbol{j}$ 为等离子体电流密度。由此得到：$B_{\text{ind}}\sim\mu_0 j\cdot r$，其中 r 为 B_{ind} 变化的特征尺度，即等离子体团的“半径”。将 $j=\sigma u_{\text{r}}B$ 代入得

$$B_{\text{ind}}\sim\mu_0 r\cdot u_{\text{r}}B\sigma \tag{11-29}$$

$$\boldsymbol{B}=\boldsymbol{B}_0+\boldsymbol{B}_{\text{ind}} \tag{11-30}$$

B_0 是外部线圈产生的在等离子体所处位置的磁通量密度。因此：

$$\frac{B_{\text{ind}}}{B_0+B_{\text{ind}}}\sim\mu_0\cdot r\cdot u_{\text{r}}\sigma \tag{11-31}$$

式(11-31)表明：当所谓的“磁雷诺数” $Re_{\text{m}}=\mu_0\cdot r\cdot u_{\text{r}}\sigma$ 趋于 1 的量级时，由等离子体电流产生的磁场与外部磁场相当或者占主导地位。

对于高功率氩气 MPD 加速器，$\sigma=1000\text{mho/m}$，$u_{\text{r}}\approx 10000\text{m/s}$，$r=0.1\text{m}$，利用感生磁场工作是有可能的，因为 $\text{Re}_{\text{m}}\sim 10^{-6}\times 10^{-1}\times 10^{3}\times 10^{4}=1$。由于不需要既重且功率消耗大的外部线圈，装置设计将变得简单。两种磁场的数量级大小比较也表明，在某些情况下还需要外部磁场来增强控制作用，但是自生感应磁场与外加磁场的叠加设计问题还没有完全解决。

11.2.5 具有正交电磁场的等离子体加速器概念

考虑有两个导电性壁和两个绝缘壁组成的矩形通道，如图 11-3 所示。

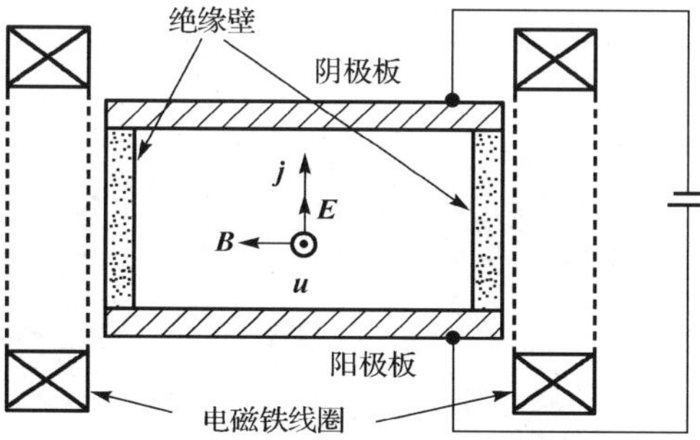

图 11-3 一个简化的等离子体加速器示意图

在加速通道中，外电场强度为 $\boldsymbol{E}$，等离子体以速度 $\boldsymbol{u}$(指向纸面外)在通道中运动。如果 $E>uB$ (即感生法拉第场的强度)，将会产生与 $\boldsymbol{E}$ 相同方向的电流 $\boldsymbol{j}=\sigma\boldsymbol{E}'=\sigma(\boldsymbol{E}+\boldsymbol{u}\times\boldsymbol{B})$。于是，洛伦兹力 $\boldsymbol{f}=\boldsymbol{j}\times\boldsymbol{B}$ 就沿着等离子体运动的方向，此时装置是一个加速器。如果 $E<uB$，电流 $\boldsymbol{j}$ 就与外电场方向相反。在外部，正向电流流向“电池”正极，从而使“电池”充电，

得到的将是磁流体动力发电机，电池可以被载荷代替。在发电机状态，由于洛伦兹力与运动反向，流体必须通过外界的压力驱动才能流动(类似于涡轮中的流体运动)。

在中等压强的等离子体中，霍尔参数β的值很容易大于 1。如果处于加速器状态，那么可以用图 11-4 表示欧姆定律，注意微观上是电子在电场驱动下向右下方运动而形成电流$-\boldsymbol{j}=\boldsymbol{j}_e$。可以看出，霍尔参数的影响是使得电流和洛伦兹力的方向逆时针旋转一个角度$\arctan\beta$。此时不仅存在沿前进方向的力，同时还存在一个横向的力，横向力的作用效果是使流体向阴极壁运动，造成横向压力差(阳极低压)。

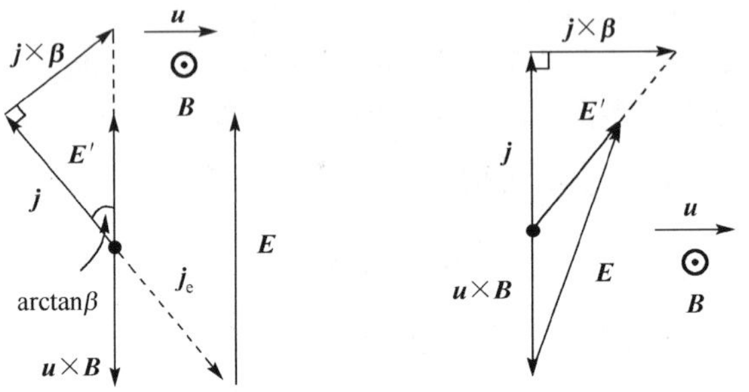

图 11-4　欧姆定律应用于等离子体的示意图

一般而言，轴向电流并不做有用功(指等离子体宏观动能的增加)，但它仍然对焦耳耗散j^2/σ有贡献。因此，希望将如图 11-4(a)所示的电流顺时针旋转角度$\arctan\beta$，使之变成横向，从而使洛伦兹力为轴向，如图 11-4(b)所示。需要注意的是，这势必要求外加电场$\boldsymbol{E}$有向前的分量。因此，必须采取相应的制作电极壁的方式，以维持轴向电压存在。例如，可以使用分立的金属片，每两块金属片横向连接组成一对，各对金属片之间保持绝缘，由此可以在每块金属片与其下游的金属片之间加上电压。这种分片构型的设计及连接难度都很大。

11.3　自感应同轴构型推力器

11.3.1　推力器磁场构型

将如图 11-3 所示矩形通道加速器的板式阴极外折成柱状，同时板式阳极变形为筒形，则加速通道变成环形，且绝缘性侧壁即可去除，如图 11-5 所示，这称为同轴构型等离子体推力器。

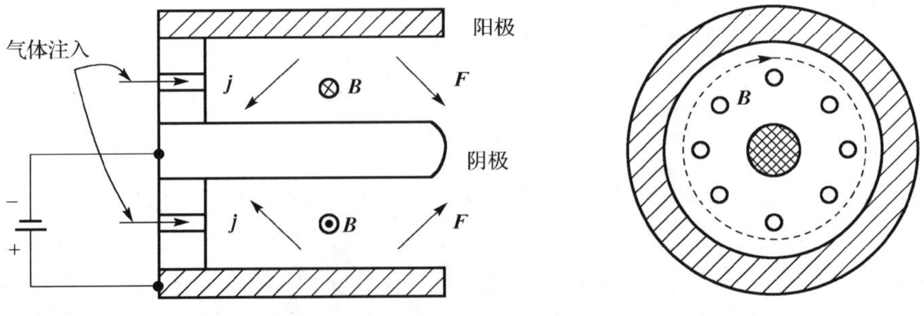

图 11-5　柱形阴极与环形磁场构型等离子体推力器示意图

如图 11-5 所示构型推力器的等离子体加速通道中，磁场是周向分布的，磁力线为环形。图中的下半部分等同于图 11-3 简单矩形通道时的情形，这时的侧面视图显出底部的绝缘壁。

现在讨论磁场构型。在等离子体流动通道中建立柱坐标系，z 轴沿着阴极中心指向出口；注意到周向磁场 $\boldsymbol{B}$ 由汇入中心阴极内的电流产生，而磁场的空间构型 $B_{\varphi}(r,z)$ 与子午面(z-r 平面)内的等离子体电流分布由安培定律确定：

$$\mu_0 j_{\mathrm{r}} = \frac{1}{r}\frac{\partial B_z}{\partial \varphi} - \frac{\partial B_{\varphi}}{\partial z} = -\frac{\partial B_{\varphi}}{\partial z} \quad (B_z = 0) \tag{11-32}$$

$$\mu_0 j_z = \frac{1}{r}\frac{\partial (rB_{\varphi})}{\partial r} - \frac{1}{r}\frac{\partial B_r}{\partial \varphi} = \frac{1}{r}\frac{\partial (rB_{\varphi})}{\partial r} \quad (B_{\mathrm{r}} = 0) \tag{11-33}$$

$$\mu_0 j_{\varphi} = \frac{\partial B_{\mathrm{r}}}{\partial z} - \frac{\partial B_z}{\partial r} = 0 \tag{11-34}$$

等离子体电流的 j_{r} 分量与周向磁场 $\boldsymbol{B}$ 的作用使等离子体加速； j_z 分量与周向磁场 $\boldsymbol{B}$ 的作用使等离子体被“吸”向阴极。由于霍尔参数造成的偏移，电流将集中于阳极下游边缘以及阴极的根部。同时，在吸力的作用下，将会在中心区域产生高凝集度的等离子体射流。因此，在 MPD 羽流中有高亮度的柱形发光核，它从阴极下缘向出口下游扩展至相当于几个阴极长度的距离。

通道中一点处的磁通量密度估算方法示意如图 11-6。在某一点 P 处的磁通量密度与穿越该处曲面 $\tilde{S}$ 的电流 I' 大小有关；这个拉伸的曲面 $\tilde{S}$ 罩住了阴极尖端，其边界点张成的环包含 P 点。由积分形式的安培定律可得

$$B(P) = \mu_0 \frac{I'}{2\pi r} \tag{11-35}$$

式中，r 是 P 点的半径。特别地，对于绝缘底板上的任意一点，$I'=I$；对于像 Q 这样在柱体外部的点，$I'=0$。

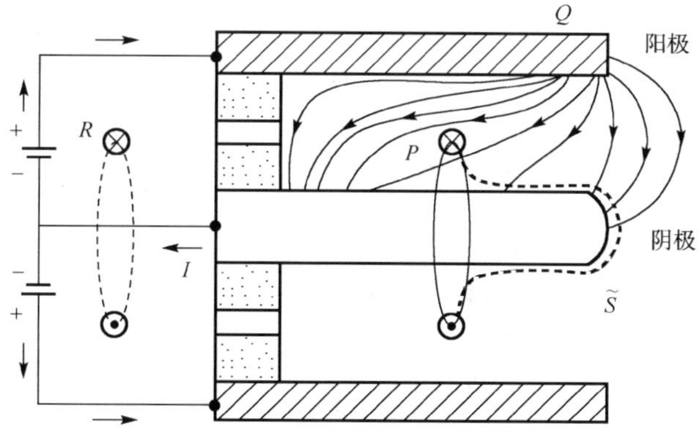

图 11-6　磁场中一点处的磁通量密度估算方法示意图

11.3.2　推力的近似计算

同轴加速器的推力产生存在两种主要的机制。其中之一是作用在整个底板壁面上的气体

压力，这部分推力称为“电热”或“气动”推力。当 j^2/σ 超过 $(\boldsymbol{j}\times\boldsymbol{B})\cdot\boldsymbol{u}_r$ 成为主导因素时，实质上变成了电热火箭。另一部分是作用于等离子体上的洛伦兹力的反作用力，在物理上通过磁力作用于金属导体上，而这些金属导体将电流传输到推力器的电极上。例如，仔细观察图 11-6，为简化起见假设底板后方的导体对称布置，可以看到在某些点如 R 点处闭环的电流就等于总电流 I(电流从环心穿过)，因此 $B=\mu_0 I/(2\pi r)$，其方向与在推力器内部的方向相同。跨过径向线圈后 B 变为 0，但是至少每条电缆有一部分是处于磁场 B 中的，并且由于其电流径向朝外，作用于其上的洛伦兹力指向左，即推力的方向。

在高效率工况，电磁推力将远大于电热推力，因此估算推力时忽略电热推力。首先，作用于等离子体上的洛伦兹力为

$$\boldsymbol{F}_{\mathrm{EM}}=\iiint_{\mathrm{vol}}\boldsymbol{j}\times\boldsymbol{B}\mathrm{d}V=\frac{1}{\mu_0}\iiint_{\mathrm{vol}}(\nabla\times\boldsymbol{B})\times\boldsymbol{B}\mathrm{d}V \tag{11-36}$$

对任意矢量 $\boldsymbol{A}$，有矢量恒等式：

$$(\nabla\times\boldsymbol{A})\times\boldsymbol{A}=(\boldsymbol{A}\bullet\nabla)\boldsymbol{A}-\nabla\left(\frac{A^2}{2}\right) \tag{11-37}$$

根据式(11-37)，对于仅具有周向分量的轴对称磁场，$\partial B_\varphi/\partial\varphi=0$，$(\boldsymbol{B}\bullet\nabla)\boldsymbol{B}=-(B^2/r)\boldsymbol{e}_r$，其中 $\boldsymbol{e}_r$ 是柱坐标系中的径向单位矢量，非恒矢量。根据对称性，$-(B^2/r)\boldsymbol{e}_r$ 对于体积分的贡献为 0，则有

$$\boldsymbol{F}_{\mathrm{EM}}=-\frac{1}{\mu_0}\iiint_{\mathrm{vol}}\nabla\left(\frac{B^2}{2}\right)\mathrm{d}V \tag{11-38}$$

由高斯定理的一种形式可得

$$\boldsymbol{F}_{\mathrm{EM}}=-\frac{1}{\mu_0}\iint_A\frac{B^2}{2}\mathrm{d}\boldsymbol{A} \tag{11-39}$$

式中，积分域 A 为包围等离子体的表面，且 $\mathrm{d}\boldsymbol{A}$ 指向表面外部。认为等离子体团的参数分布是轴对称的，只需考虑每个面积微元在正交于加速通道轴向(z 方向)平面上的投影 $\mathrm{d}\boldsymbol{A}_z=0$。特别地，对圆柱侧面的任何部分都有 $\mathrm{d}\boldsymbol{A}_z=0$。剩下的向后(或向前)包围等离子体的表面是加速通道底部的壁板、通道出口处的阴极顶端和阳极侧端。对底部的壁板面(用 BP 表示)，将 $I'=I$ 代入式(11-35)，可计算出其贡献为

$$(F_{\mathrm{EM}})_{\mathrm{BP}}=\frac{1}{\mu_0}\int_{R_c}^{R_a}\frac{1}{2}\left(\frac{\mu_0 I}{2\pi r}\right)^2 2\pi r\mathrm{d}r=\frac{\mu_0 I^2}{4\pi}\ln\frac{R_a}{R_c} \tag{11-40}$$

式中，R_a 和 R_c 为阳极和阴极半径。

阴极顶端和阳极侧端面贡献的计算相当复杂，因为需要知道这些表面上的电流分布。然而，对于常规设计的推力器，估计这些贡献不会超过总量的 10%[1]，因为大多数电流从圆筒形阳极的内表面流向阴极根部。因此，如果将其与电热推力一起忽略，可以得到一个合理的推力估计：

$$F\approx\frac{\mu_0 I^2}{4\pi}\ln\frac{R_a}{R_c} \tag{11-41}$$

注意：

(1) F 与尺寸的绝对数值无关。

(2) F 与总电流的平方成正比。

实践中发现这些准则适用性很好。例如，图 11-7 引自文献[1]中的图 11，是普林斯顿大学的实验数据，显示推力与电流的平方关系非常显著。

根据式(11-41)，得到通道出口处等离子体的速度(也是比冲)的表达式：

$$u_e = \frac{F}{\dot{m}} \approx \left(\frac{\mu_0}{4\pi}\ln\frac{R_a}{R_c}\right)\frac{I^2}{\dot{m}} \tag{11-42}$$

流场中马赫数是一个关键的特征参数。在 MPD 推力器中，离子温度通常不高，$T_i \ll T_e$，等离子体声速约为 $\sqrt{kT_e / m_i}$（式中，m_i 为离子质量）；可认为不同气体等离子体的电子温度相同。因此根据式(11-42)，通道出口马赫数必然随着下面的量的变化而变化：

$$\frac{I^2\sqrt{m_i}}{\dot{m}} \tag{11-43}$$

研究中已经发现该参数是 MPD 推力器中最重要的标度参数。特别地，对每种几何构型，都存在一个临界值 $(I^2\sqrt{m_i} / \dot{m})^*$，当超过此值以后，系统将不能稳定运行，电极的烧蚀率也将呈数量级增大。大量实验数据表明，甚至对不同推进剂，该临界值都基本相同。例如，普林斯顿大学测试的 MPD 推力器，$R_c = 0.95$，$R_a = 5.1$，$R_{ao} = 10.2$，$R_{ch} = 6.4$，$t_a = 0.95$，$L_c = 10.0$（符号说明见图 11-8，单位 cm，引自文献[2]），在氩（$m_i = 40\text{g/mol}$）质量流率为 $\dot{m} = 6\text{g/s}$ 时，对应不稳定起始电流数值为 $I = 23\text{kA}$，得到 $\left(I^2\sqrt{m_i} / \dot{m}\right)^* = 560$（各量的单位为 $I:\text{kA}$；$m_i:\text{g/mol}$；$\dot{m}:\text{g/s}$）。然而，通过改变推力器构型可以增大该临界值，以期尽可能地提高性能。其原因在于随着该参数的增大，磁压 $B^2 / 2\mu_0 \simeq I^2$ 对动压 $\sim \dot{m}u \sim \dot{m} / \sqrt{m_i}$ 之比也将增大，因此电磁效应也将更重要。其结果，高的 $I^2\sqrt{m_i} / \dot{m}$ 也将获得高的推力器比冲[式(11-42)]。

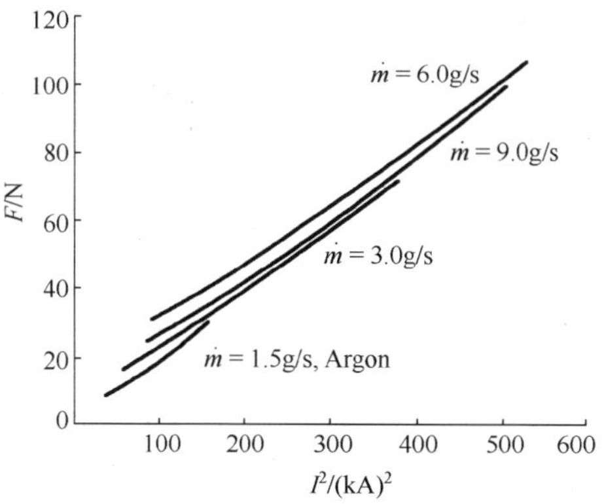

图 11-7　实验得到的推力随电流变化曲线

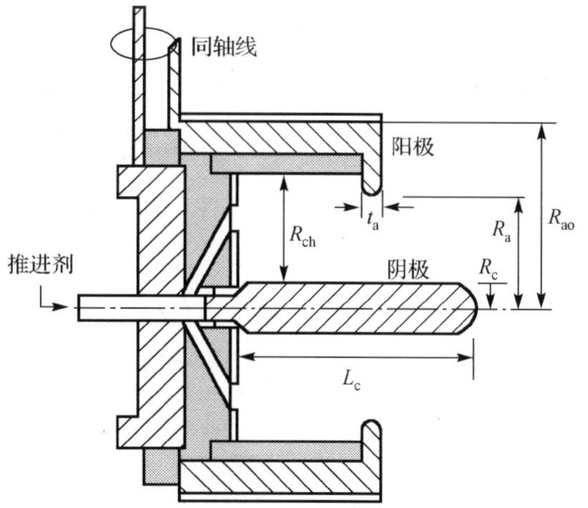

图 11-8　普林斯顿大学的基准 MPD 推力器结构示意图

根据式(11-41) 可以估计加速器的电特性。如果将推进效率定义为

$$\eta = \frac{\frac{1}{2}\dot{m}u_e^2}{I \cdot U} = \frac{1}{2}\frac{\left(\frac{F^2}{\dot{m}}\right)}{I \cdot U} \tag{11-44}$$

可得

$$U = \frac{1}{2\eta}\left(\frac{\mu_0}{4\pi}\ln\frac{R_a}{R_c}\right)^2 \frac{I^3}{\dot{m}} \tag{11-45}$$

因此，如果效率 η 几乎不随电流而变化，则电压将随电流的立方而变化。在大电流实验数据中，的确观察到了这种趋势(如图 11-9 所示普林斯顿大学的实验数据，引自文献[3]的图 8 与图 9)。在更小电流实验中，η 将会下降，推力的电热分量将占优势；电极附近的耗散电压降增大到可与电磁加速所需电压相比较的程度，其结果是偏离 U-I^3 曲线而趋向线性关系。

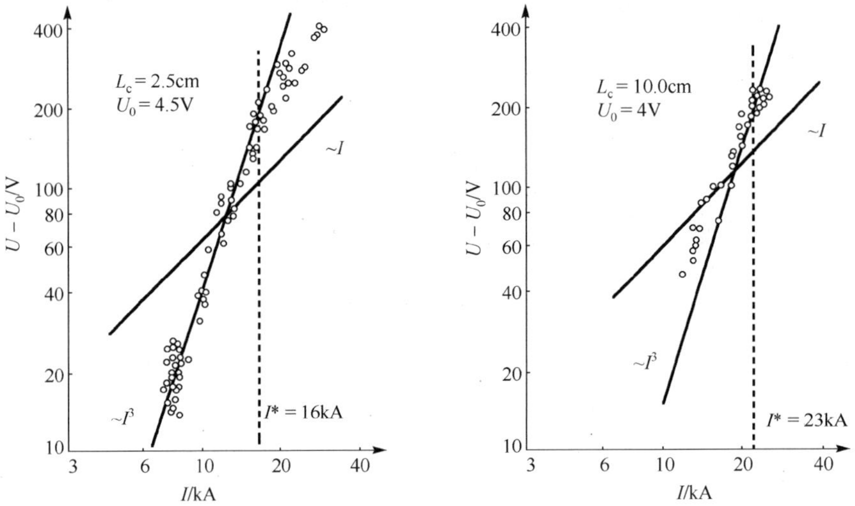

图 11-9　根据普林斯顿大学实验数据绘制的推力器电压-电流特性

11.3.3　功率需求

考虑前面提到的 $I = 23\text{kA}, \dot{m} = 6\text{g/s}$ 的实例，$R_c = 0.95\text{cm}$，$R_a = 5.1\text{cm}$，则推力为

$$F = 10^{-7} \times (23000)^2 \ln(5.1/0.95) = 88.9(\text{N})$$

同时射流功率为

$$P_{\text{jet}} = \frac{F^2}{2\dot{m}} = \frac{(88.9)^2}{2 \times 0.006} = 6.586 \times 10^5(\text{W})$$

考虑到当前能够得到的最好效率约为 50%，则实际所需的电功率约为 1.3MW，这在太空是一个很难满足的要求，除非采用相当大的核反应堆作为能源来发电。然而，一种可用的方式是在脉冲模式下工作，即用脉冲成型网络提供瞬时的高功率脉冲，在两个脉冲之间可用合适的小电源进行“充电”。图 11-10 中给出了这种脉冲成型网络的一个示例。脉冲成型网络是一个电容-电感库，其放电时间为 $2N\sqrt{LC}$，其中 N 是电容-电感对的数目；其输出阻抗为

$\sqrt{L/C}$，理论上应该等于或接近于推力器的输入阻抗，以避免振荡(极限环)。推力器的输入阻抗表示为

$$\frac{U}{I} \simeq \frac{1}{2\eta}\left(\frac{\mu_0}{4\pi}\ln\frac{R_a}{R_c}\right)^2\frac{I^2}{\dot{m}} \tag{11-46}$$

通过插入匹配电阻可以消除两者的不匹配。这些脉冲网络能够很好地工作，但是通常很大很重。

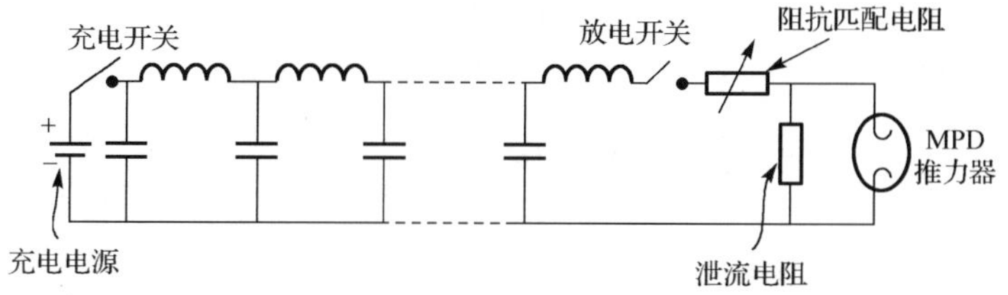

图 11-10　脉冲成型网络结构示意图

图 11-11 为普林斯顿大学 MPD 实验装置的整体结构图(引自文献[4]的图 2，相似结构亦见于文献[5]的图 1)，包括推力器与真空模拟舱的连接，气体供应管路、脉冲功率装置，以及供气与放电的同步控制信号传递路径等。

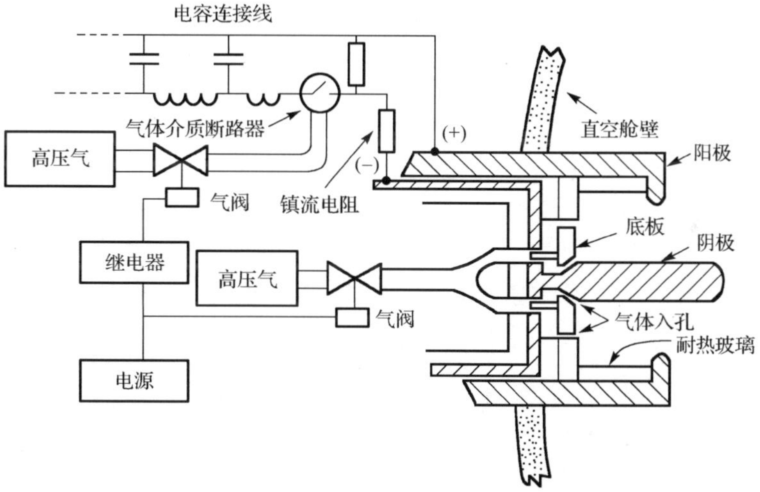

图 11-11　带脉冲成型网络的推力器结构示意图

参 考 文 献

[1] Burton R L, Clark K E, Jahn R G. Thrust and efficiency of a self-field MPD thruster[C]// AIAA81-0684. AIAA/JSASS/DGLR 15th International Electric Propulsion Conference. 1981.

[2] Sankaran K, Jardin S C, Choueiri E Y. Comparison of simulated plasma flowfield to experimental measurements for a gas-fed magnetoplasmadynamic thruster[C]// AIAA2003-4843. 39th AIAA/ASME/SAE/ASEE Joint Propulsion Conference and Exhibit. 2003.

[3] Rudolph L K, Jahn R G, CLARK K E, et al. Performance characteristics of quasi-steady MPD discharges[C]// AIAA76-1000. AIAA International Electric Propulsion Conference. 1976.

[4] Barnett J R, Jahn R G. Onset phenomena in MPD thrusters[C]// AIAA85-2038. AIAA /DGLR/JSASS 18th International Electric Propulsion Conference. 1985.

[5] Rudolph L K, Jahn R G, Clark K E, et al. Onset phenomena in self-field MPD arcjets[C]// AIAA78-0653. AIAA/DGLR 13th International Electric Propulsion Conference. 1978.

思考与练习题

11-1 正在研究的电磁推力器种类繁多，具有不同的实现形式，它们的共同点是什么？可以从什么角度对它们进行分类？

11-2 本章图 11-1 中，电子运动轨迹向下游倾斜，是否合理？试解释其原因。

11-3 某型同轴 MPD 推力器阴极半径 1cm，阳极腔半径 5cm，工作时电流 18kA，质量流量 5g/s，计算其推力和比冲。

第 12 章　磁等离子体推力器简化模型

12.1　加速通道的参数分布特征

众所周知，当快速变化的脉冲电流通过铜导体时，趋向于在导体表面汇聚，形成类似皮肤的电流薄层。在磁等离子体推力器的加速通道中，当电流通过强导电性且快速运动的等离子体时，也具有类似的效应：电流趋向于在加速通道的入口和出口凝集。其原因是出现了一股很强的反电动势，它趋向于在通道的绝大部分长度上堵塞电流。如果将同轴构型推力器的环型通道展开成为矩形通道，这种情形就更容易看清楚。如图 12-1 所示，在所定义的坐标系 $O-xyz$ 中，矩形通道中电场、磁场及等离子体宏观运动速度两两正交，都只是通道轴向坐标的函数。这样的一维模型给出

$$B_x = -B(z);\quad E_y = E(z) = \frac{U}{h};\quad u_z = u(z) \tag{12-1}$$

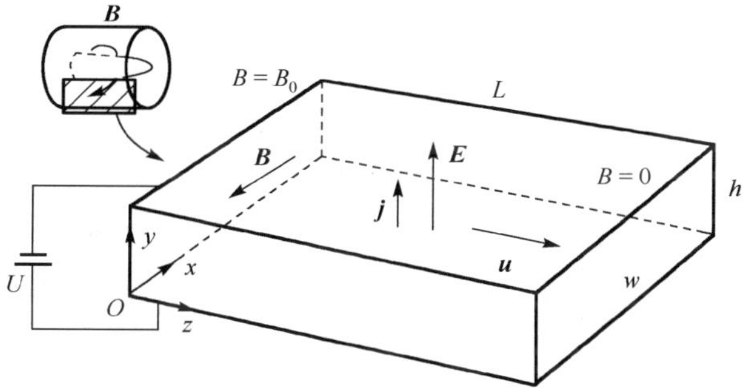

图 12-1　自场同轴构型 MPD 推力器的矩形通道模型示意图

电流与感生磁场相关联的安培定律为

$$\boldsymbol{j} = \frac{1}{\mu_0}\nabla\times\boldsymbol{B} \tag{12-2}$$

在图 12-1 的坐标系 $O-xyz$ 中，$\boldsymbol{B} = -B(z)\boldsymbol{l}_x$，$\boldsymbol{l}_x$ 是 Ox 轴单位矢量。故电流为

$$\boldsymbol{j} = j\boldsymbol{l}_y = \frac{1}{\mu_0}\frac{\mathrm{d}B_x}{\mathrm{d}z}\boldsymbol{l}_y = -\frac{1}{\mu_0}\frac{\mathrm{d}B}{\mathrm{d}z}\boldsymbol{l}_y \tag{12-3}$$

欧姆定律表示为

$$\boldsymbol{j} = \sigma(\boldsymbol{E} + \boldsymbol{u}\times\boldsymbol{B}) \tag{12-4}$$

故等离子体中的电流为

$$j = \sigma(E - uB) \tag{12-5}$$

组合式(12-3)与式(12-5)得到

$$\frac{\mathrm{d}B}{\mathrm{d}z}=-\mu_0\sigma(E-uB) \tag{12-6}$$

流动速度的变化由动量方程决定，忽略压强力得

$$\dot{m}\frac{\mathrm{d}u}{\mathrm{d}z}+\cancel{A\frac{\mathrm{d}p}{\mathrm{d}z}}=(\boldsymbol{j}\times\boldsymbol{B})_z A=jBwh \tag{12-7}$$

将式(12-3)代入式(12-7)得

$$\dot{m}\frac{\mathrm{d}u}{\mathrm{d}z}=-\frac{1}{\mu_0}\frac{\mathrm{d}B}{\mathrm{d}z}\cdot Bwh=-\frac{wh}{\mu_0}\frac{\mathrm{d}}{\mathrm{d}z}\left(\frac{B^2}{2}\right) \tag{12-8}$$

从通道入口到某一位置(z)积分得

$$\dot{m}u+wh\frac{B^2}{2\mu_0}=\cancel{\dot{m}u_0}+wh\frac{B_0^2}{2\mu_0}\Rightarrow u=\frac{wh}{\dot{m}}\frac{B_0^2-B^2}{2\mu_0} \tag{12-9}$$

将此结果代回式(12-6)，得到磁通量密度沿着流动通道变化的常微分方程：

$$\frac{\mathrm{d}B}{\mathrm{d}z}=-\sigma\mu_0\left[E-\frac{wh}{2\mu_0\dot{m}}B(B_0^2-B^2)\right] \tag{12-10}$$

如果将电导率σ近似为常数，可得

$$\sigma\mu_0 z=\int_B^{B_0}\frac{\mathrm{d}B}{E-\dfrac{wh}{2\mu_0\dot{m}}B(B_0^2-B^2)} \tag{12-11}$$

式(12-11)的积分具有解析表达式，但是结果并不能揭示明确的物理关联性，反而是定性分析磁场的变化更有意义。注意到被积函数中的分母是驱动场(外加电场，减去反电动势uB)。磁场在$z=0$位置处的磁通量密度B_0是由总电流I决定的，因为在区间$z=[0,L]$积分方程(12-3)得

$$\int_0^L j\mathrm{d}z=\frac{I}{w}=-\frac{1}{\mu_0}\int_0^L\frac{\mathrm{d}B}{\mathrm{d}z}\mathrm{d}z=\frac{B_0}{\mu_0}\Rightarrow B_0=I\frac{\mu_0}{w} \tag{12-12}$$

另外，根据式(12-11)对于$z=L$得

$$\sigma\mu_0 L=\int_0^{B_0}\frac{\mathrm{d}B}{E-\dfrac{wh}{2\mu_0\dot{m}}B(B_0^2-B^2)} \tag{12-13}$$

注意：实际上电场E可由$U=E\cdot h$确定，一旦再给定电流I与推进剂质量流率$\dot{m}$，则通道尺寸参数(w,h,L)就不能全部任意指定了。考虑一种状态：反电动势的最大值接近电场E的水平，此时被积函数非常大，由于要求$\sigma\mu_0 L$的数值是有限的，故磁场的变化必须很小。实际上，方程(12-6)指示当$(E-uB)\ll E$时，磁通量密度B将保持平坦的分布；并且根据方程(12-3)，在这个磁通量密度具有平坦分布的区域中几乎没有电流。这样定性分析得到的场分布如图12-2所示。可见，两个电流凝集区域出现了：一个在$z=0$附近，一个在$z=L$附近。

现在考察何时会出现这种状态。由方程(12-13)可知，当 B 使得 $B(B_0^2-B^2)$ 取最大值时，分母取最小值，此时 $B_0^2-3B^2=0$ ，记此磁通量密度值为 B_1，得

$$B_1=\frac{B_0}{\sqrt{3}} \tag{12-14}$$

根据假设，外加电场 E 与反电动势 uB 之差远小于 E，故

$$E\approx\frac{wh}{3\sqrt{3}\mu_0\dot{m}}B_0^3 \tag{12-15}$$

或者用电压和电流表示为

$$U\approx\frac{\mu_0^2}{3\sqrt{3}}\left(\frac{h}{w}\right)^2\frac{I^3}{\dot{m}} \tag{12-16}$$

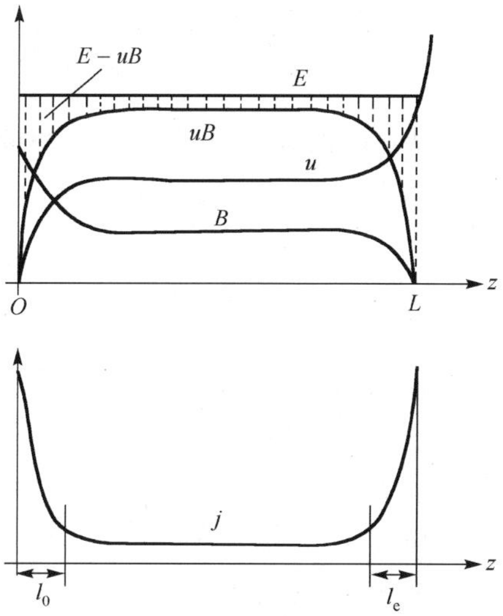

图 12-2　矩形通道 MPD 推力器的电磁场定性分布示意图

现在回到方程(12-6)。在 $z=0$ 和 $z=L$ 附近，$uB\ll E$ ，故得 $\mathrm{d}B/\mathrm{d}z\approx-\sigma\mu_0E$ 。在这些磁通量密度变化剧烈的区域，电流层的厚度估计为

$$l_0\approx\frac{B_0-B_1}{\sigma\mu_0E};\quad l_e\approx\frac{B_1}{\sigma\mu_0E} \tag{12-17}$$

利用式(12-14)和式(12-15)的结果得

$$l_0\approx\frac{3(\sqrt{3}-1)\dot{m}}{\sigma whB_0^2};\quad l_e\approx\frac{3\dot{m}}{\sigma whB_0^2} \tag{12-18}$$

根据式(12-9)，出口速度可表示为

$$u_e=\frac{wh}{\dot{m}}\frac{B_0^2}{2\mu_0}=\frac{1}{2}\frac{h}{w}\frac{\mu_0I^2}{\dot{m}} \tag{12-19}$$

组合式(12-18)与式(12-19)可以得

$$\sigma\mu_0u_el_0\approx\frac{3(\sqrt{3}-1)}{2};\quad \sigma\mu_0u_el_e\approx\frac{3}{2} \tag{12-20}$$

无量纲数 $\sigma\mu_0ul$ 称为“基于长度 l 的磁雷诺数”（$\mathrm{Re_m}$）。式(12-20)表明，在端面电流凝集的薄层区域，基于电流层厚度的磁雷诺数在数量级上约等于 1。由于得到上述结果的出发点是假设电流层厚度很小，即 $l_0,l_e\ll L$ ，可以推断，出现电流在端面凝集状态的条件是 $\sigma\mu_0u_eL\gg1$ 。实验结果表明，在纯粹的 MPD 工况确实如此。

12.2　耗 散 效 应

如前面的分析结果，在 MPD 加速通道的入口与出口，电流凝集而密度很大，此处的耗散是很强的。其电阻可估计为

$$R_0 \approx \frac{4}{3}\frac{h}{\sigma w l_0};\quad R_e \approx \frac{4}{3}\frac{h}{\sigma w l_e} \tag{12-21}$$

之所以取系数 4/3，是对层内电流分布偏离均匀分布所进行的形状修正。将欧姆耗散功率表示为

$$D = D_0 + D_e = I_0^2 R_0 + I_e^2 R_e \tag{12-22}$$

其中，入口和出口电流分别为

$$\int_0^{l_0} j\mathrm{d}z = \frac{I_0}{w} = -\frac{1}{\mu_0}\int_0^{l_0}\frac{\mathrm{d}B}{\mathrm{d}z}\mathrm{d}z = \frac{B_0 - B_1}{\mu_0} \Rightarrow I_0 = \frac{wB_0}{\mu_0}\left(1-\frac{1}{\sqrt{3}}\right) = I\left(1-\frac{1}{\sqrt{3}}\right) \tag{12-23}$$

$$I_e = I - I_0 = \frac{I}{\sqrt{3}} \tag{12-24}$$

根据式(12-18)和式(12-21)，在两个端面处的耗散功率分别为

$$D_0 \approx I^2\left(1-\frac{1}{\sqrt{3}}\right)^2 \cdot \frac{4}{3}\frac{h}{\dfrac{3(\sqrt{3}-1)\dot{m}}{hB_0^2}} = \frac{4}{27}(\sqrt{3}-1)\left(\frac{h}{w}\right)^2\frac{\mu_0^2 I^4}{\dot{m}} \tag{12-25}$$

$$D_e \approx I^2\left(\frac{1}{\sqrt{3}}\right)^2 \cdot \frac{4}{3}\frac{h}{\dfrac{3\dot{m}}{hB_0^2}} = \frac{4}{27}\left(\frac{h}{w}\right)^2\frac{\mu_0^2 I^4}{\dot{m}} \tag{12-26}$$

总的耗散功率为

$$D \approx \frac{4\sqrt{3}}{27}\left(\frac{h}{w}\right)^2\frac{\mu_0^2 I^4}{\dot{m}} \tag{12-27}$$

上述耗散功的一部分变成了气体内能(热)，但是绝大部分则被气态原子的激发(随后发生辐射)和电离所利用。令 $\mathrm{e}U_i' \approx (2\sim3)\mathrm{e}U_i$ 为一个原子的等效电离能(含达到电离状态之前激发所消耗的能量)，其中 $\mathrm{e}U_i$ 是理论电离能；α_e 是出口处的电离度，则能量平衡为

$$D \approx \alpha_e \mathrm{e}U_i' \frac{\dot{m}}{m_i} \tag{12-28}$$

利用式(12-27)的结果给出

$$\alpha_e \approx \frac{4\sqrt{3}}{27}\frac{m_i}{\mathrm{e}U_i'}\left(\frac{h}{w}\frac{\mu_0 I^2}{\dot{m}}\right)^2 \tag{12-29}$$

式(12-29)表明，随着电流的增大或者推进剂质量流率的减小，电离度是急剧增大的。

12.3　稳定放电极限

对于给定的推力器，电离度随着 $I^2/\dot{m}$ 的增大而急剧增大。当电离度 α_e 接近于 1 时，出口附近的等离子体产生不稳定。这是因为，任何额外的耗散能量将无法继续被吸收到电离过

程，而是加热等离子体(或者只加热等离子体中的电子)，由此导致电流凝集区域的电导率增大，反过来使电流进一步凝集。这样反馈发展的结果必然是进入收缩成电弧的状态，并且可以预期当电离度α_e接近于 1 时超高电流密度电弧的出现，伴随对电极的剧烈烧蚀。这称为"不稳定的发端"。这种行为确实多次重复观察到了，成为关注的焦点，因为它限制了实际上所能达到的$I^2/\dot{m}$数值。下面将看到，效率实际上是随$I^2/\dot{m}$的增大而提高的，故上述现象成为 MPD 进入高效率运行状态的主要障碍。现在可以对这个状态给出定量化的描述。

令式(12-29)取值为 1 得

$$\frac{h}{w}\frac{\mu_0 I^2}{\dot{m}} \approx \sqrt{\frac{9\sqrt{3}}{4}\frac{eU_i'}{m_i}} \tag{12-30}$$

利用出口速度的表达式(12-19)得

$$u_e \approx \frac{1}{2}\sqrt{\frac{9\sqrt{3}}{4}\frac{eU_i'}{m_i}} = 0.987\sqrt{\frac{eU_i'}{m_i}} \tag{12-31}$$

速度$\sqrt{2eU_i'/m_i}$称为"Alfvèn 临界速度"，具有这个速度数值的粒子，其动能足以引发电离。很多年以前，Alfvèn 运用这种动能向电离能转化的思想，创建了原始太阳膨胀形成现在的行星的物质"坍缩"模型。可以看出，MPD 推力器(或者以同样原理工作的 PPT)的排气速度，其上限大致为所用推进剂气体的 Alfvèn 临界速度(如果能够消除出口的电弧)。

对于不同气体，假设$U_i' = 2U_i$，得到如表 12-1 所示的数据。

引入摩尔质量表示离子质量$m_i = M/N_A$，N_A为阿伏伽德罗常数，取电流单位为 kA，推进剂质量流率单位为 g/s，式(12-30)可整理为

$$\frac{I^2\sqrt{M}}{\dot{m}}\left(\frac{\text{kA}^2(\text{g/mol})^{1/2}}{\text{g/s}}\right) \simeq 15.4\frac{w}{h}\sqrt{U_i'(V)} \tag{12-32}$$

对于 Ar，若质量流率为$\dot{m} = 6\text{g/s}$，$w/h = 4$，则不稳定的起始电流为$I^* = 18\text{kA}$。实验数据趋向于$I^* = 20 \sim 23\text{kA}$，与理论预期合理符合。出现更大差别是由几何因素(同轴的或者矩形的)造成的。标度律$I^* \propto \dot{m}^{1/2}$以及$I^* \propto M^{-1/4}$也与实验数据符合较好。

表 12-1　不同气体推进剂 MPD 推力器的最高比冲

气体	H_2	N_2	Ar	Li
M / (g / mol)	1	14	40	7
U_i / V	13.6	14.6	15.8	5.4
$I_{sp\text{-}max}$ / s	5120	1420	870	1220

12.4 效　　率

只考虑欧姆耗散及近阳极、近阴极区电压降($\Delta U = 10 \sim 20\text{V}$)的功率损失。

$$\eta = \frac{\frac{1}{2}\dot{m}u_e^2}{\frac{1}{2}\dot{m}u_e^2 + D + I \cdot \Delta U} \tag{12-33}$$

利用前面导出的结果得

$$\eta=\frac{\frac{1}{2}\dot{m}\left(\frac{1}{2}\frac{h}{w}\frac{\mu_0 I^2}{\dot{m}}\right)^2}{\frac{1}{2}\dot{m}\left(\frac{1}{2}\frac{h}{w}\frac{\mu_0 I^2}{\dot{m}}\right)^2+\frac{4\sqrt{3}}{27}\left(\frac{h}{w}\right)^2\frac{\mu_0^2 I^4}{\dot{m}}+I\cdot\Delta U} \tag{12-34}$$

整理得

$$\eta=\frac{1}{3.05+\frac{8(\Delta U)\dot{m}}{\mu_0^2 I^3}\left(\frac{w}{h}\right)^2} \tag{12-35}$$

即使忽略近电极区的电压降，效率的最大数值也只有$\eta_{\max}=1/3.05=0.328$。在近电极区电压降不可避免的情况下，只有使电流尽量接近不稳定的起始值才能实现较高的运行效率：

$$\eta^*=\frac{1}{3.05+2.88\Delta U\left(\frac{w/h}{\mu_0\dot{m}}\right)^{1/2}\left(\frac{m_{\mathrm{i}}}{\mathrm{e}U_{\mathrm{i}}'}\right)^{3/4}} \tag{12-36}$$

对于 Ar，质量流率为$\dot{m}=6\mathrm{g/s}$，$w/h=4$，$\Delta U=10\mathrm{V}$，则最高效率为$\eta^*=0.259$。处于这个数值附近的推力器比较普遍，但是超过$\eta=0.3$则极其困难，至少对于 Ar 是如此。效率低的主要原因归结于入口和出口薄层内的耗散。这种特征是等截面构型固有的。对应地，收敛-扩张构型具有减弱耗散层的效果，很自然地用于提高效率（延缓不稳定的发生），已经有实验结果证明这种方法的合理性。对收敛-扩张构型（更直接的形式是纯粹扩张构型）的影响分析参见文献[1]。

参 考 文 献

[1] Martinez-Sanchez M. The Structure of self-field accelerated plasma flows[C]// AIAA87-1065. AIAA/DGLR/JSASS 19th International Electric Propulsion Conference. 1987.

思考与练习题

12-1　试推导 MPD 一维模型的入口和出口薄层中等离子体电阻的表达式(12-21)，并从物理上解释其机理。

12-2　除了改变加速通道构型，还有哪些措施可以用来提高 MPD 推力器的工作效率？

第 13 章　激光加热推力器

激光是一种电磁波。受到激光辐照时，首先是工质中的电子在激光电磁场中平动能增大，再通过弛豫过程使重粒子(离子、原子等)的内能增大，最终达到气体状态膨胀喷射产生反冲作用。因此，采用激光直接辐照工质产生气体喷射的推进方式，本质上都是热推进。

自 20 世纪 70 年代激光推进概念出现以来，主要有两种火箭式激光加热推力器概念得到较多研究，一种是采用固体工质的脉冲激光烧蚀推力器(Laser Ablation Thruster，LAT)，激光照射和工质的喷射都是脉冲化的；另一种是采用流体工质的连续激光加热推力器，采用连续激光照射工质产生稳定的热流体流动。下面先介绍两种推力器的构型和基本原理。

13.1　脉冲激光烧蚀固体工质推力器概念

高亮度激光(功率密度 $I \geqslant 10^6\,\mathrm{W/cm^2}$)可以烧蚀固体，因此 20 世纪 70 年代初即出现从地面发射激光烧蚀固体推进的火箭(简称为“激光推进火箭”)概念，设想用以发射低地球轨道微型卫星(质量 10～100kg)。当时构想的激光推进火箭几乎全部是工质，结构上呈圆锥形，较大面积的底部朝下，采用所谓“双脉冲烧蚀推力器”。双脉冲烧蚀推力器的一组双脉冲作用过程如图 13-1 所示[1]，说明如下。

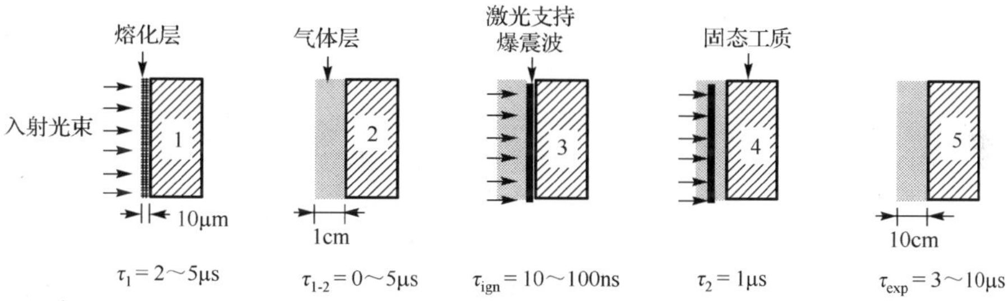

图 13-1　双脉冲烧蚀推力器工作原理示意图

(1) 由一个“熔化”脉冲使固体表面一薄层工质气化，这个脉冲宽度为 $\tau_1 = 2 \sim 5\mu s$。

(2) 在“熔化”脉冲终止至主脉冲到来之前的间隙 $\tau_{1-2} = 0 \sim 5\mu s$，气体膨胀到预期的密度。

(3) 主脉冲穿过气体层，在固体工质表面激发等离子体，生成足以引发激光支持爆震波(Laser Supported Detonation，LSD)的等离子体层的时间段，称为“点火段”，$\tau_{ign} = 10 \sim 100ns$。

(4) 在主脉冲持续时间段 $\tau_2 = 1\mu s$，等离子体层吸收激光，形成迎着光束入射方向传播的爆震波，以极大速度扫过“熔化”脉冲产生的气体层。

(5) 爆震波后的热气体以近一维形式膨胀，高压强作用在固壁表面上形成推力。推力作用时间段为 $\tau_{exp} = 3 \sim 10\mu s$。

(6) 废气消散。

如此重复施加双脉冲，产生周期性变化的推力，粗略估计推力重复频率上限可达数千赫兹。

实现完美双脉冲烧蚀的关键，一是要求固体工质本身对激光的吸收深度足够小，使被烧蚀的单位质量工质中沉积足够多的能量，达到完全气化和充分离解(小分子乃至原子化)的状态，同时这些小分子又容易电离，以形成对后续激光高效吸收的等离子体；二是精确控制前导“熔化”脉冲与主脉冲之间的时间间隔，保证主脉冲到来时被烧蚀的工质气体由于惯性仍然停留在固体表面，同时又膨胀到预期的密度，能够维持激光支持的爆震波传播和传递冲量到工质表面。

迄今并没有真正实现对双脉冲烧蚀概念的实验验证。实际使用的辉光预电离、电容放电气体介质脉冲二氧化碳激光器，输出的激光脉冲时域波形如图 13-2 所示，包含一个尖细的前导脉冲和随后的主脉冲，但两者之间不存在时间空隙。

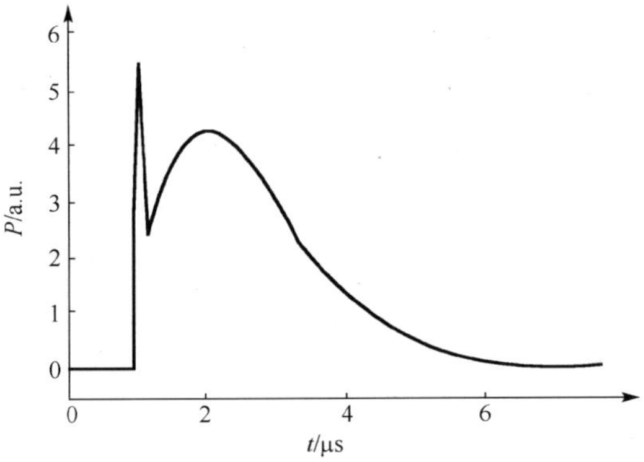

图 13-2　典型的辉光预电离、电容放电气体介质激光脉冲时域波形

13.2　连续激光加热流体工质推力器概念

如图 13-3 所示，冷的高压流体从加热室头部侧面进入，被激光加热后通过拉瓦尔喷管高速流出产生推力。加热机制如下：入射激光透过加热室头部的汇聚透镜和透射窗，在喷管喉部上游汇聚，在流体中产生对激光有强吸收性的等离子体；激光加热产生的等离子体团会逆着激光入射方向运动，但当其上溯速度恰好等于流体向下游流动的速度时，等离子体团将驻止在流场中，成为位置固定、状态稳定的激光维持等离子体团；等离子体团持续吸收激光能量，并通过传导、辐射、对流方式加热绕流工质到高温状态。

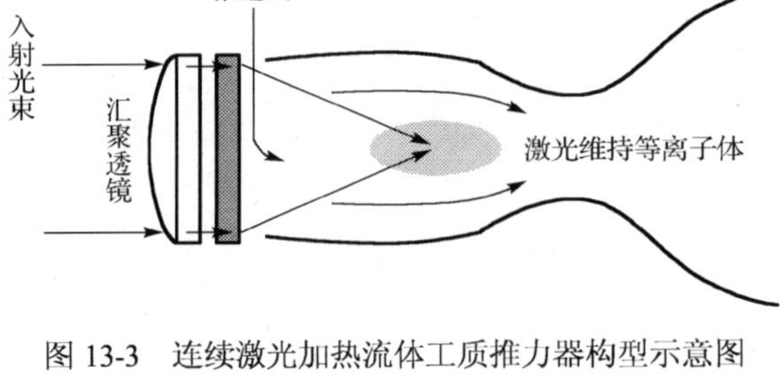

图 13-3　连续激光加热流体工质推力器构型示意图

13.3　工质对激光的吸收

如前所述，脉冲激光烧蚀推力器和连续激光加热推力器都利用气态等离子体实现对激光的高效吸收。因此，下面首先给出气态等离子体对激光吸收特性的描述。

13.3.1　等离子体对激光的吸收

等离子体吸收激光的机制分为正常吸收与反常吸收两类。

反常吸收是指通过多种非碰撞机制，使激光能量转化为等离子体波能量的过程。在激光热推进工况可不考虑反常吸收。

正常吸收即“逆韧致辐射吸收”(Inverse Bremsstrahlung Absorption，简称 IB 吸收，其中韧致辐射 Bremsstrahlung 一词来自德语 bremsen 减速和 strahlung 辐射)，是指处在激光电场中的电子被激励发生高频振荡，并且以一定概率与重粒子(离子、原子)碰撞，把能量转移给重粒子，从而使等离子体升温的过程。IB 吸收又可分为线性(电子速度分布为麦克斯韦分布)与非线性(电子速度分布函数与激光电场有关)两类，非线性情况发生在激光电场足够高时。

如前所述，等离子体对激光的吸收是通过其与电子的作用实现的，而吸收特性(或者从激光的视角说，是沉积特性)与等离子体的电子数密度相关，并可由激光在等离子体中传播路径上波数的变化反映出来。下面先看电子数密度决定其静电振荡特征的机理。

设想使等离子体中的电子与均匀的离子本底发生一个位移，这将会建立起静电场，其方向是把电子拉回它们原先的位置，以恢复等离子体的中性。由于电子的惯性，它们将冲过平衡位置，如此形成围绕平衡位置的振荡。电子的这种振荡是如此之快，以至于在一个周期内重的离子几乎没有移动，因而可以把离子看作空间位置固定。上述这种电子在静电力作用下的无阻尼振荡，其特征频率称为“等离子体频率”。可由质点在回复力作用下运动方程确定电子的静电振荡频率为

$$\omega_{\mathrm{pe}} = \sqrt{\frac{\mathrm{e}^2 \cdot n_{\mathrm{e}}}{\varepsilon_0 m_{\mathrm{e}}}} \tag{13-1}$$

式中，n_{e} 是电子数密度；m_{e} 是电子质量。式(13-1)表明振荡频率与电子数密度是一一对应的。

现在回到激光作用于等离子体并在其中传播的情形。激光是高频电磁波，在等离子体中传播的波数 k 与等离子体频率 ω_{pe}、激光频率 ω 之间满足的色散关系为

$$k^2 = \frac{\omega^2 - \omega_{\mathrm{pe}}^2}{c^2} \tag{13-2}$$

式中，c 是光速。当 $\omega_{\mathrm{pe}} = \omega$ 时，波数 k 趋于零，激光的传播就被截止，这时的电子数密度定义为“临界电子数密度”：

$$n_{\mathrm{ec}} = \frac{\varepsilon_0 m_{\mathrm{e}} \omega^2}{\mathrm{e}^2} \tag{13-3}$$

激光只能在电子数密度低于临界值的区域传播。当采用光线追迹方法计算一束激光对等

离子体的加热作用时，需要考虑临界现象出现与否的差别。临界电子数密度的定义表明，这是由激光频率唯一确定的参数。

现在可以从电场加速电子使其获得能量，再通过碰撞转移能量的角度，说明等离子体吸收激光能量的定性定量关系。激光是单色电磁横波，记其电场强度幅值为 E 。一个静止电子在激光电场中被加速所能获得的最大速度正比于 E/ω ，因此其最大动能正比于 E^2/ω^2 。认为电子在加速过程中即以一定频率与离子发生碰撞，碰撞后电子损失了从激光电场中获得的全部动能，然后再次进入被激光电场加速的过程。从统计角度讲，每次碰撞时电子交给离子的动能仅是最大动能的某一份额。记电子与离子碰撞频率为 ν_{ei} ，则单位时间内一个电子通过加速-碰撞机制转移给离子组分的能量正比于 $\nu_{ei}E^2/\omega^2$ 。忽略碰撞阻尼对激光电场加速电子的影响，则激光辐射强度与其电场强度的关系为 $I \propto nE^2$ ，其中 n 是等离子体对激光的折射率，表示为

$$n = \sqrt{1 - \frac{\omega_{pe}^2}{\omega^2}} \tag{13-4}$$

因此，用激光强度的衰减表征其被介质吸收状况时，在激光传播路径上取单位面积、长度为 dx 的微元，可以根据控制体的能量平衡得

$$-\mathrm{d}I \propto \mathrm{d}x \cdot n_e \cdot \nu_{ei} \cdot \frac{E^2}{\omega^2} \propto \mathrm{d}x \cdot \omega_{pe}^2 \frac{I}{\sqrt{1-\frac{\omega_{pe}^2}{\omega^2}}} \cdot \frac{\nu_{ei}}{\omega^2} \tag{13-5}$$

注意式(13-5)中使用了电子数密度与等离子体频率之间成比例的关系 $n_e \propto \omega_{pe}^2$ 。

若定义线性吸收系数 α 满足 $\mathrm{d}I/\mathrm{d}x = -\alpha I$ ，则

$$\alpha \propto \frac{\nu_{ei}}{c\sqrt{1-\frac{\omega_{pe}^2}{\omega^2}}} \cdot \frac{\omega_{pe}^2}{\omega^2} \tag{13-6}$$

更细致的计算给出等离子体的线性吸收系数为

$$\alpha_{\mathrm{cm}^{-1}} = 2.91 \times 10^{-21} \frac{Z \ln \Lambda \left(\frac{n_e}{n_{ec}}\right)^2 (n_{ec})_{\mathrm{cm}^{-3}}}{\sqrt{1-\frac{n_e}{n_{ec}}}(T_e)_{\mathrm{keV}}^{\frac{3}{2}}} \tag{13-7}$$

与第 5 章中描述电离气体性质的参数相同，式(13-7)中，Λ是温度 T_e 和电子数密度 n_e 的函数；$Z = n_e/n_i$ 是平均电离电荷数。式(13-7)表明，α 对于平均电离电荷数具有敏感性。在 IB 吸收机制主宰的热力状态空间内，如果等离子体密度不高、其静电振荡频率 ω_{pe} 小于激光频率 ω ，那么等离子体温度的升高就导致吸收系数变小，甚至使等离子体变为透明。一旦等离子体电子数密度达到临界值，致使 $\omega_{pe}=\omega$，这时等离子体就具有很大的吸收系数，此处吸收强、吸收深度浅，激光透射分量变为零，截止了激光的继续传播。

激光导致气体放电产生的等离子体，其电子数密度是不均匀的，但通常激光传播方向与

等离子体的电子数密度梯度方向一致，光线不弯曲，因为激光支持燃烧波或者爆震波都是逆着激光入射方向发展的。因此，不需要考虑共振吸收现象。

13.3.2　激光能量在聚合物工质中的沉积

早期实验研究发现，成分为聚甲醛(polyoxymethylene，缩写为 POM，分子式$[H_2CO]_n$)的高分子固体材料受二氧化碳激光辐照时的推进性能较好。它的 C—O 键对$\lambda = 10.6\mu m$附近光辐射具有很强吸收性；它只含轻元素，完全原子化后的平均摩尔质量为$M = 7.5 g/mol$。文献[2]给出$(2.8 \pm 0.1)\mu m$厚度切片的纯 POM、掺杂 1%碳粉的 POM 对红外光谱段透射率的测试结果如图 13-4 所示，显示 POM 的最强吸收中心为$\lambda \approx 10.7\mu m$。

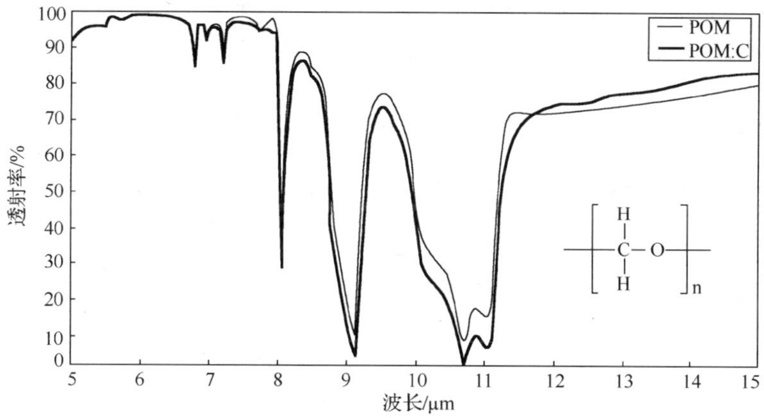

图 13-4　掺杂 1%碳粉的 POM 与纯 POM 切片的红外光谱段透射率

将上述吸收特性用前面引入的吸收系数来定量描述。图 13-4 对应的吸收参数为：纯 POM 吸收系数$\alpha = 6300 cm^{-1}$；POM+1%C 的吸收系数$\alpha = 8700 cm^{-1}$。不同研究者、不同厚度切片给出吸收系数差别较大，$\alpha = 1000 \sim 9000 cm^{-1}$。小的吸收系数对应着深层吸收或者体吸收现象，导致吸收深度往往大于激光辐照时的热扩散距离。此外，高分子材料的化学反应热也是重要的辐照效应影响因素。

POM 吸收激光能量后温度升高并首先发生热解，热解时链节随机断裂产生更小的分子；从分子端头断裂时则释放出单体 CH_2O。匀质、比热容为常数、各向同性的半无限大固态聚合物工质，表面受到激光垂直均匀辐照，在原点固连于表面并指向工质内部的坐标轴(z)上，温度场的变化通过比焓隐式描述为

$$\begin{aligned} \frac{\partial h}{\partial t} &= v_s \frac{\partial h}{\partial z} - \frac{\partial q}{\partial z} - \frac{\partial I}{\partial z} - h_d (1 - n_b) k_0 e^{-E_a/(RT)} \\ \frac{\partial n_b}{\partial t} &= v_s \frac{\partial n_b}{\partial z} + (1 - n_b) k_0 e^{-E_a/(RT)} \end{aligned} \tag{13-8}$$

式中，$h = h(T, n_b)$为聚合物工质的比体积焓(J/m^3)；v_s为烧蚀面移动速度(m/s)；q为聚合物内热流强度(W/m^2)；I为聚合物内激光辐射强度(W/m^2)；h_d为比体积热解热(J/m^3)；n_b为聚合物工质的热解率；k_0和E_a分别为热解反应的指前系数与活化能。

聚合物工质中电子与重粒子之间的能量弛豫时间为$10^{-12} \sim 10^{-6} s$，因而在纳秒量级或者

更短宽度的激光脉冲辐照条件下应采用非傅里叶导热定律描写聚合物工质内的热响应，长脉宽条件下采用傅里叶导热定律是适宜的。

对于聚合物工质，实际上无法给出脉冲激光辐照下温度场的解析表达式。下述理想模型仅用以展示烧蚀深度量级。根据文献[3]：当用束截面无限大、光强均匀的激光脉冲照射工质，并且脉冲的时域波形为矩形、宽度为 t_p 时，被照射工质只产生浅表层吸收，可模拟为面热源，到脉冲刚结束时在工质内部产生的温度场为

$$T(z,t_{\mathrm{p}})=\frac{\alpha_{\mathrm{s}}I_0}{k_{\mathrm{T}}}\sqrt{a\cdot t_{\mathrm{p}}}\cdot 2\mathrm{ierfc}\left(\frac{z}{2\sqrt{a\cdot t_{\mathrm{p}}}}\right) \tag{13-9}$$

式中，z 为垂直于表面的深度位置；I_0 为投射到工质表面的激光束强度；α_{s} 为等效的表面吸收系数；ierfc(·) 为积分余误差函数，计算式如下：

$$\mathrm{erf}(s)=\frac{2}{\sqrt{\pi}}\int_0^s \mathrm{e}^{-\tau^2}\mathrm{d}\tau;\quad \mathrm{erfc}(s)=1-\mathrm{erf}(s);\quad \mathrm{ierfc}(s)=\int_s^{\infty}\mathrm{erfc}(\tau)\mathrm{d}\tau \tag{13-10}$$

利用数值计算，得到：$2\mathrm{ierfc}(2)\approx 2\times10^{-3}$，$2\mathrm{ierfc}(3)<1\times10^{-5}$。

考察 $t_{\mathrm{p}}=5\mu\mathrm{s}$ 的激光脉冲，并且在工质表面形成较强的聚焦光斑，$\alpha_{\mathrm{s}}I_0=10^8\,\mathrm{W/cm^2}$；POM 工质典型热物性参数为：$k_{\mathrm{T}}=0.25\mathrm{W/(m\cdot K)}$，$a=2\times10^{-7}\mathrm{m^2/s}$。温度不低于 400K 的位置，其距离表面的深度最大为 $z=6\sqrt{a\cdot t_{\mathrm{p}}}=6\mu\mathrm{m}$。因此，对于 POM，当激光聚焦光斑直径为几 cm 甚至更大时，不考虑由于热扩散造成的烧蚀斑扩展或许是合理的。

13.4　激光烧蚀固体的冲量发生宏观模型

认为激光烧蚀固体产生的气体是理想气体，服从 γ 律物态方程，而激光支持爆震波不改变气体的等熵指数 γ；冲击波间断关系适用于 LSD 波，能量守恒式中应加入单位质量吸收的激光能量。激光能量只在波阵面上被吸收，冲击波是气体电离的原因。不计未受扰动气体的压强和内能，在波阵面参考系中，冲击波两侧的物理量守恒关系式为

$$\left.\begin{aligned}\rho u&=\rho_0 D\\ p+\rho u^2&=\rho_0 D^2\\ e+\frac{p}{\rho}+\frac{u^2}{2}&=\frac{D^2}{2}+\frac{\eta I_0}{\rho_0}\end{aligned}\right\} \tag{13-11}$$

式中，u、p、ρ、e 分别为波后气体速度、压强、密度和比内能；下标 0 表示波前气体参数；D 是爆震波速度；I_0 为激光辐射强度；η 是对激光吸收效率。按照热完全气体假设，$e=p/[(\gamma-1)\rho]$，γ 为气体比热容比。由式(13-11)的前两式消去 u，得到与热物性无关的 p-ρ 线即瑞利(Rayleigh)线：

$$p=D^2\rho_0\left(1-\frac{\rho_0}{\rho}\right) \tag{13-12}$$

再由式(13-11)的最后一式消去 u、e、D，得到 LSD 波的 p-ρ 线即雨贡纽(Hugoniot)线：

$$p=\left[2\eta I_0\cdot\frac{\sqrt{\rho_0\left(1-\frac{\rho_0}{\rho}\right)}}{\left(\frac{\gamma+1}{\gamma-1}\frac{\rho_0}{\rho}-1\right)}\right]^{\frac{2}{3}} \tag{13-13}$$

利用波后速度为声速的条件导出爆震波的速度为

$$D=\left[2(\gamma^2-1)\frac{\eta I_0}{\rho_0}\right]^{\frac{1}{3}} \tag{13-14}$$

紧随 LSD 波之后的稀疏波为简单波，固体工质表面处气体滞止，其声速可由黎曼不变量给出

$$a_s=\frac{D}{2} \tag{13-15}$$

则壁面压强为

$$p_s=\left(\frac{\gamma+1}{2\gamma}\right)^{\frac{2\gamma}{\gamma-1}}\frac{1}{(\gamma+1)}[2(\gamma^2-1)]^{\frac{2}{3}}\rho_0^{\frac{1}{3}}(\eta I_0)^{\frac{2}{3}} \tag{13-16}$$

文献[3]总结了若干学者的研究工作，认为如下定标关系式是成立的：

$$p_s\propto\rho_0^{\frac{1}{3}}I_0^{\frac{2}{3}} \tag{13-17}$$

对壁面压强在时间域上积分，即得到单位面积上获得的冲量，进而可得到比冲。

13.5　连续激光加热流体工质推力器稳定性分析

实验研究[4]发现，在 2～10kW 功率连续激光加热推力器实验中，入射激光功率、室压、工质流量等因素组合不当会导致加热室内的等离子体团熄灭。针对维持稳定等离子体的流量确定问题，可以进行简化理论分析。

13.5.1　简化分析模型

根据推力器吸收室中等离子体区域特点，对能量传递过程建立简化模型如下。

(1) 对于数 kW 功率的激光，吸收室中气体的动能相对于激光吸收和辐射损失引起的焓变是小量，因此描述能量变化时只保留热焓。

(2) 黏性应力功和扩散作用的贡献在高功率激光加热过程中可以忽略。

(3) 推力器吸收室中，直接穿越等离子体高温区域的工质流量为总质量流量的百分之几，这使得等离子体区域近似于一个空心体，用于加热该部分气体的能量仅占总能量的很小部分，可以忽略。

连续激光推力器吸收室中流线分布示意图如图 13-5 所示。

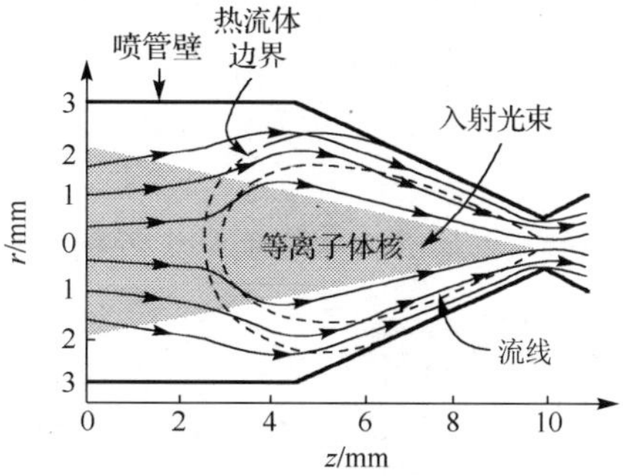

图 13-5　连续激光推力器吸收室中流线分布示意图

经以上简化并考虑辐射效应，等离子体区域的能量平衡关系为

$$0 = E_{abs} - E_{rad} - E_{con} \tag{13-18}$$

式中，E_{rad} 为辐射损失项；E_{con} 为换热损失项；E_{abs} 为激光能量沉积项。

采取类比经典的气体外掠平板热边界层问题获得换热损失项关系式。高温等离子体区域相当于被绕流物体，低温工质对其绕流，其间导热层内温度梯度很大，可视作热边界层，平均努塞尔数为

$$Nu = 0.664\mathrm{Re}^{\frac{1}{2}}\mathrm{Pr}^{\frac{1}{3}} \tag{13-19}$$

式中，普朗特数 $\mathrm{Pr} = \mu c_p / k$ 是物性参数；雷诺数 $\mathrm{Re} = \rho u D / \mu$ 为流动参数，与质量通量 ρu 有关；努塞尔数 $\mathrm{Nu} = h_s D / k$ ，h_s 为表面换热系数；特征长度为当地光束直径 $D = 2R$ 。

以整个等离子体核心高温区域为控制体，表面上换热损失为

$$E_{con} = h_s \Delta T S = \frac{k}{D}(0.664\mathrm{Re}^{\frac{1}{2}}\mathrm{Pr}^{\frac{1}{3}})\Delta T(4\pi R^2) \tag{13-20}$$

对于激光能量吸收项，根据光强衰减定律，等离子体区域吸收的总能量为

$$E_{abs} = (I_0 - I_0 e^{-\alpha R})\pi R^2 \tag{13-21}$$

式中，I_0 是入射激光强度；IB 吸收系数 α 是电子数密度和温度的函数，采用化学平衡模型后，其可直接表示为热力学状态变量压力和温度的函数。

采用光学薄假设，辐射造成的能量损失为

$$E_{rad} = \frac{4\sigma_b T^4}{l_P} \cdot \left(\frac{4}{3}\pi R^3\right) \tag{13-22}$$

式中，l_P 是将吸收系数按光谱进行平均得到的平均自由程，称为普朗克自由程。

平衡状态下，等离子体能量不变化，等离子体得以维持的能量平衡方程为

$$f_E(p_0, T, \dot{m}) = E_{abs} - (E_{con} + E_{rad}) = 0 \tag{13-23}$$

换热损失项 E_{con} 中，雷诺数 Re 是流量与截面积之比(即 $\rho u = \dot{m} / A$)的函数。由于推力器的内部构型为变截面管道，采用质量流量 $\dot{m}$ 作为入口参数进行统一描述。

另外，推力器喉部达到壅塞状态时质量流量由吸收室中的总压与总温决定：

$$\dot{m} = \sqrt{\frac{\gamma M}{\bar{R}}}\left(\frac{2}{\gamma - 1}\right)^{\frac{\gamma+1}{2(\gamma-1)}} \frac{p_0}{\sqrt{T_0}} A_t \tag{13-24}$$

式中，A_t 是喉部面积；按照高温气体动力学中的定义，等效比热容比为 $\gamma = h / e$ ；T_0 是吸收室中绕流冷工质和核心高温区域的平均总温，由平均总焓给出

$$h_0(T_0) = h_i + \frac{E_{abs} - E_{rad}}{\dot{m}} \tag{13-25}$$

式中，h_i 为工质的初始焓值。上述两式给出如下关系：

$$f_M(p_0, T, \dot{m}) = 0 \tag{13-26}$$

由于热力学关系 $h_0(T_0)$ 为强非线性函数，式(13-26)需通过迭代求解。

给定推力器内部流道特征(当地截面半径 r_x 、喉部半径 r_t)，入射激光束特征(强度 I_0 、光束半径 R)以及推力器室压 p_0 后，联立求解方程(13-23)和方程(13-26)。若解 $(T, \dot{m})$ 存在，

则在该条件下推力器中的等离子体符合能量和质量约束。在推力器中的不同位置，由内部流道和光束聚集几何决定的 $r_x(x)$、$R(x)$ 随之变化，造成方程组的解在一定范围内波动，从宏观现象看即流量 $\dot{m}$ 在一定区间内均可使等离子体稳定。

13.5.2 喷管壅塞条件下的稳定流动

按照上述模型，可对达到喉部壅塞状态的 H_2 工质连续激光推力器参数进行预示。计算中推力器喉部半径取 1.0mm，室压 3.5atm，激光功率为 10kW。图 13-6 为推力器的一种典型工作状态。

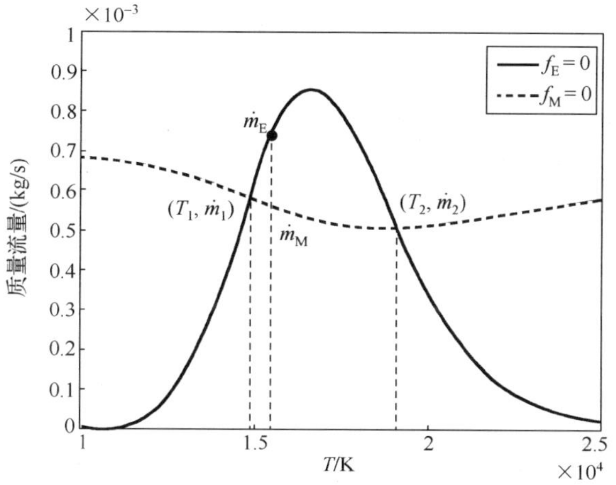

图 13-6　氢工质推力器典型工作状态

图 13-6 表明，以 $(T,\dot{m})$ 为自由变量求解方程(13-23)和方程(13-26)将得到两个解，其质量流量均为 0.1g/s 量级；但温度差异较大，分别对应低温和高温区域。实际上，只有处于高温区的解能够稳定存在，这一点可以通过对图 13-6 进行分析得到解释。对上述低温区的解 T_1 而言，如果出现某一扰动使得温度 $T>T_1$，则质量方程约束下的实际流量 $\dot{m}_M$ 小于能量平衡所需的值 $\dot{m}_E$，即激光吸收区域不能得到充分换热，将导致等离子体热量积累、温度向更高方向发展；若扰动使温度 $T<T_1$，则实际流量 $\dot{m}_M$ 大于能量平衡所需的流量 $\dot{m}_E$，将使得等离子体加剧冷却、温度向更低方向发展。

图 13-7 为能量变化率 $f_E(T,\dot{m})$ 随温度和质量流量的变化关系，为清楚起见图中同时标出了平面 $z=0$，两者交线即图 13-6 中的曲线 $f_E=0$。图 13-7 表明，对于低温区域的解，当出现扰动 $T>T_1$，$\dot{m}<\dot{m}_E$ 时，则能量变化率 $f_E>0$；当 $T<T_1$，$\dot{m}>\dot{m}_E$ 时，则能量变化率 $f_E<0$。因此任意温度扰动都将不断加大偏离初始解 T_1 的程度，该解不能稳定存在。对高温区的解 T_2，情况相反，任何偏离该温度的扰动在能量和质量约束的联合作用下都要求其回到 T_2，因此该解是推力器中的稳定结果。

对于一个给定内部构型和光束聚焦几何的连续激光推力器，方程(13-23)和方程(13-26)中的相关参数[截面半径 $r_x(x)$、激光束半径 $R(x)$ 等]是位置 x 的函数。随位置不同，联立方程后可获得不同的稳定解，这一系列解将共同构成质量流量的稳定区间。

对类似 Black 等的收缩型推力室[4]进行了计算，推力器喉部半径 1mm，内部流道构型和光束几何如图 13-8 所示。光束聚焦参数 f/ 8.5，焦点位于 62mm 处，由于衍射作用光束直径不会无限制缩小，因此束腰范围光束直径取衍射极限。

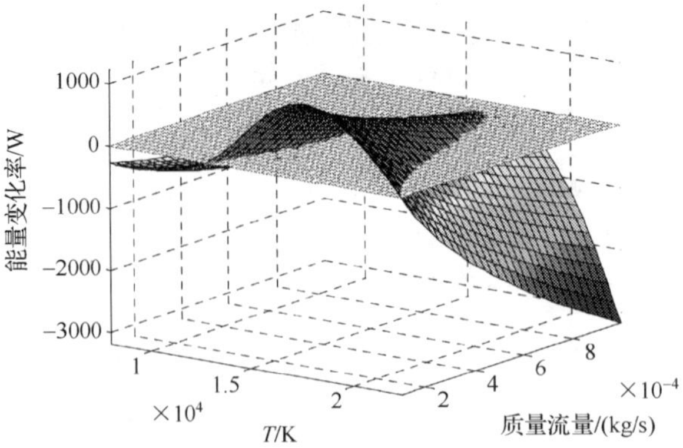

图 13-7 f_E 随温度和质量流量的变化关系

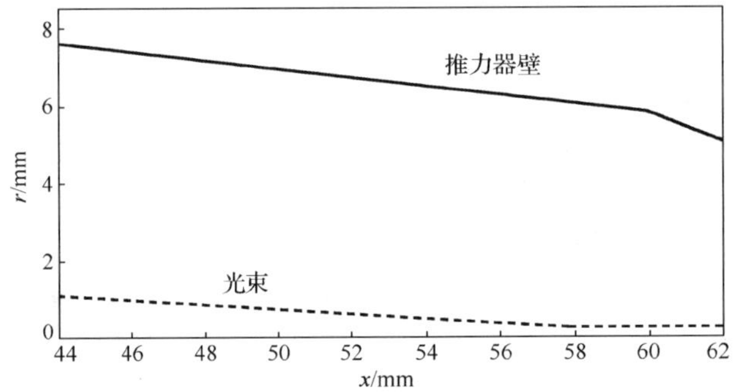

图 13-8 计算中的收缩型推力器内部流道和聚焦光束

图 13-9 为保持功率 $P_{las}=10kW$ 时，推力器室压 p_0 分别为 3.0atm、4.0atm、5.0atm 的稳定质量流量。图 13-10 则为保持推力器室压 $p_0=4.0atm$ 时，激光功率分别为 8.0kW、10.0kW、12.0kW 对应的稳定质量流量随位置的分布。计算结果表明，保持激光功率不变、提高推力器室压时，稳定质量流量的区间范围将随之扩展，其上下限均有所升高；保持室压不变，提高激光功率同样可使稳定区间范围得到扩大。因此，提高推力器室压和入射激光功率将有助于提高连续激光加热推力器工作稳定性。

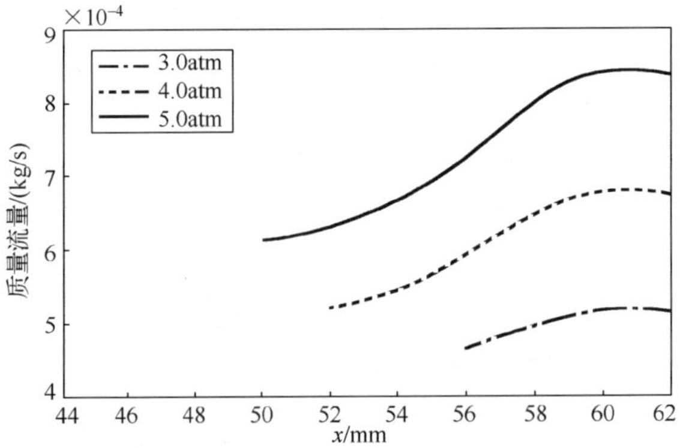

图 13-9 不同室压下稳定流量随位置的分布

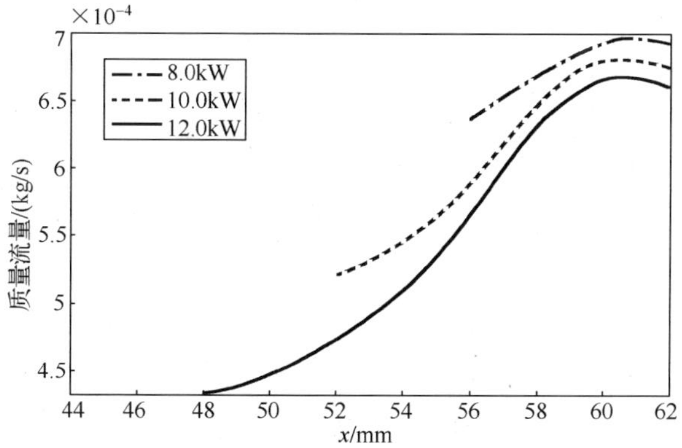

图 13-10　不同功率下稳定流量随位置的分布

参 考 文 献

[1] Kare J T. Laser launch: the second wave[C]. First International Symposium on Beamed Energy Propulsion, CP664, 2003: 61-70.

[2] Sinko J E, Pakhomov A V. Delrin for propulsion with CO_2 laser carbon doping effects [C]. AIP Conference Proceedings, 2008, 997: 254-265.

[3] 孙承纬，陆启生，范正修，等. 激光辐照效应[M]. 北京: 国防工业出版社, 2002.

[4] Black J W, Krier H, Zerkle D, et al. Characterization of laser-sustained plasma behavior during 10kW laser thruster tests[R]. AIAA 1992-3022, 1992.

思考与练习题

13-1　对于激光烧蚀固体工质推进方式，真空与大气两种环境下的工作特性会有哪些不同？

13-2　为提高连续波加热推力器的比冲，可以采取哪些措施？

附录A　球面三角函数恒等式

记a,b,c为弧对应的大圆圆心角，在单位圆上也等于对应的弧长；A,B,C是大圆圆弧夹角。

(1) 正弦公式。

$$\frac{\sin a}{\sin A}=\frac{\sin b}{\sin B}=\frac{\sin c}{\sin C} \tag{A-1}$$

(2) 余弦公式。

$$\cos A=-\cos B\cos C+\sin B\sin C\cos a \tag{A-2}$$

(3) 直角球面三角形基本关系（$C=90°$）。

$$\begin{aligned}\sin a&=\sin c\sin A\\ \cos A&=\cos a\sin B\end{aligned} \tag{A-3}$$

设B为θ边所对的角，由图A-1位置可知：

$$\frac{\sin\lambda}{\sin i}=\frac{\sin\theta}{\sin B} \tag{A-4}$$

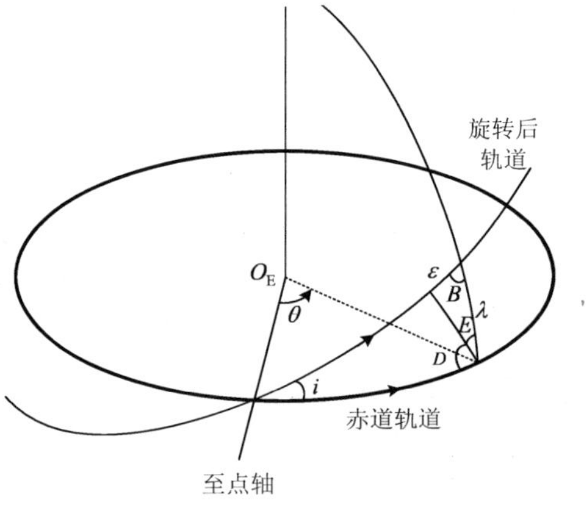

图A-1　轨道的球面几何关系

B所在三角形为直角三角形，故

$$\cos B=\cos\theta\sin i \tag{A-5}$$

所以

$$\sin\lambda=\frac{\sin i\sin\theta}{\sqrt{1-\sin^2 i\cos^2\theta}} \tag{A-6}$$

同理，设E为ε所对应的角，γ为小三角形中B所对应的边，有

$$\frac{\sin\varepsilon}{\sin E}=\frac{\sin\gamma}{\sin B} \tag{A-7}$$

在直角中，设 D 为 E 的余角。在 i 对应的小三角形中，有两边相等(同为θ)，根据余弦公式和正弦公式有

$$\cos D=-\cos i\cos D+\sin i\sin D\cos\theta \tag{A-8}$$

$$\frac{\sin\gamma}{\sin i}=\frac{\sin\theta}{\sin D} \tag{A-9}$$

$$D+E=\frac{\pi}{2} \tag{A-10}$$

根据上述三个等式可以得

$$\sin E\sin\gamma=(1-\cos i)\sin\theta\cos\theta \tag{A-11}$$

所以

$$\sin\varepsilon=\frac{(1-\cos i)\sin\theta\cos\theta}{\sqrt{1-\sin^2 i\cos^2\theta}} \tag{A-12}$$

附录 B　玻姆速度的简化推导

如图 B-1 所示，离子通过预鞘层的加速，在鞘层边界达到特定的速度，即玻姆速度。

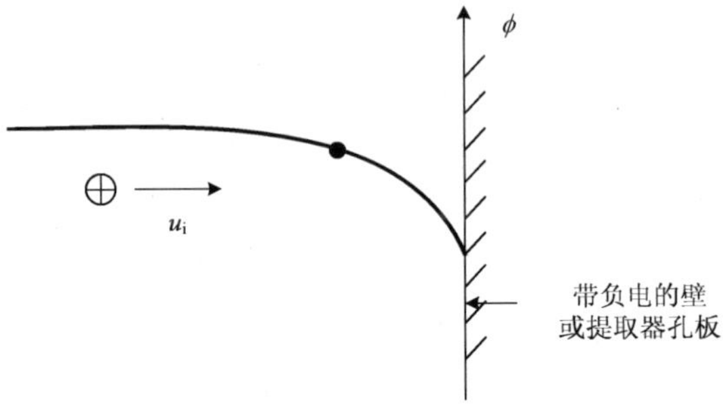

图 B-1　离子穿过负电势鞘层的速度计算

从磁流体定常运动的动量方程入手，离子组分和电子组分“气”的压强分别表示为 $p_i = n_i kT_i$， $p_e = n_e kT_e$；离子与中性粒子、电子之间的碰撞阻力分别记为 F_{in} 和 F_{ie}。

$$
\begin{aligned}
& n_i m_i u_i \frac{du_i}{dx} + \frac{dp_i}{dx} = n_i e E_x - F_{in} \\
& \underbrace{n_e m_e u_e \frac{du_e}{dx}}_{\approx 0} + \frac{dP_e}{dx} = -n_e e E_x - \underbrace{F_{ie}}_{\approx 0}
\end{aligned} \tag{B-1}
$$

注意到从等离子体直到预鞘层，只要不是特别靠近壁面的区域内，都满足 $n_i = n_e$，两个组分的动量方程相加得

$$
\begin{aligned}
& n_e m_i u_i \frac{du_i}{dx} + \frac{d(p_i + p_e)}{dx} = -F_{in} \qquad (n_e u_i = \text{const} = \Gamma_i) \\
& \Rightarrow \frac{d}{dx}[n_e m_i u_i^2 + p_i + p_e] = -F_{in} \qquad (p_i + p_e = n_e k(T_i + T_e) \simeq n_e k T_e) \\
& \Rightarrow \frac{d}{dx}\left[m_i \Gamma_i u_i + kT_e \frac{\Gamma_i}{u_i} \right] = -F_{in}
\end{aligned} \tag{B-2}
$$

两条曲线 $m_i \Gamma_i u_i$ 和 $kT_e \Gamma_i / u_i$ 在 $u_i = \sqrt{kT_e / m_i}$ 处相交，此处两者之和最小；如图 B-2 所示，离子速度超过此数值后，式(B-2)左侧的空间梯度变成正值，因此在以下状态无解：

$$
u_i > \sqrt{\frac{kT_e}{m_i}} = u_B \tag{B-3}
$$

与此条件洽谐的图像是：离子在准中性的等离子体中加速，到达预鞘层边界处达到 $u_i = u_B$。此后，进入 $n_e \ll n_i$ 的区域，电场强度很大，离子自由下落(无碰撞阻力)到壁面上(在鞘层中)，因此进入鞘层的速度是 $u_i = u_B$。根据离子被加速获得的动能，估计鞘层边界处相对于等离子

体的电势为

$$\frac{1}{2}m_i u_i^2 = \frac{1}{2}kT_e \to \phi_{sh} = -\frac{kT_e}{2e} \tag{B-4}$$

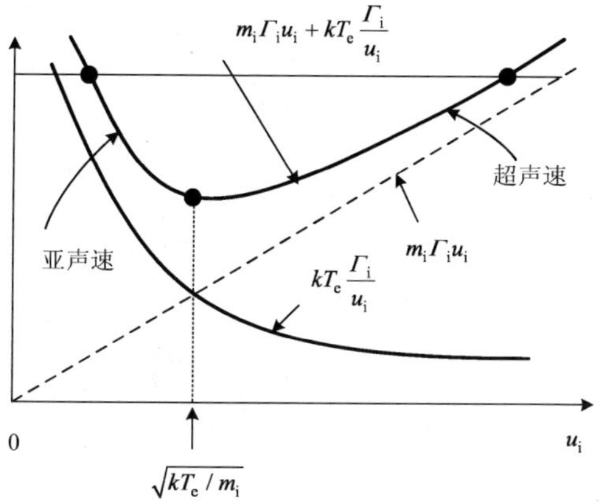

图 B-2　沿着轴向总动量通量随离子速度取值的变化

附录 C　电子的扩散

1. *无磁场（$B=0$）的情况*

在准中性的等离子体中，支配电子运动的力主要是压力梯度和碰撞黏滞阻力(无惯性)：

$$\nabla p_{\mathrm{e}} \approx -n_{\mathrm{e}} m_{\mathrm{e}} \boldsymbol{u}_{\mathrm{e}} \nu_{\mathrm{e}} \tag{C-1}$$

式中，碰撞频率 ν_{e} 中包括离子和中性粒子两种组分与电子碰撞的贡献：

$$\nu_{\mathrm{e}} = \sum_{j\in\{\mathrm{i,n}\}} n_j \bar{c}_{\mathrm{e}} Q_{\mathrm{e}-j} = \bar{c}_{\mathrm{e}} \sum_{j\in\{\mathrm{i,n}\}} n_j Q_{\mathrm{e}-j} \tag{C-2}$$

$$p_{\mathrm{e}} = n_{\mathrm{e}} k T_{\mathrm{e}} \Rightarrow \nabla p_{\mathrm{e}} \approx k T_{\mathrm{e}} \nabla n_{\mathrm{e}} \tag{C-3}$$

求解动量方程即给出

$$n_{\mathrm{e}} \boldsymbol{u}_{\mathrm{e}} \approx -\frac{kT_{\mathrm{e}}}{m_{\mathrm{e}}\nu_{\mathrm{e}}} \nabla n_{\mathrm{e}} \quad \left(D_{\mathrm{e}} = \frac{kT_{\mathrm{e}}}{m_{\mathrm{e}}\nu_{\mathrm{e}}} \right) \tag{C-4}$$

式(C-4)即菲克定律形式的电子扩散速率系数计算式。

2. *有磁场 $B \neq 0$ 且 $\boldsymbol{B} \perp \nabla p_{\mathrm{e}}$ 的情况*

在电子的动量方程中增加磁力项：

$$\nabla p_{\mathrm{e}} \approx -n_{\mathrm{e}} m_{\mathrm{e}} \boldsymbol{u}_{\mathrm{e}} \nu_{\mathrm{e}} - \mathrm{e} n_{\mathrm{e}} \boldsymbol{u}_{\mathrm{e}} \times \boldsymbol{B} \tag{C-5}$$

为解出 $n_{\mathrm{e}}\boldsymbol{u}_{\mathrm{e}}$，将方程(C-5)构造为

$$\nabla p_{\mathrm{e}} \times \boldsymbol{B} \approx -\nu_{\mathrm{e}} n_{\mathrm{e}} m_{\mathrm{e}} \boldsymbol{u}_{\mathrm{e}} \times \boldsymbol{B} - \mathrm{e} n_{\mathrm{e}} (\boldsymbol{u}_{\mathrm{e}} \times \boldsymbol{B}) \times \boldsymbol{B} \tag{C-6}$$

利用三矢量的矢积公式：

$$(\boldsymbol{u}_{\mathrm{e}} \times \boldsymbol{B}) \times \boldsymbol{B} = \underbrace{\boldsymbol{B}(\boldsymbol{u}_{\mathrm{e}} \cdot \boldsymbol{B})}_{=0} - \boldsymbol{u}_{\mathrm{e}} (\boldsymbol{B} \cdot \boldsymbol{B}) \tag{C-7}$$

约简为

$$\nabla p_{\mathrm{e}} \times \boldsymbol{B} \approx -\nu_{\mathrm{e}} n_{\mathrm{e}} m_{\mathrm{e}} \boldsymbol{u}_{\mathrm{e}} \times \boldsymbol{B} + \mathrm{e} n_{\mathrm{e}} B^2 \boldsymbol{u}_{\mathrm{e}} \tag{C-8}$$

消约项 $\boldsymbol{u}_{\mathrm{e}} \times \boldsymbol{B}$，得

$$n_{\mathrm{e}} \boldsymbol{u}_{\mathrm{e}} = \frac{-\dfrac{kT_{\mathrm{e}}}{m_{\mathrm{e}}\nu_{\mathrm{e}}} \cdot \nabla n_{\mathrm{e}} + \dfrac{\mathrm{e}kT_{\mathrm{e}}}{(m_{\mathrm{e}}\nu_{\mathrm{e}})^2} \cdot \nabla n_{\mathrm{e}} \times \boldsymbol{B}}{1 + \left(\dfrac{\mathrm{e}B}{m_{\mathrm{e}}\nu_{\mathrm{e}}} \right)^2} \tag{C-9}$$

注意，上述方程中不出现电场强度 $\boldsymbol{E}$。要包含它，只需根据电子的动量方程作替换：

$$\nabla p_{\mathrm{e}} = kT_{\mathrm{e}}\nabla n_{\mathrm{e}} = -\mathrm{e}n_{\mathrm{e}}\boldsymbol{E} \Rightarrow \nabla n_{\mathrm{e}} = -\frac{\mathrm{e}n_{\mathrm{e}}}{kT_{\mathrm{e}}}\boldsymbol{E} \tag{C-10}$$

现在定义无量纲因子β——霍尔参数：

$$\beta = \frac{\mathrm{e}B}{m_{\mathrm{e}}\nu_{\mathrm{e}}} = \frac{\omega_{\mathrm{c}}}{\nu_{\mathrm{e}}} \tag{C-11}$$

式中，ω_{c}为电子回旋频率。式(C-9)变换为

$$n_{\mathrm{e}}\boldsymbol{u}_{\mathrm{e}} = \frac{1}{1+\beta^2}(-D_{\mathrm{e}}\nabla n_{\mathrm{e}} - \boldsymbol{\beta}\times D_{\mathrm{e}}\nabla n_{\mathrm{e}}) \tag{C-12}$$

式中，右边第二项与$\boldsymbol{B}$和∇n_{e}都垂直，称为“$\nabla p_{\mathrm{e}}\times\boldsymbol{B}$漂移”；主要关注第一项，这是沿着$-\nabla n_{\mathrm{e}}$方向的分量，代表正常的扩散。注意到这种“横向场扩散”由$n_{\mathrm{e}}\boldsymbol{u}_{\mathrm{e}} = -D_{\perp}\nabla n_{\mathrm{e}}$主宰，其中：

$$D_{\perp} = \frac{D_{\mathrm{e}}}{1+\beta^2} \tag{C-13}$$

因此，与无磁场的情况相比，大的霍尔参数(β)能够极大地减弱电子的扩散。大的霍尔参数(β)意味着强磁场和/或小的碰撞频率。

考虑这样一个离子推力器，其$T_{\mathrm{e}} = 4\mathrm{eV} = 46400\mathrm{K}$，碰撞截面分别为

$$Q_{\mathrm{e-n}} = 10^{-19}\mathrm{m}^2$$

$$Q_{\mathrm{e-i}} = 2.95\times10^{-10}\frac{\ln\Lambda}{T_{\mathrm{e}}^2} = 2.95\times10^{-10}\times\frac{8}{46400^2}\approx10^{-18}(\mathrm{m}^2) \tag{C-14}$$

$$\bar{c}_{\mathrm{e}} = \sqrt{\frac{8}{\pi}\frac{kT_{\mathrm{e}}}{m_{\mathrm{e}}}} \simeq 1.34\times10^6\mathrm{m/s} \tag{C-15}$$

若同时有$n_{\mathrm{e}}\approx2.8\times10^{11}\mathrm{cm}^{-3}$，$n_{\mathrm{n}}\approx7.4\times10^{12}\mathrm{cm}^{-3}$，则

$$\left.\begin{aligned}\nu_{\mathrm{en}} &= 7.4\times10^{18}\times1.34\times10^6\times10^{-19} = 9.9\times10^5(\mathrm{s}^{-1})\\ \nu_{\mathrm{ei}} &= 2.8\times10^{17}\times1.34\times10^6\times10^{-18} = 3.75\times10^5(\mathrm{s}^{-1})\end{aligned}\right\}\nu_{\mathrm{e}} = 1.36\times10^6\mathrm{s}^{-1} \tag{C-16}$$

在离子推力器内的某空间点上，$B = 0.01\mathrm{T}$，则

$$\omega_{\mathrm{c}} = \frac{1.602\times10^{-19}\mathrm{C}\times0.01\mathrm{T}}{9.11\times10^{-31}\mathrm{kg}} = 1.76\times10^9\mathrm{s}^{-1} \Rightarrow \beta = 1294 \gg 1 \tag{C-17}$$

横向扩散系数约简为

$$D_{\perp} \approx \frac{D_{\mathrm{e}}}{\beta^2} = \frac{kT_{\mathrm{e}}}{m_{\mathrm{e}}}\frac{\nu_{\mathrm{e}}}{\omega_{\mathrm{c}}^2} \tag{C-18}$$

上述最后的形式表明碰撞有利于扩散。无磁场的情况相反，在那种情况下碰撞阻止扩散。方程(C-18)表明$D_{\perp}$与$1/B^2$成比例变化：

$$D_{\perp} \approx \frac{D_{\mathrm{e}}}{\beta^2} = \frac{kT_{\mathrm{e}}}{m_{\mathrm{e}}\nu_{\mathrm{e}}}\frac{m_{\mathrm{e}}^2\nu_{\mathrm{e}}^2}{\mathrm{e}^2B^2} = \frac{m_{\mathrm{e}}kT_{\mathrm{e}}}{\mathrm{e}^2}\frac{\nu_{\mathrm{e}}}{B^2} \tag{C-19}$$

因此，增强磁场会对电子产生很强的约束。根据上述给定的数据，计算出：

$$D_e = \frac{kT_e}{m_e \cdot \nu_e} = \frac{1.38 \times 10^{-23}\,\text{J/K} \times 46400\text{K}}{9.11 \times 10^{-31}\,\text{kg} \times 1.36 \times 10^6/\text{s}} \approx 5.17 \times 10^5\,\text{m}^2/\text{s} \tag{C-20}$$

$$D_\perp = \frac{D_e}{\beta^2} = \frac{5.17 \times 10^5}{1294^2}\,\text{m}^2/\text{s} \approx 0.31\text{m}^2/\text{s} \tag{C-21}$$

一种扩散性物质在空间的扩散(1-D)踪迹大约为 $x \approx 2\sqrt{Dt}$ 。由此，电子扩散 1cm 所需要的时间为

$$t \approx \frac{x^2}{4D} = \frac{10^{-4}\,\text{m}^2}{4 \times 0.31\text{m}^2/\text{s}} \approx 8.1 \times 10^{-5}\,\text{s} \tag{C-22}$$

然而，实验表明在大多数情况下电子的扩散速度比上述数值大得多。物理上的原因与等离子体中通常存在的小尺度密度起伏引起电子散射产生的“等效碰撞”相关。

玻姆提出一个针对这种所谓“反常扩散”的经验表达式：

$$D_{\text{Bohm}} = \frac{kT_e}{16eB} \tag{C-23}$$

离子推力器和霍尔推力器的实验看来支持扩散率对 $1/B$ 的依赖性，但是同时指示一个稍微小一些的扩散率，因此通常采用的扩散系数表达式为

$$D_{\text{Bohm}} = \frac{kT_e}{c_B eB} \quad (c_B \approx 16 \sim 100) \tag{C-24}$$

有趣的是看这些密度起伏引起的扩散的“等效碰撞”频率具有何种形式，依据式(C-19)：

$$\frac{kT_e}{c_B eB} = \frac{m_e kT_e}{e^2} \frac{\nu_{\text{Bohm}}}{B^2} \Rightarrow \nu_{\text{Bohm}} = \frac{\omega_c}{c_B} \tag{C-25}$$

因此可以将 c_B 看作“异常霍尔参数”[比较式(C-11)]。对于建模应用，通常可以将碰撞频率 ν_e 与“等效碰撞”频率 ν_{Bohm} 合在一起，即采用 $\nu_e + \nu_{\text{Bohm}}$ 代入式(C-18)计算等效的扩散系数 $D_\perp$ 。